一、现代农业调研篇

（一）果蔬篇

芒果现代产业基地山地自动化运输机械

澳洲坚果产业基地

德庆贡柑智慧产业园

柑橘自动分拣机械

怀集省级蔬菜现代产业园

苹果智慧管理基地

（二）花卉苗木篇

国家级蝴蝶兰育种基地

汕头蝴蝶兰产业基地

观赏花卉现代化绿色生产培育大棚

花卉产业基地

（三）经济作物篇

韶关草菇工厂化生产车间

企业食用菌生产基地

村民发展特色食用菌种植

潮安区凤凰山单丛茶种植基地

仁化县草莓种植基地

韶关市南雄市特色作物——阳光玫瑰种植基地

（四）畜禽养殖篇

德庆县白鸽养殖场

广东四大名鹅——马冈鹅养殖基地

（五）水产养殖篇

国家级有性珍珠繁育基地博物馆

南美白对虾水产产业园基地

贫困村发展牛蛭养殖（一）

贫困村发展牛蛭养殖（二）

（六）食品加工篇

专家团队调研粤东肉类加工企业

专家团队调研粮食加工企业

二、精美农村篇

发展特色民居助推乡村旅游

红色革命村——记录粤西革命老村的博物馆

社会主义新农村——渔业发家致富

省农村科技特派员帮扶珠海上洲村乡村振兴

三、精勤农民篇

农村返乡青年创业基地

强化现代农民专业技能培训

四、脱贫攻坚篇

广东对口帮扶四川甘孜州发展旅游民宿

广东帮扶四川藤椒种植基地

广东省脱贫攻坚核查培训会

广东帮扶广西宁明县肉牛养殖场

广东外贸出口企业帮扶省内低收入人群就业致富

乡村优特产品消费扶贫体验店

音响器材组装扶贫车间一隅

本书作者接受广播电视电台记者关于农村消费扶贫的专题采访

五、乡村治理篇

韶关龙岗村党群服务中心创新居家养老一站式社区治理服务

社会网格化服务治理创新探索

广东省科技计划项目科技基础条件建设领域"广东三农发展研究报告"项目资助（编号：2018A030321019）

广东"三农"研究报告

苏柱华　万　忠　著

中国农业出版社

北　京

图书在版编目（CIP）数据

广东"三农"研究报告 / 苏柱华，万忠著. —北京：中国农业出版社，2020.8
ISBN 978-7-109-27237-8

Ⅰ.①广…　Ⅱ.①苏… ②万…　Ⅲ.①三农问题－研究报告－广东　Ⅳ.①F327.65

中国版本图书馆 CIP 数据核字（2020）第 163179 号

中国农业出版社出版

地址：北京市朝阳区麦子店街 18 号楼
邮编：100125
责任编辑：闫保荣
版式设计：王　晨　责任校对：吴丽婷
印刷：中农印务有限公司
版次：2020 年 8 月第 1 版
印次：2020 年 8 月北京第 1 次印刷
发行：新华书店北京发行所
开本：700mm×1000mm　1/16
印张：16　插页：10
字数：300 千字
定价：68.00 元

目　录

第一部分

导　论

在东部沿海发达省份中，广东省经济发展不平衡不充分的问题尤为突出。截至 2019 年底，广东省经济总量连续 31 年位居全国第一，坐拥广州、深圳两座一线城市，形成了全国范围内最具发展潜力、最具改革动力、最具开放活力的珠三角经济带。改革开放以来，特别是香港、澳门回归祖国后，粤港澳合作不断深化实化，粤港澳大湾区经济实力、区域竞争力显著增强，已具备建成国际一流湾区和世界级城市群的基础条件。2017 年，全国人大五次会议又提出珠三角与港澳深化合作，规划粤港澳大湾区的城市群蓝图，目标是将其建设成为与美国纽约湾区、旧金山湾区和日本东京湾区比肩的世界四大湾区之一，又将迎来新一轮的发展机遇。但是，与珠三角地区形成鲜明对比的是，粤东西北地区经济增速迟缓、缺乏活力，被形象地比喻为"环珠三角贫困带"。2010年，时任广东省委书记汪洋在河源市调研时曾指出：全国最富的地方在广东，最穷的地方也在广东，……这是广东之耻，是先富地区之耻。在 2018 年召开的中国共产党广东省第十二届委员会第四次全体会议上，广东省委书记李希指出，广东要以构建"一核一带一区"区域发展格局为重点，加快推动区域协调发展。改变传统思维，转变固有思路，突破行政区划局限，全面实施以功能区为引领的区域发展新战略，形成由珠三角核心区、沿海经济带、北部生态发展区构成的发展新格局，立足各区域功能定位，差异化布局交通基础设施、产业园区和产业项目，因地制宜发展各具特色的城市，推进基本公共服务均等化，有力推动区域协调发展。2019 年广东省人大代表省政协委员参加专题学习会上，李希书记强调，要把总书记对广东重要指示要求一项一项落到实处，按照省委"1+1+9"工作部署，一张图纸干到底。

近 20 年，广东省的基尼系数居高不下，且始终位居东部各省份之首。在新的发展格局下，如何在保持经济增速平稳的同时，缩小地区间、城乡间的收入差距，破解不平衡不充分发展的社会主要矛盾，是摆在广东省"十四五"时期经济工作的难题。广东省不平衡不充分的问题主要出在粤东西北，粤东西北的问题主要是农村问题，农村问题的重点在于贫困问题。所以，要解决广东省不平衡不充分，关键在于如何进一步优化资源配置，在广东乡村振兴战略的指引下，加速粤东西北农村地区的发展。因此广东省"三农"研究关乎国计民生，对本省未来农业农村具有指导作用。

第一章　广东"三农"研究总报告

2017年，广东"三农"工作进入一个重要发展时期，"三农"工作受到广东省委省政府前所未有的高度重视。广东"三农"工作成效显著。

一、广东"三农"工作进展情况

1. 农业经济增长态势向好

全省农业经济发展增长态势明显，全省农业产值 6 215.28 亿元、增长速度为 3.3%，农林牧渔业增加值 3 888.53 亿元、增长速度为 3.5%。分行业看，农业、林业增长速度分别为 4.5%、5.5%；渔业增长速度为 3.6%；畜牧业增长速度下降 1.1%。农业、林业和渔业分别拉动第一产业增加值增长 2.7 个、0.3 个和 0.5 个百分点。农林牧渔服务业产值为 229.70 亿元，增长速度为 6.8%。

2. 农业供给侧结构性改革取得重要进展

广东农业供给侧改革在结构调整、转变发展方式、强化科技支撑、培育新产业新业态新动能四个方面持续发力，取得了重要进展。广东采取优化区域格局、划定粮食生产功能区和重要农产品生产保护区、创建特色农产品优势区、发展健康养殖业、发展林下经济等做法，效果显著；通过强化质量安全监管、推进农业标准化生产和品牌创建、推进畜禽养殖废弃物治理行动、加强农业资源环境保护、大力建设生态屏障等手段，有效调整了农业发展方式。广东农业科技进步贡献率达 62.7%，依托农产品电商与休闲旅游农业的发展，拓宽农产品销售渠道，扶持一批国家休闲农业与乡村旅游示范点。广东加大财政支持力度，设立广东省农业供给侧结构性改革基金，创新"三农"投融资机制，开展"两权"抵押贷款试点，扩大政策性农业保险覆盖率，取得明显成效。

3. 农村改革稳步推进

广东农村改革在中央的指导下从推进农村集体产权制度改革、构建新型农业经营体系、健全农业农村支持保护制度、完善城乡发展一体化体制机制、加强和创新农村社会治理五个方面持续发力，取得了显著的成绩。

农村集体产权制度改革方面，任务繁重、涉及因素复杂，全省面上改革稳中有进。通过深化农村宅基地制度改革，开展集体经营性建设用地入市改革试点、深化农村土地承包经营制度改革、健全耕地保护和补偿制度、健全农村产权流转管理服务体系、稳妥推进集体资产股份权能改革试点工作、深化林业和水利改革等方面做出了积极探索。构建新型农业经营体系方面，探寻推动土地经营权规范有序流转的路径、发掘培育新型经营主体、推进农垦改革发展和全面深化供销合作社综合改革，整体稳中有进。农业农村支持保护制度方面，尝试建立农业农村投入稳定增长机制、建立信息化助农增收机制、加快农村金融制度创新，步伐不断加大。城乡发展一体化体制机制方面，积极完善城乡发展一体化规划体制、完善农村基础设施建设投入和建管机制，构建城乡基本公共服务均等化的体制机制，取得了重要突破。加强和创新农村社会治理方面，加强农村基层党组织建设、健全农村基层民主管理制度、加强农村精神文明建设工作稳步推进。

改革发展多年的实践证明，体制机制改革能够极大增强农村发展活力。推进粤港澳农业协同发展，要以农业政策支持及相互间农业政策的有效衔接为保障。长期以来，受制于行政区划分割，农业农村要素资源无法实现区域内自由流动，特别是落后地区优质要素资源无法转化成经济价值。实现农业政策协同，必须构建覆盖三地的农村土地市场、农村金融市场及其他产权的一体化交易市场。坚持统筹布置、同步推进，率先完成区域内农村土地承包经营权确权登记颁证工作，同时做好与不动产统一登记工作的衔接。实现农户承包土地经营权等农村产权交易流转综合服务与管理平台互联互通，共同推进农村集体产权股份合作制改革试点，开展农村土地征收、集体经营性建设用地入市、宅基地制度改革试点，研究建立辐射三地的农村信贷担保体系。

推进农业协同发展，应最大限度地统筹区域内公共资源均衡配置，努力推进区域内城乡基本公共服务均等化。同步推进三地城乡基础设施建设，加大公共财政向农村特别是落后地区农村的投入力度，加快建设美丽宜居的新家园。统筹发展农村基层综合公共服务平台，推进教育、文化、卫生等公共服务设施的共建共享和综合利用。

4. 新农村建设取得丰硕成果

广东省委、省政府高度重视新农村建设工作，动员部署 2 277 个省定贫困村创建新农村示范村工作，坚持实事求是、因地制宜的理念，全面推进全省新农村建设。

广东农业农村工作会议上提出，将2 277个贫困村在除完成原本脱贫工作中涵盖的增加收入任务外，还要将其全部纳入新农村建设的范围。2017年，广东"三清三拆三整治"工作在2 277个贫困村完成度达90%以上。农村面貌得到极大改善。村庄规划编制方面，以县（市、区）为责任主体，以乡镇（街道）为实施主体，在县域乡村建设规划引领下，按照整治型、行动式、群众参与及简便管用、宜居宜业生态原则，编制了覆盖2 277个省定贫困村所有自然村的示范村整治创建规划。目前，剔除已纳入新农村连片示范村建设的87个贫困村，省内对其他2 190个省定贫困村新农村示范村建设的村庄规划编制已基本完成，并且部分已开始全面动工建设。省内各地新农村建设各示范片总体规划、村庄规划和民居设计完善，农村基础公共设施建设显著提升，供水、供电、供气得到升级改造，卫生环境整洁有序，雨污分流、垃圾处理、美化绿化工程全面启动建设。

5. 脱贫攻坚工作扎实推进

广东发展最大的不平衡是城乡发展不平衡、最大的不充分是农村发展不充分，而农村发展不平衡不充分的问题重点在贫困。各地各级各部门扶贫工作责任落实到位，扶贫资金均足额配套并基本及时拨付到位，主要成效体现在四个方面：一是各任务市足额完成减贫任务。在全省预脱贫的有劳动力贫困户抽查样本中，没有发现人均可支配收入低于6 883元的情况（广东目前脱贫标准线）；人均可支配收入在6 883~10 000元的占54.82%；人均可支配收入在10 000~15 000元的占35.05%；人均可支配收入高于15 000元的占10.13%。在开展减贫任务中，全省各地认真贯彻落实、抓紧推进，已达到初步成效。二是"三保障"政策落实到位。抽查样本2 243户贫困户中，贫困人口已全部全额参加城乡居民基本医疗保险，落实子女教育生活补助户数为2 241户，完成率达99.91%。抽查完成危房改造2 237户，完成率为99.73%。三是增收帮扶有效推进。一方面，产业扶贫长效机制逐步建立，另一方面资产性收益已实现全省贫困户100%全覆盖，收益从每月数百到过千不等。据核查，在指定抽查的56个省定贫困村样本中，已建有长效农业特色产业的贫困村数为53个，完成率达94.64%。四是对口帮扶效果明显。珠海、深圳等六市的对口帮扶效果明显，百姓对政府扶贫成效测评满意度高达96.7%（参与民意测评共1 158户，其中1 120户达到满意）。

6. 农村居民生活显著改善

农村居民收入稳步增长，城乡差距减小。近5年来，广东农村常住居民的人均可支配收入正以年均 8.51％的增速提高。2017 年农村常住居民的人均可支配收入 15 779.7 元，是全国的 1.17 倍，扣除价格因素，实际增长 7.8％。同比 2012 年增长近 50％。相较于城镇居民，农村常住居民的人均可支配收入以更高的增速增长，城乡收入差距从 2013 年的 2.67 缩小到 2017 年的 2.60。

农民收入结构变化明显。随着传统的城乡二元经济结构被逐渐打破，农民就业渠道拓宽，收入来源也呈现多元化。工资性收入占广东农村常住居民收入的比重持续第一，保持在 50％及以上，这说明工资性收入是这一阶段农民收入增长的最主要来源且增量贡献率达到 46.3％。自 2013 年起，经营净收入的比重略降了 1.4 个百分点，但连续 5 年占据广东农村常住居民人均可支配收入的 1/4。财产净收入占广东农村常住居民收入的比重最小，2017 年其占比低至 2.6％。转移净收入逐渐成为广东农村常住居民增收的主要力量，对农民收入增长贡献达 30.5％，高于经营净收入对增收的贡献率。

二、广东"三农"工作存在短板

总体上来说，广东"三农"工作取得了不错的成绩，但是也存在着一些不容忽视的问题和亟待提高的短板。

1. 农村改革工作进展略有降速的趋势

广东个别改革领域工作进展较为缓慢。具体表现在土地确权、宅基地管理、农村规划等领域，一些地方基层干部主观上存在畏难情绪、推脱态度，缺乏责任感和担当意识，导致改革停留在等待中、停留在程序上、停留在机关内部。改革基础性工作不够扎实，主要表现为改革工作台账基础不牢，在村改居、集体经济监管、探索集体经济新的实现形式等专题改革上研究不透彻，历史遗留问题攻坚意识不强。长期以来，农村社会治理较为松散、滞后，精准思维、主动谋划和攻坚意识不足。推动改革的机制有待加强，表现在改革协调机制较为薄弱，单兵作战、单兵突进意识较深，改革配套政策不够完善，一些改革领域如农业转移人口市民化，出现职能部门业务职能交叉、改革措施未落实现象。"政经分开"改革成果转化力度不够，试点"盆景"多"风景"少。一些业务部门对基层改革的针对性指导不够，督促检查不够。改革中群众参与意识不强、参与途径不多，改革获得感有待增强。

2. 城乡发展不平衡

长期以来，除珠三角部分地区外，广东省县域经济特别是乡镇经济，发展相对滞后，经济实力普遍不强。2017年省、地、县、乡镇四级税收比重分别为 27.9：38.1：30.0：4.0，财政收入比重分别为 24.8：41.6：30.0：3.6，乡镇短板明显。2017年广东省乡镇税收 351 亿元，财政收入 409.6 亿元，财政支出 839.1 亿元，收支余额占收入－105%，财政转移支付依赖度高。

广东省城乡水、电、路、通信、教育等公共基础设施的供给存在较大差距，2017年城乡固定资产投资额比值达 4.7：1。城市地区的公共基础设施由政府提供，建设资金来自财政拨款，而农村的公共基础设施建设仍主要靠农村和农民自行解决，各级财政对农村投入相对较少。

在教育方面，广东省农村学校尤其是小学，布局分散，规模小，师资质量亟待提高，教学设备有待完善。2017年，广东省各地小学共有教学点 6 103 个，占全国总量 6%，其中 5 253 个分布在农村，农村每 100 所学校对应的教学点多达近 120 个；农村平均每所小学（学校与教学点）学生 174 人，规模不足城区的 12%。2017年，广东省农村小学教师本科以上占 44.4%，比城区低 25 个百分点；在网络多媒体教室比重上，农村小学只有 76.7%，与城区的 94.4%相比还有较大的差距。

在医疗方面，广东省农村人均医疗资源与城市相比差距较大，2017年，每千人口拥有医疗机构床位，农村 3.1 张（全国倒数第 2），为城市的 41%，每千人口拥有卫生技术人员，农村 3.9 人（居全国第 21 位），为城市的 34%，其中每千人口拥有执业医师，农村仅 0.9 人（居全国第 26 位），为城市的 24%。从城乡医疗资源比重与常住人口比重的比值来看，城乡卫生技术人员为 104：90.7，执业医师为 113：69.9，农村分别比城市低 13.3、43.1 个百分点。镇村卫生服务严重滞后，2017年，广东省每千农村人口村卫生站人员为 0.9 人，仅为全国平均值的 59%，全国倒数第一。

在人民生活方面，2017年农村居民人均可支配收入为 15 779.7 元，而城镇居民为 37 684.3 元，农村家庭恩格尔系数为 40.4，而城镇家庭仅为 32.9，城镇居民教育文化娱乐人均支出则是农村地区的 2.9 倍。从贫富差距看，广东省农村地区的收入不平衡问题比城镇地区更为严重，2016年，农村最高 20%收入户的人均可支配收入为 30 204.0 元，接近广东省城镇居民的平均生活水平，而最低 20%收入户的人均可支配收入仅为 5 452.8 元，两者之比高达 5.5：1，而城镇这一数值仅为 4.7：1。在人力资本方面，乡村就业人口的平均受教育年限为 8.4 年，比城镇低 2 年。2018年，广东省农村居民人均可支配收入达 17 168 元，虽然农村居民人均可支配收入增速高于城镇居民，城乡收入比由 2012 年的 2.87 缩小为 2018 年的 2.58，但城乡发展的差距仍然较大。广东省区域发展很不平衡，粤东、粤西、粤北面积占全省总面积的 70%，但是 GDP 只占 20%，珠三角占 80%。珠三角地区的生产总值主要来自先进制造业和服务业，而其他三区依然是以传统的第一产业为主。接近九成的规模以上服务业企业和先进制造业聚集在珠三角地区，在最能体现在市场经济条件下资金的流动规律的外商直接投资方面，2017 年广东省外商直接投资签订项目多达 15 599 项，但其中 13 297 项集中在珠三角，占比 85%，全省实际使用金额为 229.07 亿美元，珠三角地区占比高达 95%，可见广东省各地区在吸引外商直接投资方面的不平衡不充分问题之大，也间接反映出地区间基础设施建设、营商环境和市场潜力等方面的不平衡。

2017 年人均生产总值，珠三角 12.5 万元，东翼 3.6 万元，西翼 4.4 万元，山区 3.3 万元，而全国 5.9 万元。各区域人均财政收入、支出分别为 1.2 万元、0.2 万元、0.2 万元、0.3 万元和 1.7 万元、0.6 万元、0.6 万元、0.9 万元。从市（县）域差距来看，2017 年地市级层面人均生产总值最高的深圳市高达 183 544 元（约合 26 724 美元），位居国内一线城市之首，大幅领先世界银行 2018 年最新划分标准中高收入国家的收入水平（>12 055 美元）。而最低的梅州市人均生产总值仅为 24 623（约合 3 585 美元），落入中等偏下收入国家一档（996~3 895 美元），甚至远远落后于贵州的平均水平（33 246 元）。广东入围国家 500 强的 18 家农业产业化龙头企业中，珠三角占据 14 家，粤东西北地区仅 4 家，其中粤西 3 家，粤北 1 家，粤东没有。省重点农业龙头企业数量最多的地级市，企业数量超过 120 家，而最少的地级市，企业数量只有 13 家。

2018 年，粤东西北地区 12 市一般公共预算收入仅占全省收入的 9.6%，收支矛盾非常突出。受地区经济发展和财政收入不平衡以及财政体制因素的影响，发达地区和欠发达地区公共服务供给水平存在明显差异。

教育方面，全省地方教育经费总投入中，省本级学校经费占 13.31%，珠三角 9 市占 60.89%，粤东西北 12 个市仅占 25.80%。2018 年小学年生均经费，茂名 8 038.5 元，仅为东莞 20 201.6 元的 39.8%；2017 年在编中小学教师平均工资，茂名 6 219 元/月，仅为东莞 15 131 元/月的 41.1%。全省超过 60% 的国家级重点中等职业学校和超过 80% 的独立设置高职院校集中在珠三角地区。2018 年全省公办幼儿园在园幼儿占比达 30.29%，比全国平均水平 44.1% 低 13.8 个百分点；高等教育毛入学率 42.43%，比全国平均水平

48.1％低 5.67 个百分点。

医疗卫生方面，2018 年广东省开展的医疗卫生考核中，分数排在前 5 名的均是珠三角地区，珠三角地区 9 个市平均 82.9 分，粤东西北经济欠发达地区 12 个市平均 67.2 分，两者相差 15.7 分。最高分珠海市（93.13 分）与最低分揭阳市（51.84 分）相差 41.29 分。南澳、东源饶平县等 10 个县（市）县域内住院率尚在 70％以下。

文化方面，粤东西地区县文化馆在场地面积、人员编制、资金投入等方面达标率还不高，镇、村一级的文化服务中心有很多是形同虚设。

交通方面，与全国其他省市相比，广东虽是交通大省，高速公路总量仅次于河南，但区域布局存在极度不平衡的问题。广东省快速铁路、高速公路主要集中在珠三角地区，占全省面积近 70％的粤东西北地区，高速公路只占全省的 40％。粤东西北高速公路密度不到珠三角的 1/3。

人居环境方面，粤东西北欠发达地区很多村庄没有经济来源，难以开展村庄环境治理和维护。此外，不同群体之间享受的基本公共服务也存在差距，目前，广东省大部分外来务工人员尚未全面享受基本公共服务。

3. 新农村建设仍然存在短板

广东在新农村建设中仍存在需要加强的方面。一是规划覆盖率仍然较低。广东新农村建设推进比较晚，部分地区单个农民新房建设漂亮，但从村庄整体上来看，严重反映了规模小、缺乏统一规划、布局无序的问题。二是环境整治机制仍未跟上。目前广东很多地方建设了新农村，村庄硬件设施很好，但相应的农村人居环境综合整治的软机制仍未跟上。三是有新貌没利用。广东目前只是处于建基础设施的"造景阶段"，土地流转进展缓慢也限制了规模经营的发展，新农村建设未能与新业态培育、新村庄经营紧密结合起来，乡村旅游和农家乐缺乏统一的建设、管理标准，开发水平低，影响农民增收致富。四是配套设施仍未完善。乡村旅游缺乏整合，特别是没有充分利用信息技术建立智慧乡村平台，导致游客与新农村旅游信息不对称，还有交通配套不足等问题比较突出。

4. 精准脱贫工作存在不足

广东精准脱贫工作中面临的困难主要表现在：全面落实市外省内贫困学生补助仍然存在一定难度，金融扶贫工作存在"贫困户不敢贷、金融机构不愿贷"的问题，小规模种养殖扶贫项目抗市场风险能力、持续盈利能力较差，宅基地与房屋产权问题仍难以解决。

从扶贫工作方式上来看，广东扶贫工作存在以下亟须加强的短板：发展理念有待转变、脱贫内生动力不足、组织领导工作机制不够健全、帮扶力量资源分散、扶贫工作缺乏科学规划、典型帮扶经验模式欠缺总结推广、深度贫困地区经济发展模式亟待创新、基于帮扶双方资源要素的供需对接机制尚未建立健全、帮扶专项资金管理机制有待完善、帮扶工作考评机制有待完善等。

5. 农业供给侧改革面临瓶颈

广东农业龙头企业的数量和覆盖仍然不足，企业的经营规模和营业收入有待提高，企业分布不均匀的现象仍较突出。农业科技创新与推广面临农业科技财政投入未能满足现实发展的需要、农业科技创新人才不足、农业科技推广力量较弱的困境。广东农产品精深加工发展和技术装备水平仍有较大提升空间，部分加工企业加工水平仍处于初级阶段、经营成本不断攀升、企业质量管理体系不完善、优秀专业技能人才缺乏。休闲农业与乡村旅游的发展存在资本的严重趋利现象，规划缺失合理导向、地区的乡村旅游存在不平衡。农村金融支持存在农村金融供给主体较为单一、农村金融生态有待改进、符合农村金融特点的金融产品和服务仍然不足、农村金融诈骗犯罪仍有发生的问题。

尤其在乡村旅游创业环节，农民自主创业主动性依旧不强。主要原因是创业需要敏锐的判断力、需要足够的资本，需要开拓市场，起步阶段需要付出大量的人力、物力、财力，这让农民望而生却。为了鼓励返乡农民和大学生自主创业，广东省强化创业培训，尤其为返乡农民工提供创业培训，虽然农民内心渴望创业、渴望获得专业技术，但是他们实际愿意参与培训的积极性很低，他们渴望提升自己的专业知识、创新能力，但是却不愿意参加培训或坚持不下去。这种矛盾的想法和现实状况背后深层次的原因其实是他们落后的职业观念。对于自身的发展，他们普遍缺乏科学合理的规划，只看见眼前利益。面对新的困难新的挑战，他们往往会退缩打退堂鼓。他们认为与其耗费大量时间精力参加培训学习，不如抓紧时间赚钱，因此他们更愿意把时间花在打工上而不是培训上。也有不少农民工认为培训是过于高大上的事情，是专门针对高层次人才的培训，不适合自己，这种观念也在一定程度上影响了农民工的求学积极性。农民工不愿意通过培训改变提高自我的素质，这种低下的创业与生存素养与当前市场经济条件下企业生存需求更高的生存素养的要求相互矛盾。总的来说，农民意识不到要利用现有的培训资源快速提高自身的创业能力和素养，实现自身职业更高层次的发展。

三、广东"三农"工作的政策建议

1. 合理布局现代农业产业园，推进农业产业振兴

广东通过实施现代农业园区建设工程，集中培育发展特色优势产业，打造广东现代农业要素聚集区的过程中，应当坚持政府引导、市场主体、多方投入的模式建设现代农业产业园。通过实施特色产业培育工程，发展"一村一品"、"一镇一业"，做强富民兴村产业。

应当重视产业选择的关键性。现代农业产业园建设，产业选择是根本。现代农业产业园建设的基本目标是培育特色产业，诱导农业产业形成合理的产业结构，助力广东农业供给侧改革。现代农业产业园选择产业，建议将所选产业与当地农业生产结构充分结合论证，选出最适宜当地农业经济发展的产业进行重点培育，实现现代农业产业园功能辐射带动最大化。

应当将合理布局放到战略性高度上来。现代农业产业园建设，合理布局是关键。现代农业产业园建设的选址，应当充分考虑广东农业现代化功能区划中所提出的"四区两带"区域农业发展格局，依据当前与未来广东农业发展的需要，高瞻远瞩地进行规划布局，为广东农业实现产业兴旺树立坚实根基。

2. 扎实推进新农村建设，推动乡村生态振兴

一是提高村庄规划覆盖率，加强对重点古村落保护利用的整体规划。按照不规划不设计、不设计不施工的理念，用七分力量抓规划、三分力量搞建设。遵循乡村自身发展规律，建议省住建、省农业和旅游部门联合，加大对古村落规划保护力度，避免大拆大建，传承乡村文化，保留乡土味道，建设突出本地农村特色和田园风光的岭南新农村，传承和提升整个村庄的历史文化。

二是建立农村人居环境综合整治的长效机制。突出六大领域推进综合整治，村庄综合整治要从道路硬化、改水改厕、垃圾清运等突出问题入手，再到绿化美化、河道治理、污水处理不断深化，突出环境整治重点。探索适合农村特点的生活垃圾治理方法，可以借鉴德庆"户收集、村集中、镇运输、县处理"的成功经验，根据村域面积和人口数配备相应数量的保洁人员。采取污水村域统一处理、纳管处理、联户处理等方法，提高农村污水无害化处理水平。同时要引导和支持农民改变旧习惯，实现食寝分离、人畜分离、洁污分离。

三是发挥新农村的示范带动作用。广东已完成村村通公路建设，建议完善高铁、高速公路至新农村示范片的公路连接和沿途线路的交通标志，安排从高

铁站至示范片的专门交通线路，解决"最后一公里"的问题；加快对示范区沿线道路的改造升级，确保乡村道路、进村公路满足旅游大巴和自驾游需求，同时不断完善绿道网络及休闲驿站、自行车租赁系统等配套服务设施建设。

3. 构建文明和谐精神家园，推动乡村文化振兴

广东乡风文明建设坚持物质文明和精神文明一起抓。精神文明方面，传承发展岭南优秀传统文化，尊重广东多样化的族群文化，建设独具特色的文化乡村。发挥传统的广府文化、客家文化、潮汕文化在构建文明乡风中不可或缺的作用，尊重文化习俗，取其精华去其糟粕，将传统的民俗文化纳入建设乡风文明浪潮中来。充分发挥新乡贤积极作用，支持以自然村为单位成立村民红白理事会、道德评议会、禁毒禁赌会，将移风易俗纳入村规民约。物质文明方面，通过健全乡村公共文化体育服务体系，将农村公共文化建设纳入乡村振兴规划，到 2020 年全面建成覆盖镇村的基层综合性文化服务场所。

4. 构建合理乡村治理结构，推动乡村组织振兴

为构建合理的乡村治理结构，突进基层治理改革的核心地带，广东将实施基层党组织"头雁"工程与以村民小组或自然村为基本单元的村民自治试点工作。探寻构建以利益诱导为中心的村民自治体系。建议加强农村集体经济的发展，将村民的切身相关利益与村集体相捆绑，推动村民自发的关心村集体的建设，从而提高村民自治的积极性。

农业是高度依赖资源环境的产业，也是直接影响资源环境的产业，还是可以创造生态环境、发挥生态服务功能的产业。目前，粤港澳地区资源环境约束突出，现代农业协同发展必须以区域生态环境保障与改善为前提。应统筹协调农业生产与生态保护关系，强化资源保育，坚持"以水定产"调整农业用地规模，适度增加生态用地规模，稳定和扩大退耕还林还湿范围，建设成片森林和恢复连片湿地。

确保农产品产地环境安全，不仅是实现农产品质量安全的现实需要，而且是促进农业资源永续利用、改善农业生态环境、实现农业可持续发展的内在要求。长期以来，由于过度追求数量型增长，农业投入品过量、不合理使用，导致农业面源污染日益严重。下一步，必须突出抓好农业面源污染治理工作，重点是减少化肥、农药使用量，加强对畜禽粪便、农作物秸秆和农田残膜等农业废弃物的合理化处置和资源化利用，减少对水、土壤等的污染和危害。加快推进农业清洁生产，大力发展生态循环农业，早日实现区域农业生态环境根本改善。

5. 突破人才瓶颈，实现科技与人才的振兴

实施乡村振兴战略，必须破解人才瓶颈制约。现代农业发展离不开有知识、有文化、懂农业、善经营的农业人才，要把人力资本开发放在首要位置。广东推动乡村人才振兴，要积极引导各类人才"上山下乡"，向乡村流动聚集，培育壮大乡村本土人才。通过实施新型职业农民培育工程，全面建立健全培养培训、认定管理、生产经营、社会保障、退休养老等新型职业农民制度体系。通过制定乡村工匠培训和评价办法，鼓励支持本地工匠依规承建乡村小微工程。实施"粤菜师傅"工程，支持有意愿的农民群众通过专业培训后回乡开办农家乐或外出就业创业。同时，要实施新乡贤返乡工程。

依托现代农业技术优势，放大农业科技创新、应用、扩散效应，推进农业科技协同，聚力打造农业科技高地，是农业协同发展的重要切入点。香港、广州、深圳科技创新资源丰富，农业科技协同的基本方向就是促进优势科技资源和要素向其他城市辐射与扩散，科技成果在珠三角其他七市孵化转化。应创新体制机制，推进三地企业、高校和科研院所跨区域联合，组建关联紧密、资源共享、通力合作、利益一体的农业科技创新联盟，并以此为依托加快关键技术研发和技术标准创新，共同申请国家重大科技计划和产业化项目，联合建设实验室、工程中心、中试基地、科技成果转化基地，深化产学研合作。

在农业科技创新资源和平台方面，加强合作共享，促进各种创新要素按照市场规律在区域内优化配置，打通区域内农业科技创新资源快速流动的便捷通道。构建开放、畅通、共享的科技资源平台，建立工作、项目、投资对接机制，推动综合服务平台互联互通。支持鼓励区域内农业科技人才合理流动，探索完善科研成果权益分配激励机制，构建农业科技成果转化和交易信息服务平台，推进三地农业技术市场一体化建设，促进科技成果转化应用。

6. 拓宽农民增收渠道，增强农民获得感幸福感

一是发展特色农业，打造区域品牌。立足产业发展，着力培育区域特色农产品品牌，积极推进标准化生产和品牌认证管理工作。通过搭建宣传推介平台，每年组织举办和参加全国有影响力的大型农业展，如蔬菜博览会、全省名优农产品精品展、全国农交会、全省农交会等，努力提升农产品品牌形象，提高农产品的市场占有率；继续鼓励全省农业生产经营主体积极培育品牌、争创品牌，推动全省区域品牌、产品品牌及企业品牌的协同发展，做大做强广东农业品牌，并发挥引领作用，进一步做优做强品牌，力争取得更大的成绩，积极发挥带动作用，拓宽农民增收渠道。

二是发展农产品深加工，提升附加值。壮大生产经营主体，大力培育农产品加工流通品牌，鼓励农村内部的新型农业经营主体（如农民专业合作社、家庭农场、专业大户）延长农业产业链，将农产品进行深加工，把农业附加值留在农村内部；丰富农副产品加工品种，增加科技含量，不断提高农产品加工的档次。重点扶持一批科技含量高、市场前景广阔、能够扩大出口和提高农副产品深加工水平的工业项目；定期组织农产品加工业主体参加各种学习、研讨、参观、考察活动，开阔眼界和培养创新意识。此外，还可为其搭建平台，让科研单位通过技术指导或技术合作的方式提供技术支持，以提高农副产品附加值，实现农民增收；同时，大力发展"一村一品"专业村镇，奠定品牌发展的产业基础。

三是进一步完善农产品流通体系、市场信息体系、农产品质量检测和市场准入体系，实现市场对接，努力构建统一市场。合理布局农产品产地市场与区域农产品集散中心，完善冷链物流、直销配送体系，逐步实施统一的农业标准化体系，构建1小时鲜活农产品物流圈。通过培育产销一体化经营组织，发展产销一体化经营，借助"互联网＋农业"等新型业态，采取订单农业、农超对接等经营形式，真正实现产销对接。高度重视农产品质量安全问题，建立一体化的农产品质量安全监管机制和统一的农产品质量安全监测体系，完善区域农产品质量安全监管信息共享机制，实现农产品质检手段一致、内容统一、结果互认、处置明确。

四是积极培育跨区域经营的大型农业产业化联合体。支持鼓励农业产业化龙头企业和农业投资企业以收购、控股、联合、兼并、委托生产等多种方式，整合联结各类农业经营主体，形成若干以农业产业化龙头企业为核心、以合作社为纽带、以家庭农场和专业大户为基础、以社会化服务组织为支撑，关联紧密、分工明确、链条完整、利益共享、跨区域经营的农业产业化联合体。应进一步深化三地农业龙头企业和其他农业经营组织的联系与合作，形成"你中有我，我中有你"的市场一体化发展格局。同时，要依托既有现代农业园区和农业生产优势区，建设优质农产品生产基地，在组织形式上实现农业一体化生产和经营，破除当前广东地区农业生产规模小、经营分散的弊端。

第二部分
精细农业

第二章 农业供给侧结构性改革

一、加快农业产业结构调整

1. 优化区域格局

广东省农业厅编制出台了全省农业现代化功能区划，目的在于引导各地立足资源禀赋，实行适区适种（养），合理布局优势特色产业，实现生产布局与环境资源相协调，形成珠三角都市农业区、潮汕平原精细农业区、粤西热带农业区、北部山地生态农业区以及南亚热带农业带、沿海蓝色农业带的"四区两带"区域农业发展格局，进一步优化农业产业结构。加快推进珠三角都市现代农业协同发展的同时，为改变雷州半岛农业"大而不强、多而不优"的区域结构短板，组织实施2017年雷州半岛农业现代化行动计划，集聚资源要素投入建设北回归线优质水果产业带、雷州半岛热带亚热带水果示范区，推动加快形成优势突出、特色鲜明的区域农业发展格局。

2. 划定粮食生产功能区和重要农产品生产保护区

按照"布局合理、标识清晰、生产稳定、应划尽划"的原则，印发"两区"实施方案，要求在2018年底前，全省划定粮食（水稻）生产功能区面积1 350万亩①、重要农产品（天然橡胶）生产保护区60万亩，并将划定任务分解到各地级以上市和6个试点县。6个试点县2018年上半年基本完成，其他县则争取在2018年底前基本完成。实施"藏粮于地、藏粮于技"战略，完善激励机制和支持政策，保障粮食等重要农产品有效供给。选育推广专用优质稻品种，建立优质稻米生产示范区，着力提高大米优质率，形成品牌效应。稳定发展"菜篮子"产品，实施"菜篮子"市长负责制考核。加快发展蔬菜特色品种，扶持设施蔬菜、北运蔬菜基地建设，规划建设300个蔬菜产业园，省农业厅重点以省级"菜篮子"基地为基础，予以全覆盖扶持，形成产业园。

---

① 15亩＝1公顷。

3. 创建特色农产品优势区

根据"稳粮优经扩饲、提升园艺作物、丰富特色产品、扩大冬种生产"的思路，加快构建粮经饲协调的三元种植结构，瞄准市场消费需求，创建产业特色鲜明、市场潜力较大、具有核心技术的岭南特色产业优势区，形成合理区域分工，推动产业结构调整。广东省农业厅以中国特优区创建工作为契机，结合全省创建特色农产品优势区的实际，于2017年8月17日组织申报和建设广东特色农产品优势区（粤农函〔2017〕920号），不断加大品牌建设力度，重点培育和保护区域公用品牌，打造区域品牌、企业品牌、产品品牌"新三品"，有效促进生产、品质、效益的全面提升。珠海市斗门区白蕉海鲈中国特色农产品优势区已被列入第一批中国特优区。

4. 发展健康养殖业

以"减猪稳禽增牛羊"为路线，清退关闭禁养区生猪养殖场，加快淘汰小型养猪场等落后产能，推动珠三角地区和水网地区生猪养殖加快转型升级，引导养殖场向粤东西北适宜养殖区转移，建立省外保障供给基地，逐步减小养殖场，发展规模养殖场。开展畜禽标准化示范创建行动，进一步稳定家禽行业发展，提高畜禽规模养殖水平。加强禽流感等疫病防控，推行生鲜鸡上市，稳定家禽产业发展。大力发展草食畜牧业，实施中央和省级草地畜牧业专项，扶持建设牧草种子繁育场，提高牛羊良种覆盖率，创建一批生产基础好、示范带动强的牛羊规模化养殖基地。发展水产健康养殖，实行标准化池塘改造，划定禁止养殖区、限制养殖区和养殖区，提升水产品质量安全水平。进一步优化水产养殖产业结构，科学规划布局水产养殖，控制近岸养殖，拓展深远海养殖，积极壮大远洋渔业。

5. 发展林下经济

通过加大资金、政策和技术扶持力度，大力发展林菌、林药、林花、林茶、林禽等林下经济，丰富林下经济产品种类，提升林下经济规模化、集约化、专业化水平。广东省林业厅积极推进林下经济示范园和林下经济示范基地建设，全省已建立林下经济扶贫示范县20个、国家级林下经济示范基地4个、省级林下经济示范县70个、特色经济林示范项目88个，目前全省林下经济面积达到2 982万亩，产值489.4亿元，受益农户192.4万户。

二、加快转变农业发展方式

1. 强化质量安全监管

通过创建新一批农产品质量安全示范市县，严格落实农产品质量安全属地管理责任和生产经营主体责任，确保不发生重大农产品质量安全问题。完善农产品质量安全检测体系，加强"农田到餐桌"全过程监管。主要通过扩大国家农产品质量安全追溯信息平台试点范围，在 3 个县（市、区）试运行的基础上，扩大至 6 个地级以上市进行应用试点。推动省级追溯平台与国家追溯平台及下级追溯平台有效对接和融合，加快农产品追溯平台推广应用。将农产品追溯与农业项目安排、农产品品牌推荐、"三品一标"认证登记等挂钩，率先将"三品一标"企业、农业龙头企业及农业部门支持建设的各类示范基地纳入追溯管理。加强与线上线下销售平台、商超的合作，通过设置追溯产品销售专区、专柜等方式，提高消费者对追溯产品的认知度，引导增加追溯产品消费，调动生产经营主体纳入追溯平台的积极性。深化创建活动，举办安全县农产品产销对接活动，扩大质量安全县优质绿色农产品的销量和市场影响力，充分发挥安全县金字招牌作用。组织开展第二批 1 市 8 县创建试点单位中期核查，督促创建单位加大创建力度，总结安全县典型经验做法，形成可推广可复制的创建模式。强化示范推广，开展系列宣传报道，组织多种形式的县域间学习交流活动，整体提升监管能力和水平。将农产品追溯与安全县创建结合，推进农产品质量安全示范省创建。

2016 年，广东省农业厅按统一的监测方案和操作规程，组织开展了全省农产品质量安全例行监测工作，共抽检样品 4 642 个，4 602 个样品合格，总体合格率为 99.1％。其中，蔬菜产品监测总体合格率为 98.5％、畜禽产品监测总体合格率为 99.7％。从监测情况看，广东省农产品质量安全形势总体稳定向好，风险总体可控，全省发生行业性、区域性农产品质量安全问题的可能性较少，但仍然存在一些隐患和风险，在个别地区和企业农产品相关残留物质超标和检出的现象仍然存在，必须引起高度重视。

2. 推进农业标准化生产和品牌创建

健全特色农林产品标准体系，制定重要农林产品质量安全标准，加强标准化示范区建设和技术推广。鼓励符合条件的产品申报"三品一标"（无公害农产品、绿色食品、有机农产品和农产品地理标志）认证，力争 2020 年前全省"三品一标"产品数量达到 3 000 个。开展名特优新农产品评选推介活动，以县为单位打造区域公用品牌，每年新增 5～10 个国家地理标志保护产品，培育一批品质好、占有率高的知名农业品牌。目前，广东省共评选推介"十大名牌"系列农产品 149 个，有效期内的广东省名牌产品（农业类）1 197 个，名特优新农产品入库 1 416 个，基本形成了全省农业品牌建设的总体布局和架构，逐步走出了一条以"区域公用品牌"、"经营专用品牌"为类别，按"十大名牌"、"广东名牌"、"广东名特优新"农产品三级品牌划分的广东现代农业"两类三级"品牌发展新模式。

3. 推进畜禽养殖废弃物治理行动

坚持政府支持、企业主体、市场化运作，以畜牧大县和规模养殖场为重点，按照源头减量、过程控制、末端利用的治理路径，加快发展生态健康养殖，探索推广生态养殖模式，推进畜禽养殖废弃物治理。广东省农业部门积极引导畜禽养殖向规模化、标准化养殖发展，成效显著。推动畜牧大县、国家现代农业示范区、农业可持续发展试验示范区和现代农业产业园率先实现上述目标。扎实做好动物疫病防控区域化管理、动物卫生风险管理和重大动物疫病防控延伸绩效管理等工作，加快全省病死畜禽无害化处理体系建设，2018 年底前建成 10 个病死畜禽无害化处理中心示范项目。2017 年 12 月 22 日，《广东省畜禽养殖废弃物资源化利用工作方案》（粤办函〔2017〕735 号）已经发布，各项工作相应推进。

4. 加强农业资源环境保护

深入推进化肥农药使用量零增长行动，加快测土配方施肥成果应用，大力推广化肥减量增效技术和配方肥，重点在珠三角开展有机肥替代化肥试点示范，建设 30 个农药减量控制技术示范基地和一批农药企业与新型经营主体合作共建示范基地。选择适宜区域开展果菜茶有机肥替代化肥试点，创建 100 个万亩果菜茶有机肥替代化肥示范园和一批农药减量控害技术示范基地。推广水肥一体化、滴灌、喷灌等节水灌溉模式，大力发展节水农业。开展农作物秸秆资源化利用示范，推广农膜回收。推进世界银行贷款农业面源污染治理项目，将环境友好型种植示范项目实施县扩大到 28 个，探索面源污染治理新机制新模式。启动实施区域循环生态农业项目，组织创建一批国家农业可持续发展试验示范区。推进林地土壤普查，加快建立林地测土配方施肥技术指标体系和应用信息系统，促进森林质量精准提升。

据统计，2016 年广东省化肥使用量 261 万吨（折纯），用量增幅比 2015 年减少 1 个百分点，推广测土配方施肥面积达 4 675 万亩次，施用配方肥 57 万吨，减少不合理施肥 11 万吨；全省农药使用量 6.28 万吨，比 2015 年减少 0.14 万吨，统防统治和绿色防控面积均较 2015 年有大幅提高，分别为 630 万亩次和 1 500 万亩。2017 年，全省设立省级蔬菜化肥减量示范区 8 个、专业化统防统治与绿色防控融合示范基地 20 个、全程绿色防控示范基地 6 个，全面开展化肥农药减量增效试验示范，探索和集成减肥增效技术模式和农作物全程绿色防控技术。2016 年，全省统筹整合部分省级财政资金，专项安排 3.16 亿元建立了 74 个包括以水肥一体化为主体建设内容的现代农业"五位一体"示范基地，实现了肥料、农药和水资源减量使用。此外，广东省还重视和支持肥料农药产业的发展，注重强化过程监管，做到产管并重。目前，全省有机肥生产企业 123 家、占全省肥料生产企业的 34.6%，有机无机复混肥料企业 14 家，生物有机肥肥料企业 47 家；有机肥总产能达 322 万吨。

5. 大力建设生态屏障

实施新一轮绿化广东大行动，加强生态公益林建设，适当提高生态公益林效益补偿标准，推进雷州半岛生态修复工程。加强海洋生态环境保护，建设美丽海湾，建造人工渔礁，开辟海洋牧场，实施海洋渔业资源总量管理。加强各级各类自然保护区建设，全面划定并坚守生态红线，落实国土空间开发保护制度。

据 2018 年 1 月 25 日马兴瑞省长的政府工作报告，当前大江大河水质保持稳定，土壤污染防治扎实推进，新一轮绿化广东大行动不断深入，绿道、古驿道、美丽海湾建设和雷州半岛生态修复等重点生态工程顺利推进，森林公园达 1 373 个，湿地公园达 203 个，国家森林城市达 7 个，森林覆盖率提高到 59.08%。

三、推动农业科技创新体系建设

建设农民创业园，搭建创新创业平台，引导和支持返乡下乡人员把握一二三产业融合发展的机遇，依托农业新产业新业态实现就业创业。促进农村产业融合发展与新型城镇化建设有机结合，扶持创建一批茶叶、水果、蔬菜、水产品等专业特色小城镇，支持建设一批农产品加工、物流商贸、休闲旅游等小城镇园区，形成一批集创新、生产、销售、服务于一体的农业专业镇，吸纳周边农村劳动力就近就业。近年来，广东省加快农业转型升级，扎实推进农业科技创新体系。

据统计，广东农业科技进步贡献率达 62.7%，主要农作物、猪、家禽良种覆盖率分别达 97%、95%、85%，水稻优质率达 72% 以上，水稻耕种收综合机械化水平达 67%。全省农业行业申请专利 165 项，授权 114 项；农业行业累计获得国家和省科技进步奖励 174 项，农业部科技奖励 82 项，省级农业技术推广奖 1 056 项。

然而，在农业科技成果的转化速度方面，广东省的农业科技中介服务机构总体上数量少、规模小、实力弱，难以满足农业快速发展的形势要求；已有的农业科技中介服务机构服务能力不足，没有打响品牌，优势不突出，尚未形成核心服务能力；龙头企业的科技骨干服务指导与带动不足，指导农民进行科学生产的组织化程度低。

四、积极培育新产业新业态

积极发展农产品电商，围绕创建国家农业电子商务试点省，加快建设一批农产品物流及电商示范试点，在大宗农产品电子商务直配、品牌农产品社区宅配、区域特色农产品电商体验等方面深入探索。建设一批农业公园、森林公园、湿地公园和海洋公园，推进农业、林业与旅游、教育、文化、康养等产业深度融合，加快发展趣味创意、农耕体验、森林康养、旅游观光等休闲农业，开展乡村旅游示范镇、示范点及美丽休闲乡村创建活动，推介休闲农业和乡村旅游精品线路。开展"美丽田园综合体"建设，打造美丽乡村、美丽田园、美味农产品。鼓励农村集体经济组织、农户发展乡村休闲旅游，引导和鼓励社会资本开发农民参与度高、受益面广的休闲旅游项目。新增建设用地计划指标优先支持农村新产业新业态发展。

2016 年 1—10 月，淘宝平台上的广东农产品卖家数量达到 10 万多家，各县区具有网上农产品交易功能的网站达到 140 多个，2017 年广东省"亿元淘宝县"有 22 个，全省农村网络销售额达到 840 亿。平远县、翁源县、增城区、斗门区等 8 个县（市、区）先后入选全国休闲农业和乡村旅游示范县（市、区）。现已认定了首批 24 家广东农业公园，总面积 13.25 万亩，年营业收入合计超过 58 亿元，客流量达到 1 600 余万人次，带动农户 3.26 多万户，户均年增收达 7 875 元。顺德陈村花卉世界等 19 个单位被认定为全国休闲农业与乡村旅游示范点。近年来，广东分 3 批创建了全省休闲农业与乡村旅游示范镇 83 个、全省休闲农业与乡村旅游示范点 195 个。

2018 年，广东省淘宝村数量为 614 个、"淘宝镇"74 个，广东省共有 11 个地级市上榜 2018 年淘宝村公示名单，其中广州市以 126 个淘宝村位列全省第一，其余依次为东莞市 102 个，佛山市 98 个，汕头市 93 个，揭阳市 78 个，惠州市 44 个，中山市 40 个，江门市 17 个，潮州市 14 个，珠海市 1 个，汕尾市 1 个。其中知名的"中国淘宝村"揭阳市军埔村 2014 年电商交易高达 488 亿元。目前全省在淘宝平台上的农产品卖家 9.5 万家,为全国第一,农产品电子商务交易额超百亿元。全省各县(区)具有网上农产品交易功能网站 172 个,涌现出华南农产品交易网、广东农产品交易网等功能各异的农村电商平台。全省农村网民达 600 多万人,80%以上的地市已与京东、阿里、苏宁等知名电商平台达成战略合作,建成了一批县区级服务中心和村级电商服务站,培育了一批本土农村电商骨干企业。

五、优化"三农"营商环境

1. 加大财政支持力度

创新财政支农资金投入方式,发挥财政资金的引导放大作用,撬动更多社会资本投入农业供给侧结构性改革重点领域,提高广东农业发展的质量和效益。为加强对农业供给侧结构性改革的财政支持保障,省政府决定设立广东省农业供给侧结构性改革基金,部署省农业厅会同省财政厅制订《广东省农业供给侧结构性改革基金组建方案》,由广东恒健投资控股有限公司下属具有资质的基金管理公司作为基金的管理人和主发起人,吸引社会投资人共同发起设立广东省农业供给侧结构性改革基金。根据市场化和专业化管理原则,基金管理人可积极探索混合所有制及市场化运作体制和机制,支持新型农业经营主体和农业服务主体、现代种业、农林渔业设施装备、绿色农林渔业、农林渔业新产业新业态等项目。具体资金安排由省农业厅、财政厅按规定落实。

2018 年 3 月 29 日,为做好股权投资项目的筛选和对接服务工作,有效搭建广东省农业供给侧结构性改革基金(以下简称"省农业基金")、投资企业、基金管理人三方对接平台,推动省农业基金运作,广东省农业厅出台了《广东省农业供给侧结构性改革基金项目申报指南》(粤农函〔2018〕316 号)。

2. 创新"三农"投融资机制

发展农村普惠金融,推进普惠金融"村村通",积极培育村镇银行、涉农投资和担保公司等新型农村金融机构。推动农业银行、农村商业银行等银行业金融机构创新信贷投放方式,加大对农业供给侧结构性改革重点领域的信贷投放力度,对小额涉农贷款、"两权"抵押贷款予以适当倾斜。推进全省农业信贷担保体系建设,充分发挥省级农业信贷担保机构作用,逐步建立市、县级担保机构,"三农"融资担保费率保持较低水平。

截至 2016 年底，各试点地区共建成农村金融服务站 6 704 个，34 个试点县（市、区）实现全覆盖；实现农村产权抵押担保贷款 26.73 亿元、政银保合作农业贷款 2.39 亿元、妇女小额担保财政贴息贷款 2.28 亿元和金融扶贫贷款 4.93 亿元。截至 2016 年底，广东省共成立市级征信中心 7 个，县级综合征信中心 52 个；农户信用信息系统采集农户数据达 318 万条，覆盖全省 104 个县（区），覆盖面达 87.4%；4 家互联网企业累计上线农户融资项目 186 个，为信用农户提供融资 5 352 万元。

3. 开展"两权"抵押贷款试点

推进农村承包土地的经营权和农民住房财产权抵押贷款试点，支持承包农户、经营主体依法依规开展土地经营权抵押融资。研究探索农村土地经营权抵押登记的具体操作办法，因地制宜采取流转合同鉴证、交易鉴证等多种方式对土地经营权予以确认。梅州市蕉岭县、清远市阳山县、肇庆市德庆县、云浮市郁南县、湛江市廉江市、云浮市罗定市、清远市英德市等 7 个县（市）被国家确定为农村承包土地的经营权抵押贷款试点区域，梅州市五华县、清远市连州市等 2 个县（市）被国家确定为农民住房财产权抵押贷款试点区域，于 2015 年 12 月 27 日至 2017 年 12 月 31 日开展相关试点工作。2018 年 4 月 24 日，广东省"两权"抵押贷款试点工作指导小组组成人员进行调整，由欧阳卫民副省长担任组长。

4. 扩大政策性农业保险覆盖率

完善农业保险政策，增加特色农产品险种，适当提高重要农产品的保额，加快推动政策性农业保险扩面提标。简化承保机构确定程序，指导保险机构提高理赔效率、加强风险管理，开发新型农业保险项目。2018 年 3 月 29 日，广东省农业厅、广东省财政厅和广东保监局联合发布了《关于印发 2018—2020 年广东省政策性农业保险实施方案的通知》（粤农规〔2018〕2 号），增加政策性农业保险品种，扩大保险覆盖范围，建立广东省政策性农业保险品种目录库，分类进行管理，实行目录清单适时动态调整机制，建立省级农业保险大灾风险准备金制度。

第三章　改革存在的问题与挑战

一、粮食安全面临挑战

　　粮食安全是农业供给侧改革的重中之重。在种植业发展的进程中，自然资源禀赋的丰裕程度是形成比较优势的基础条件。在资源总量上，广东全省现有土地 17.97 万公顷，其中宜农地 434 万公顷，占 24.14%，宜林地 1 100 万公顷，占 61%。从土地利用的实际情况来看，2008 年广东农用地约 1 489.1 万公顷，在全国 31 个省份中排名第 14。虽然从总量来看，广东在土地资源总量上具有一定的优势，但作为人口较多和较稠密的省份之一，其人均占有量并不乐观。而且，在工业化和城镇化加速发展的背景下，农用地的数量、质量都出现了下降的趋势。从图 3-1 可以看出，广东耕地面积自 2014 年后逐年下降，2017 年的耕地面积不足 2000 年的 60%，耕地流失严重，进而导致自然禀赋优势也呈下降趋势。

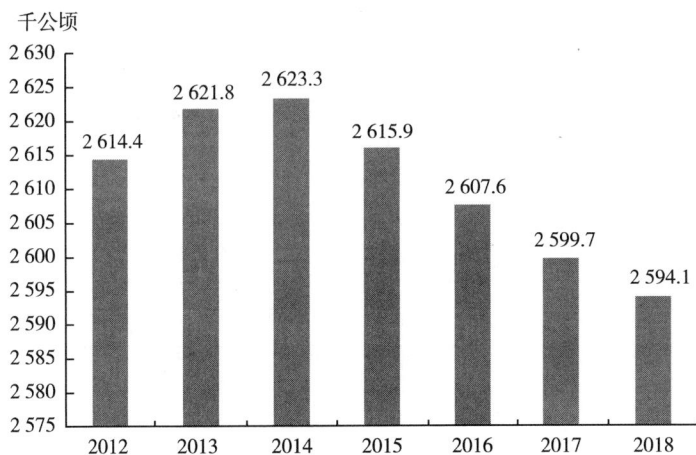

图 3-1　广东省 2012—2018 年耕地面积

　　随着广东工业化和城镇化进程的加快，工业以更高的成长率，吸收了大量的农业剩余人口，导致在农业生产规模迅速扩大的情况下，第一产业从业人员数量远远低于 1980 年的水平。2017 年，广东第一产业从业人口占全部从业人口的比重为 21.4%，较 1995 年下降了 11.2%，且呈逐年下降趋势。农业劳动力不仅数量下降，而且质量较低，据统计，广东省农村劳动力受教育程度在初中及初中以下的占比超过七成，受过高等教育的劳动力大多数都转移到非农部门，劳动力受教育程度不足限制了其接受农业现代科技的能力，阻碍了农业现代化的发展。其次，农村劳动力的农业培训占比也落后于浙江、江苏等东部沿海发达省份。

另外，广东财政对农业农村投入力度不够、农户投资积极性低。2016 年，广东省第一产业固定资产投资总额为 445.1 亿元，较 2015 年增加 24.7 亿元，增幅 5.9%，低于第一产业增加值的增长率。第一产业固定资产投资额占固定资产投资总额的比重为 1.3%，远低于全国同期的平均水平（3.1%），占第一产业增加值比重为 11.8%，不到全国平均水平（28.6%）的一半，体现出第一产业投资相对量不足，导致农业生产基础设施和农业机械化水平相对落后。相比于其他东部沿海发达省份，广东省农业增加值的上升主要是通过传统生产要素投入的增加，投资拉动第一产业增加值增长在未来具有很大空间。

此外，和江苏、浙江、福建、山东等东部沿海发达省份 2017 年的横向对比可以看出，广东省种植业总产值和增加值均位于中游水平，但人均产值倒数，体现出广东省种植业劳动率偏低，从而导致农民的经营性收入远远落后于同期其他发达省份（表 3-1）。但是，单位耕地面积种植业产值较高，仅落后于福建，是山东的近两倍，体现出广东省的土地生产率较高。同时，广东省种植业领域的农业机械化水平领先，耕种收综合机械化率处于全国前列。主要产品产量呈现出明显的地域性特征，其中粮食、蔬菜产量位于中游水平，糖料产量仅次于广西和云南，位于全国第三。

表 3-1　2017 年粤、苏、浙、闽、鲁种植业情况对比

指　标	广东	江苏	浙江	福建	山东
种植业总产值（亿元）	2 890.0	3 764.7	1 494.5	1 527.0	4 403.2
种植业增加值（亿元）	2 018.9	2 603.6	1 072.6	953.3	2 755.7
乡村人口（万人）	3 367	2 508	1 810	1 377	3 944
耕地面积（千公顷）	2 599.7	4 573.3	1 977.0	1 336.9	7 589.8
单位耕地种植业产值（元/公顷）	111 167	82 319	75 594	114 220	58 015
农用化肥施用量（万吨）	258.3	303.9	82.6	116.3	440.0

（续）

指　　标	广东	江苏	浙江	福建	山东
耕地灌溉面积（千公顷）	1 774.6	4 131.9	1 444.7	1 064.8	5 191.1
机耕面积（千公顷）	4 014.1	5 829.0	1 406.7	1 072.4	6 133.6
农作物播种面积（千公顷）	4 227.5	7 556.4	1 981.1	1 549.3	11 107.8
粮食产量（万吨）	1 208.6	3 610.8	580.1	487.2	5 374.3
糖料产量（万吨）	1 343.5	4.9	41.0	26.4	0.1
蔬菜产量（万吨）	3 177.5	5 540.5	1 910.5	1 415.3	8 133.8

总体而言，广东省粮食播种面积总体缩减，粮食产量总体下降，耕地的利用强度和效益不断提高，耕地利用呈现明显的非粮食化倾向。近 20 年来，产粮大县在全省粮食生产中发挥了主力军作用，水稻产能日益向产粮大县集中，而产粮大县普遍为落后地区，种粮积极性面临挑战。

二、畜牧生产结构性问题

生猪饲养是广东畜牧生产的主要产业，当前省内畜牧生产仍然存在三大问题：①信息不及时、不畅通。现在不少养殖户尤其是小规模养殖户苦于信息不及时、不畅通，无法准确获知生猪市场供应状况。不少养殖户对后期市场不能进行准确的预判，甚至存在"高买贱卖"的情况。②疫苗市场机制不健全。疫病防控是规模化养殖的重中之重，但现在疫苗市场机制不健全，存在疫苗以次充好、鱼龙混杂的情况，甚至还存在假疫苗、过期疫苗、失效疫苗等问题，这些问题又隐蔽性极强，只有疫情暴发才能发现，而疫情的暴发必然导致生猪养殖户的利润缩水甚至亏损。③养殖难以形成有效规模。现在的养殖仍以散户养殖、企业养殖各自为营为主，养殖户之间，养殖户与饲料企业之间，养殖户与屠宰企业之间不能形成长期有效的信息交流和联合。

广东畜牧业历来以猪鸡为主，节粮型草食动物发展滞后，畜牧生产结构严重失衡。2015 年全省肉类总产量 444.1 万吨，其中猪肉 278 万吨占 62.6%，禽肉 151.7 万吨占 34.2%，牛肉和羊肉产量分别为 4.1 万吨和 2.0 万吨，所占肉类总产量比例不足 2%，人均占有量与全国平均水平相比存在较大差距。另外牛羊养殖业规模化发展明显滞后；全省肉牛年出栏 62.3 万头，其中年出栏肉牛 50 头以上的规模化养牛场 513 个，而年出栏数 1 000 头以上的仅有

2 家,年出栏数在 1～9 头的散养农户多达 19.6 万家,年出栏总数占比近八成;羊出栏 74.6 万只,其中年出栏肉羊 100 只以上的规模化养羊场(户)903个,年出栏 19.8 万只,占全省总数的 26.6%。大部分养殖地区仍以分户饲养为主,缺少规模效益,竞争和抵御风险能力弱,已难以适应现代草牧业的发展要求。

此外,广东虽然是养猪大省,但每年还要外调 1 000 多万头生猪,禽蛋、牛奶、牛羊肉也是净调入。与东北、中原、西南的畜牧业大省比,广东发展畜牧业的土地资源、粮食资源不占优势。广东省目前仅有两所高职院校开设有畜牧兽医类专业,受办学条件的制约,畜牧兽医类人才培养能力不足,招生人数远远不能满足省内企业的需求。2017 广东省畜牧业与江苏、浙江、福建和山东的对比情况见表 3－2。

表 3－2　2017 年粤、苏、浙、闽、鲁畜牧业情况对比

指　　标	广东	江苏	浙江	福建	山东
畜牧业总产值(亿元)	1 202.3	1 158.0	371.3	750.5	2 501.4
畜牧业增加值(亿元)	563.7	472.5	165.6	386.8	1 041.0
猪肉产量(万吨)	278.0	214.3	83.3	128.4	427.4
牛肉产量(万吨)	4.1	2.9	1.3	1.7	75.9
牛奶产量(万吨)	13.9	49.0	14.3	13.1	223.5
禽蛋产量(万吨)	38.5	183.4	35.9	46.5	444.8

三、农业经营主体发展问题

相比于国内部分农业发展先进的省份,广东省的农业龙头企业的数目和覆盖仍然不足,企业的经营规模和营业收入有待提高,企业年销售收入进入"十亿俱乐部"的企业数量占比不大;全省农业龙头企业的分布不均衡,以珠三角和粤北地区为主,企业占比逾全省 75% 以上;农业龙头企业行业发展存在结构性问题,总体以粮食、畜牧、农副食品加工为主,产业发展相对成熟,而蔬菜、水果这一类产业的发展相对较慢,产业配套不完善;龙头企业仍需进一步加强与辐射区域内农户、家庭农场和专业合作社的合作交流,积极发挥企业的

社会责任，带动农业增效、农民增收、农村发展。

四、农业科技创新与推广问题

当前，省内农业科技的发展问题包括：①农业科技财政投入有待提高。据统计，2010—2014 年，广东省农业科技经费财政支出占农业总产值的比例均值为 0.45%，占财政总支出的比例均值为 0.13%，占农业财政支出的比例均值为 2.08%，相比于国内外一些重视农业投入的地区（农业科技经费占农业产值逾 10%），广东的农业科技经费投入有待提高。②农业科技创新人才不足。据统计，在调查的广东省 74 个农业机构中，从事农业科技的人员有 4 969 人，其中高级职称 957 人，发表相关论文 1 505 篇。广东省当前涉及农业科技的高级研究人员和团队较少，相关领域的高层次人才相对欠缺。同时，科技创新存在"孤岛现象"，科研选题与农业产业实际需求脱节，科研人员与农业生产"不完全搭边"。③农业科技推广力量有待加强。一方面，农业科技创新推广体系不完善，缺乏足够的资金与硬件设施，科技成果的有效转化率不高；另一方面，农业科技人员队伍素质有待提高，尤其在农业科技专业知识方面，基层组织对农业科技的推广力度不足。

五、农产品精深加工问题

农产品加工业是衡量农业现代化水平的重要标志。当前广东省的农产品加工处于不断优化的阶段，可谓机遇与挑战并存，主要存在以下问题：①相对于农业发展相对较好的地区，广东的农产品加工业发展和技术装备水平仍有较大提升空间，要注重科技创新元素的结合。②加工层次仍处于初级阶段。当前省内农产品加工层次较浅，精深加工程度不足，技术含量较低，产品附加产值不高，难以创造较高的经济效益。③经营成本不断攀升。在经济新常态下，省内劳动力成本不断攀升，土地租金、设备维修、企业管理等费用也在逐步增加，对农产品加工业造成了一定冲击。④企业质量管理体系不完善。省内大部分农产品加工企业的规模不大，难以引入相对先进、完善的质量管理体系，对农产品加工的品牌建设造成影响。⑤缺乏优秀的专业技能人才。农产品加工业的进一步发展需要专业人才的管理、经营，面对具有较大潜在市场规模的农产品加工业，当前的相关技能人才是相对缺乏的。

六、休闲农业和乡村旅游发展问题

近年来，广东省休闲农业和乡村旅游呈现着迅猛发展的态势，各种农业观光、农家乐、采摘节等乡村旅游形式在各地大量涌现。据有关数据表明，2018 年上半年，广东省接待乡村游游客 3.37 亿人次。其中，游客接待数量最多的为广州，达 7 473 万人次，其次是深圳、东莞，分别接待了 3 978 万人次、2 812 万人次。全年休闲农业与乡村旅游营业收入 130 亿元。

广东省的休闲农业和乡村旅游发展取得了良好成果的同时，也存在一些问题：①资本的严重趋利致使规划缺失合理导向。休闲农业和乡村旅游是较好的投资项目，但由于短期的资本趋利行为致使发展模式单一，缺乏地区特色而吸引力不足。如广州市番禺区就有 3 个功能类似观光农业旅游区，平均每 745 平方公里便有一个休闲农业园区。乡村旅游在区域内的功能类似难免会造成客流资源的竞争，从而降低经济效益。②地区乡村旅游发展不平衡。当前，基于地区经济能力的资本驱使，休闲农业园区的设置集中于省内的珠三角地区，而旅游资源相对丰富的粤西、粤北地区的休闲农业开展较慢。③脱离农业基本功能。休闲农业是农业和生态、娱乐相结合的旅游模式。现实中部分休闲农业园区打着"休闲农业"和"乡村旅游"的口号，实际上农业经营的份额较少，将农作物生产作为娱乐对象而忽略农业的综合功能，出现"非农化"和"脱农化"现象。

七、农村金融支持发展问题

广东积极响应国家号召，大力发展农村金融，取得了良好的效果。自2007 年起，启动实施了农业保险保费财政补贴政策，2014 年以来农业保险保费补贴资金连续被省政府列入十件民生实事。2018 年，全省全面实施水稻制种、柑橘橙柚、农业设施（大棚）等 3 个政策性农业保险新增品种。截至目前，政策性涉农保险品种达到 21 个，其中：水稻、水稻制种、能繁母猪、玉米、花生、马铃薯、甘蔗、奶牛、家禽、生猪、荔枝、龙眼、香蕉、木瓜、柑橘橙柚、农业设施等 16 个险种由省农业农村厅负责管理；农村住房保险由省金融办管理；蔬菜保险（暂停）由省发改委管理；森林保险由省林业厅管理；渔船财产保险、渔民人身意外保险（暂停）等 2 个险种由省海洋与渔业厅管理。现已实施的险种基本覆盖了全省种植业和养殖业的主要产品。

广东涉农金融机构将"两权"、林权、应收账款等纳入抵质押物范围，开发出"流转易""金土地""绿色养殖贷""乡旅贷""民宿贷"等特色信贷产品体系，积极开展青年（妇女）创业贷款、红色党员创业贷款、扶贫小额信贷业务，不断满足新型农业经营主体差异化融资需求。截至 2018 年 12 月末，广东省涉农贷款余额 1.22 万亿元，同比增长 12.1%；广东省农户信用信息系统已采集 570 万户农户信息，实现在全省县域 100% 覆盖，全省评定信用农户 417.5 万户，推动建成县级综合信用服务中心 94 个，创建信用村 1.3 万个，构建了覆盖全省农村的信用服务网。

然而，也存在着一些全国普遍性的问题，主要是：①农村金融供给主体较为单一。当前，广东省农村金融服务组织仍以农信社、邮储银行和农商行为主，一些新型农村金融机构的业务量（村镇银行、农村小额贷款公司）并不大，正规金融组织对农村金融的有效供给仍然较少，仍有离农倾向。②农村金融生态有待改进。农业经营天生具有弱质性，易受自然风险和市场风险影响，国内农业保险体系有待完善。农村居民、企业信用信息不完整、不真实，征信体系存在漏洞，使得金融组织的涉农贷款风险较高。另外，国内关于农村金融的法律、政策仍有待进一步完善。③符合农村金融特点的金融产品和服务仍然不足。虽然农村正规金融服务规模在不断扩大，但实际中仍有许多具有金融需求的农村居民、企业难以获得金融服务，金融机构需考虑农村金融的特点，继续创新推出相关金融产品和服务，缓解农村金融供需矛盾。④农村金融诈骗犯罪仍有发生。近年来，伴随着互联网金融的兴起，金融诈骗、金融犯罪、非法集资等已延伸到农村地区，对农村金融市场的稳定和健康发展造成威胁，相关部门需从立法、执法上解决这一问题。

八、现代农业绿色发展技术水平落后

农业绿色发展，就是按照全面、协调、可持续发展的原则，以提高农业综合经济效益，同时实现资源节约型和环境友好型绿色农业为目标，采用先进的技术、装备和管理理念，注重资源的有效利用和合理配置，走出一条生态文明型现代农业发展之路，以保障国家食物安全、资源安全和生态安全，维系当代人福祉和保障子孙后代永续发展。

在我国农业绿色发展的过程中，逐步形成了绿色发展的理论基础。党的十八届五中全会提出了"创新、协调、绿色、开放、共享"的发展理念，成为未来中国实现可持续发展、全面建成小康社会的系统性指导原则。习近平总书记在我国实践工作中对绿色发展进行了系列论述，这些论述具有丰富的科学内涵，涵盖了发展理念、发展领域、发展方式、发展路径、发展政策等各个层面。2017年10月18日，习近平总书记在党的十九大报告中明确提出："建设生态文明是中华民族永续发展的千年大计，必须树立和践行绿水青山就是金山银山的理念"，形成了系统、完善、全面的"绿水青山就是金山银山"的"两山论"。"两山论"是习近平新时代中国特色社会主义思想的重要组成部分，是解决我国新时代主要社会矛盾的指导思想，也是推动我国、广东省经济结构转型升级的现实需要。

目前，广东省化肥农药减量增效明显，2018年世行贷款农业面源污染治理项目区化肥、农药亩均使用量比非项目区分别减少21.9%、17.3%。绿色防控面积稳步增加，全省绿色防控覆盖率为25.6%。耕地质量逐步提升，近五年共推广测土配方施肥2.18亿亩，建成高标准农田2 213万亩。全省畜禽粪污综合利用率达到78.3%，规模养殖场处理设施装备配套率92.1%。农业资源养护水平加强，2018年开展休耕轮作试点100万亩，推动建设8个国家级海洋牧场示范区、20多个集装箱循环水养殖示范点。

总的来说，缺乏系统的、有效的农业绿色发展技术模式，农业废弃物处理和农业面源污染问题尤其突出，如何发展和构建"生态循环"模式，越来越成为该地区农业绿色发展的瓶颈和短板。大量的项目资金集中在农业高新技术研发、新兴产业项目研究等方面，国家对发达地区的农业项目补贴也相对较少，因此造成了落实农业绿色发展项目更加困难。本地农民从事农业生产的人口比例较小，从事农业生产性收入相对较低，生产过程的不确定性较严重。当地农民收入来源较多，从事农业生产的意愿较小，由于大量的外来人口涌入，以承包等形式获得土地，从事农业生产，从业者过分追求经济利润，过量投入化肥、农药等农资，对土地和环境带来了巨大压力，使面源污染问题加剧。

第四章 农业改革对策与建议

一、筑基础——增强抵御自然灾害能力

进一步建立完善农业基础设施建设长效投入机制，统筹农田水利、土地综合治理、道路交通和农田开发等项目建设。继续加大高标准农田、晒场、田间路、沟渠等配套农业基础设施建设、整治。强化管理，加快高标准基本农田建设，推进农田水利标准化建设，形成功能齐全的农田水利工程体系，夯实农业农村发展基础，提高农业抵御自然灾害的能力。组织力量开展科学规划认证，因地制宜地制定农业防洪、治水的长远规划，科学、统筹、合理地建设排水、抗旱设施。

积极实施"以工补农、以商惠农"策略，进一步加大对农业基础设施建设的投入力度，实行"防、治、避"相结合的原则，有效提高现代农业防范自然灾害的水平。

提高设施农业建设标准，不断引进、推广新材料、新技术的应用，提高现代农业抵御自然灾害的能力。因地制宜进行大棚补助、节水补助、农机补助，把政府扶助资金实实在在补到务农者手中。优化土地流转模式，延长土地承包期限，鼓励长线资金的投入，引导业主自行建造抗风、防雪能力强的高档次大棚，提高抗灾防灾能力。

加快高标准基本农田建设速度。组织力量开展科学规划认证，因地制宜地制定农业防洪、治水的长远规划，科学、统筹、合理地建设排水、抗旱设施。在治理大江大河水利设施的同时，加快对区间基本农田水利设施的建设，开挖或疏通田间的沟渠，做到田沟通小渠，小渠连小河，小河串大河，确保基本农田旱涝保收。

一些较大农场，由于受条件限制，在宽广的农场附近没有基本的避灾、管理设施，给生产管理、防灾避险带来很大的影响。建议政府有关部门出台相应政策，为一线种植、养殖农业企业在建造冷库、站房等临时设施时提供土地、资金和技术上的帮助和支持，为农场主建造必要的避灾场所提供便利条件。

建立和加强农业重大灾害的预警机制是抗灾减灾的工作重心。一是进一步完善应急预案。农业自然灾害无法抗拒，灾害一旦发生，势必造成农业生产的重大损失。因此做好防范工作是抵御灾害的重点。要结合实际，在现有的基础上进一步完善农业重大自然灾害突发事件应急预案，确保预案的可操作性。二是建立完备的农业灾害监测、预警信息系统。要整合现有的技术资源和设备，加强部门间协调合作，重组技术设备和监测手段，加强农业重大自然灾害的预报预警，增强预测预报的准确度和时效性，拓展预警信息发布途径，有效提高灾害的防御能力和水平，确保对自然灾害进行超前预报，提早防范。三是加强信息体系建设，做好信息发布。按照求实效、重服务、广覆盖、多模式、统筹兼顾的要求整合资源，通过通讯、有线电视、网络等多种平台有效传递灾害防范措施、灾害预警信息，在灾后快速、准确传递灾害信息，为政府及时实施救助提供依据，为民众正确防范和应对自然灾害提供指导。充分利用现有设备和条件，认真将灾情动态和抗灾自救典型经验总结分析。

政府有关部门出台科教兴农奖励政策，鼓励农企、科技人员积极开展校地合作、校企合作，携手开展农作物新品种和农业设施的转型升级研究，大力培育和引进高产、优质的新品种，提高作物耐寒、耐旱、抗病、抗灾的能力。加强市、镇、村三级防灾队伍建设，做到每镇至少有一名高级防灾技术指导员，每村有一名防灾安全人员。加强农技推广虚拟区域站建设，充分发挥首席专家、乡土人才等优势，加强防灾救灾科普知识培训，加强对抗灾救灾情况的宣传报道，坚定抗灾救灾的信心。有线电视、网络等平台应开辟农业科普专栏，广泛宣传灾害的产生、预防等科普知识，为现代农业抵御自然灾害提供技术保障。

二、降风险——重点推进农业保险发展

农业保险同单纯的商业保险性质是不同的。1995 年 1 月 1 日开始施行的《中华人民共和国保险法》规定："国家支持发展为农业生产服务的保险事业，农业保险由法、行政法规另行规定"。6 月 29 日，全国人大法律委员会主任委员薛驹在通过该法前指出："在我国，农业极其重要，农业保险不可缺少，但又有其特殊性，应当另行立法解决"。以法律的形式规定对农业保险的支持，同时将农业保险从商保险中分离出来，这是我国市场经济法制建设的一件好事。这表明了国家对于农业保险的高度重视和深刻认识。农业保险是有别于商

业性保险的另一类业务。它的特点是社会效益高而自身经济效益低。一是其风险高、赔付率高，经营者往往收不抵支。以一些发达国家经营农险的状况为例，1981 年至 1990 年，美国农作物保险赔款额超过保险费总额达 25 亿美元，累计赔付率高达 150%。1960 年至 1991 年，加拿大累计收入农作物保险费 51 亿加元，累计赔款 57 亿元，累计赔付率达 110%。日本仅 1985 年对农业保险的拨款就高达 1 600 亿日元。因此，在没有政府财政扶持的情况下，商业保险公司一般不愿意经营它。二是农业保险有明显的社会效益。首先是农业有显著的社会效益，以我国为例，农业是国民经济的基础，并且目前每年仍以"剪刀差"的形式为国家作出 10 亿元以上的贡献。同时，农业又是弱质产业，受自然灾害的影响很大，每年成灾面积约占农作物播种总面积 15%。而农业保险对于分散风险、促进农业资源的合理分配、促进农产品总量的增加和质量的提高，对于保障农业的再生产和扩大再生产有着重要的意义，所以农业保险有明显的社会效益。

因此，鼓励和支持地方开展区域性主导产业保险，加快建立农业大灾风险分散机制。加大财政对主要作物保险的保费补贴力度，扩大政策性农业保险覆盖面，在全省范围开办香蕉、荔枝、龙眼、木瓜种植保险，逐步将全省"一村一品，一镇一业"的特色优势农产品纳入政策性保险范围。开展设施农业、渔业政策性保险试点，积极探索生猪、蔬菜、水果等品种的价格保险。用好农业产业化引导股权投资基金，支持富民兴村产业发展。按照"先创后认，边创边认"的原则，对粤东西北地区的省级现代农业产业园予以奖补。

三、增保障——完善用地和人才保障政策

1. 优化用地保障政策

加快编制村土地利用规划，统筹安排富民兴村各项土地利用活动，促进村土地规范、有序和可持续利用。落实乡级规划空间管控任务，对村土地利用主要指标实施严格管控。合理划分富民兴村生态空间、农业空间和建设空间，建设空间内设置有条件建设区，通过设置"弹性"空间合理引导村庄建设，形成相对集中、集约高效的村庄建设布局。将落实村土地利用规划纳入村规民约，严格规范农村新住房和其他配套设施建设。

推进富民兴村产业村庄建设适度集中，加大村庄建设用地挖潜力度，改造提升低效用地。推动农村土地拆旧复垦，鼓励根据富民兴村土地利用规划，按

照人居环境治理、风貌整治、生态环境修复、乡村景观建设等要求，制定片区或整村农村集体建设用地综合整治方案。拓宽存量农村建设用地利用途径，允许通过农村土地综合整治、宅基地整理等节约的建设用地采取入股、联营等方式，支持乡村休闲旅游养老等产业和农村三产融合发展。探索农村集体经济组织以出租、合作、入股等方式盘活利用空闲农房及宅基地。

明确宅基地使用标准，村集体经济组织应根据富民兴村产业实施过程中的土地利用规划确定宅基地规模和布局，因地制宜确定本集体宅基地使用标准、建设时序和管理办法。探索建立宅基地有偿使用机制，历史上形成的超标准占用宅基地和一户多宅，以及非本集体成员通过继承房屋或其他方式占有和使用宅基地等情形，实行有偿使用。建立完善宅基地有偿和无偿退出机制，允许以宅基地置换国有土地上的住宅、厂房、商业服务、商务办公等房屋。退出宅基地时，由市县国土部门向该宅基地原使用权人核发置换权证。置换权证可抵押、公开交易或置换上述房屋。全部退出宅基地的村民，可适当提高补偿和补助标准。

2. 完善人才保障政策

完善以财政投入为引导、用人单位投入为主体、社会投入为补充的多元化农业科技人才投入机制，为吸引、留住和用好人才提供可靠的经费保障，带领村民发展富民兴村产业。设立农业科技人才工作专项，并列入本级财政预算，随着财政收入增幅逐年增加，专款专用，为建立人才工作刚性投入机制提供制度保障。突出农业龙头企业在科技人才投入上的主体地位，引导和推动企业加大人才培养投入和科技投入。允许企事业单位对于人才引进、培养和奖励等方面的投入单独设立科目，计入单位经营成本。

研究和出台以知识、技术、管理、技能等要素按贡献参与分配的激励办法，加强以职务激励、选拔激励、培训激励为主的物质激励方式，改进以薪酬激励、持股激励、奖金激励为主的金钱激励方式，完善以荣誉激励、情感激励、信任激励为主的精神激励方式。建立健全规范、有效的人才奖励制度，对高层次、紧缺型专业人才发放津贴，对促进富民兴村产业发展有突出贡献的人才进行一次性奖励，让人才获得与贡献相匹配的荣誉、地位和实惠，着重在户籍引进、医疗保障、子女教育等方面为农业科技人才提供配套的优惠激励政策。建立完善以职责、职务与职称相结合的奖金激励制度，建立以富民兴村岗位绩效工资的薪酬激励制度，建立与国际化企业接轨的企业分配激励制度。注重激励与约束相结合，实行优胜劣汰、能上能下的人才制度，促进人才的合理有序流动。

从科技特派员制度推行以来，广东省共投入经费 1.43 亿元，选派科技特派员 1.4 万余名，组建科技特派员团队 1 000 余个，科技特派员队伍不断壮大，组织架构基本完善。目前，科技特派员覆盖了广东省 1 300 多个乡村产业，面向全省 2 277 个贫困村征集乡村振兴技术需求，培训农村基层技术人员和农民约 63 万人次，有力推动了农业科技成果转化和应用，为农业产业兴旺、农村经济发展和农民脱贫致富做出了重要贡献。

广东省从 2013 年开始，在阳江阳春、梅州梅县和肇庆高要 3 个县（市、区）实施新型职业农民培育工程示范项目，并逐年扩大示范县范围，2015 年扩大到 11 个示范县，2016 年发展到 43 个示范县，并在佛山、韶关、梅州、河源 4 个地级市实施了新型职业农民培育整市推进。2017 年，为进一步加快新型职业农民培育进程，广东启动实施整省推进计划，在 105 个农业县区全面推进新型职业农民培育，加快构建新型职业农民队伍。在全省上下各部门的共同努力下，广东省新型职业农民培育工作取得了良好成效。目前，建立了一批培训机构库和师资库，开展名师、精品课程遴选等，精心推介了 20 个名师、20 门精品课程，采用"专门机构（管理机构）＋多方资源（培训机构）＋市场主体"的组织方式，联合高校和社会办学机构，大力开展新型职业农民培育工作，为粤东、粤西和粤北等欠发达地区培育了大批基层农业人才，为推动广东省农业现代化发展打下了坚实的基础。2018 年，广东省农业农村厅公布了 265 个广东省新型职业农民培育示范基地名单，其中包括综合类 100 个、实训类 80 个、田间学校类 50 个、创业孵化类 35 个，基本形成了从乡镇到市县，从中等职业教育到高等教育特别培训班的新型职业农民培训体系，目前整个体系已积累了几年的成功运营经验，为广东省现阶段实施新型职业农民整省推进计划发挥着中流砥柱的作用。初步估计，截至 2019 年，广东省新型职业农民总量达 79 万人。新型职业农民培育项目的实施初步形成了一支知识化、年轻化、专业化的新型职业农民队伍，提高了广东省新型职业农民数量，提升了广东省农民专业知识水平及整体素质，带动了一批进城打工的农业劳动者重返乡村创业就业，返乡下乡创业队伍呈逐年增大趋势。

制度的改革创新，是加强科技人才队伍建设的重要途径和根本保证。进一步完善激励机制和社会保障体系，深化对劳动价值理论的认识，加快建立有利于留住人才的收入分配激励机制和能促进科技人才实现自我价值的考核评价体系，积极探索生产要素参与分配的实现形式，研究制定鼓励资本、技术等生产要素参与分配的政策，较大幅度地提高有突出贡献的科技人才的待遇。除了好的待遇吸引人、留住人外，更重要的是通过科研工作锻炼人、培养人，而其中最重要的是形成支持、带动自主创新能力不断提高的机制。从事农业基础应用性研究的科研院所资金积累少，后续发展能力有限，转制单位更是如此，应采取在上一轮体制改革的基础上继续延长转制过渡期的政策，继续给予税收等优惠，并将转制单位减拨的事业费通过项目经费形式返回，让转制单位有更好的发展条件。根据2004年中央人才工作会议中提出的"根据各类人才的特点和需要，采取多种形式，逐步建立重要人才国家投保制度"精神，对转制单位人员进入社保后，由政府、单位、个人共同建立补充养老保险。同时，建议对退休人员的养老保险费，实行分段计算，转制前的工作年限按事业单位水平计发，转制后的工作年限按企业单位水平计发，确保科技人员退休后能获得与公务员相当或略低于公务员的养老保险待遇，解决他们的后顾之忧，让他们积极投入到自主创新的科研事业中。

另外，各地市、县、乡镇政府要建立健全农业技术推广机构，加快形成政府推广机构和其他所有制组织共同发展、优势互补的农业技术推广体系，积极发挥农业科技示范场、科技园区、龙头企业和农民专业合作组织在农业科技推广中的作用，建立与农业产业带相适应的跨区域、专业性的新型农业推广服务组织，让农业科技推广进村入户，把先进实用的农业科技变成现实的农业生产力。当务之急是要建立一支业务精、肯奉献的农技推广队伍，使各种新技术、新方法、新成果能尽快落到实处。

四、凸特色——提升农业产业优势

利用本地资源，因地制宜、突出优势，大力发展现代特色农业，带动农民增收致富，推动城乡协调发展，是江苏、浙江等城乡协调发展较好省份的成功经验。当前，浙江、江苏均已出台培育特色农业百强镇的政策，旨在实现农业特色产业由"特"转"强"，推进乡村产业提质增效。"特产不强"已成为广东省与农业强省差距的关键所在，迫切需要牢牢把握农业供给侧结构性改革主线，依托重要农产品生产保护区、特色农产品优势区、农业专业镇，以特色农业为抓手，集聚要素资源投入，加快发展地方特色农业产业，既扎实推进特色产业扶贫又促进乡村产业兴旺。

广东省农业产业基础良好、优势明显的特色产业主要为岭南特色水果、花卉、南药、茶叶等。

1. 特色水果

发展地位。岭南特色水果是广东省的特色优势产业，资源丰富，栽培的水果树种达 32 科 53 属 1 000 多个品种（品系），荔枝、龙眼、香蕉、菠萝、柑橘等大宗水果产业区域特色明显，芒果、枇杷、猕猴桃、橄榄等优稀水果品种丰富，种植面积在不断扩大。2018 年全省水果种植面积 1 473.49 万亩，产量 1 547.81 万吨，水果种植面积和产量均居全国第三位，荔枝（总面积 367.5 万亩、产量 140.3 万吨）、龙眼（总面积 717.01 万亩、产量 92.51 万吨）、香蕉（总面积 163.11 万亩左右、产量 422.84 万吨）、菠萝（总面积 51.6 万亩、产量 102.34 万吨）、番石榴的种植面积和产量均位居全国第一位，柑橘类（含橙柚）（总面积 283.20 万亩、产量 343.06 万吨）产量位居全国第一、种植面积位居全国第三位。

地域分布。广东荔枝已形成沿海经济带的西翼早中熟荔枝优势区、东翼中迟熟荔枝优势区和珠三角核心区晚熟荔枝优势区，其中：西翼的茂名拥有全国最大的连片 150 万亩荔枝基地。广东龙眼已经形成西翼早熟产区、东翼晚熟产区和珠三角核心区中熟产区，其中：西翼早熟产区龙眼种植面积和产量超过全省五成，该区域龙眼种植以茂名市为主。广东香蕉种植面积以湛江茂名沿海经济带西翼最多，其次为珠三角核心区，北部生态发展区最少，其中：西翼的湛江、茂名有广东最大的香蕉产地。广东菠萝生产主要集聚沿海经济带西翼的湛江地区，其次为沿海经济带东翼的潮汕地区，仅湛江、揭阳两市的产量就占全省的九成以上，其中：湛江产量占全国总产量近六成，是我国最大的菠萝产区。

品种结构。岭南特色水果盛产期相对集中，品种结构有待优化。荔枝主栽品种有黑叶、桂味、槐枝、妃子笑、糯米糍、白糖罂、白蜡、双肩玉荷包，黑叶、淮枝、白蜡、双肩玉荷包等低值低效品种面积占全省近六成，荔枝大部分集中于 6 月中旬至 7 月中旬成熟；香蕉种植的品种主要是巴西蕉和威廉斯，占全省 90% 以上种植面积；广东主要种植和推广的龙眼品种相对单一，全省范围栽培较广的主栽品种为石硖和储良（中熟品种，占据绝对市场优势）、地方栽培品种为古山二号和草铺种，占龙眼种植面积的 90% 以上，龙眼供应期基本集中于 7 月底至 8 月中旬期间，早熟特早熟品种（7 月中旬以前）和晚熟特晚熟品种（8 月下旬以后）相对匮乏；全省菠萝主栽品种有巴厘、卡因类、"糖心"、"乌肉"菠萝、粤脆菠萝，以湛江（产量占全省的 89.32%，占全国总产量近六成，是我国最大的菠萝产区）春季收获品种巴厘、卡因类为主；柑橘主产区形成了以砂糖橘、沙田柚、贡柑、马水橘、红江橙、蕉柑等品种为主导的规模化种植区，全省柑橘经过多年的品种结构调整，市场需求的优新品种比例明显提高，优质品种比例达到80％。

经营情况。岭南特色水果以鲜食为主，鲜果品质居全国首位，产后商品化处理、保鲜加工滞后，产业链短等。荔枝品牌包括"丹荔""桂康""莞绿""阿吉""南面山""远昌"等，获得国家地理标志产品认证15个，加工产品主要以传统加工产品荔枝干为主，其次为荔枝罐头、荔枝果酱等，加工率约为5％。香蕉知名品牌少，在全国近50个知名香蕉品牌中，广东仅有10个，全省蕉园种植面积30％由专业户、合作社、股份公司承包经营，总产量占全省的50％。近年农资、地租、劳动力成本均上涨较快，每亩生产成本需3 300～4 500元，处于较高水平。龙眼的加工量占鲜果总量的比例不足10％，龙眼加工产品主要是龙眼干和桂圆肉，也有部分龙眼罐头、龙眼酿酒和功能食品基料等。菠萝利用种植区域相对集中的优势，多采用"合作社＋基地＋（专业户）农户""公司＋农户＋基地"的运营模式，进行区域营销，现已在雷州半岛建成全国最大菠萝加工与综合利用基地，省、部级菠萝名优绿色食品基地3个，原产地保护地理标志1项，国家免检产品1个，中国名牌产品1个。柑橘主产区基本成立了具有规模的柑橘贮藏保鲜及流通加工龙头企业、柑橘协会或生产合作社，并形成了"梅州金柚""廉江红橙""德庆贡柑"等区域性优势品牌。

2. 花卉

广东省是中国的花卉生产、销售和消费大省，是中国花卉产业中心的中心，又是花卉交易的大平台之一，发展花卉产业有得天独厚的区位优势和产业基础。目前，花卉产业发展已由高速增长转为变慢或调整，消费市场总体平稳，但消费总量有所调整，利润下降，暴力时代结束。2018年全省花卉种植面积114.15万亩，全年切花切叶产量27.85亿支，盆栽植物3.1亿盆，观赏苗木1.66亿株，草坪2 572万平方米。全省现有花卉市场129个，花卉企业5 593个，花卉从业人员12.2万人，花农4.3万户，控温温室面积272万平方米，日光温室面积1 187万平方米。广东盆花种植面积、大棚温室栽培面积、花卉销售额位居全国第一，但也存在明显的短板：一是新品种、新技术的研发与欧美发达国家存在差距；二是在干花、花卉精油等精深加工方面与云南及江浙等省存在差距；三是劳动力短缺导致劳力成本、生产成本居高不下；四是与相关产业的联结仍达不到互促互盈。

3. 南药

广东是南药主产地，中药材资源多达 2 600 多种，全省中药种植面积达 325 万亩，以巴戟天、广地龙、橘红、高良姜、金钱白花蛇、砂仁、佛手、广陈皮、沉香、广藿香为主。而作为中国菜品代表之一的粤菜，在选材上颇为讲究，众多粤菜菜品中都有药材的身影，并形成极具特色的粤菜药膳文化。南药种植主要分布在茂名、阳江等市。其中：茂名是全国南药生产大市，种植面积 30 多万亩，并逐步形成化州橘红、电白沉香、高州首乌、信宜八角等南药种植品牌，其中化橘红位列广东十大南药之首，素有"南方人参"之称，是明清两代贡品，已成为国家地理标志保护产品；阳江全市南药品种达 300 多种，其中栽培品种就达 30 多个，全市南药栽培面积达 7.9 万亩，总产量达 5.6 万吨，主要的品种有砂仁、益智果、砂姜、广藿香、穿心莲等，阳春、阳东相继被授予"中国春砂仁之乡"和"中国果用益智之乡"荣誉称号。春砂仁被原国家质监总局定为地理标志保护产品。

目前，全省南药区域化种植布局日趋合理，品牌化建设日趋成熟，南药初加工、深加工日趋完善，产业体系建设日趋健全。南药已成为带动产区农业发展和农民致富的一项重要产业，有力地促进了产区农业转型升级和农民增收。

4. 茶叶

广东是我国重要的产茶区，近年来全省茶种植面积一直处于平稳微增的趋势，茶叶产量呈稳步上升的势头。2018 年全省茶叶种植面积达到 95.08 万亩，占全国茶叶种植总面积的 2.05%；总产量 9.99 万吨，占全国茶叶产量的 3.78%，其中绿茶 4.12 万吨、青茶（乌龙茶）4.39 万吨。广东更是全国最大的茶叶消费大省，茶叶经营持续保持全国最活跃省份，已形成了珠三角为主体的销区茶叶市场网络，茶叶交易量及人均消费量高居全国之首，是全国最大的茶叶集散地。广州、中山、东莞等珠三角城市，占据了全省茶叶消费的半壁江山，主要以红茶、黑茶和乌龙茶消费为主，特别是普洱茶在珠三角地区消费量和收藏量极大。

广东茶叶生产区域特色明显，粤东地区主要生产以单丛茶为主的特色乌龙茶，粤北地区主要生产以"英红九号"为主的特色红茶，粤西地区主要生产绿茶兼顾红茶，还有梅州、河源等地的客家绿茶。广东省茶叶生产以绿茶和青茶（乌龙茶）为主，占全省茶叶总产量的八成以上。

全省茶叶生产主要有"公司＋基地＋农户、公司＋农户、合作社＋基地＋农户、公司＋基地＋专业合作社＋农户"等经营模式。广东无公害茶叶产地认证企业仅 49 家，绿色食品（茶叶）认证企业 30 家，形成以凤凰单枞、英德红茶为代表的区域品牌，但是由于广东自身茶叶消费原因，广东茶叶整体在省外的影响力不大，品牌化有待加强。

五、强品牌——增强农业产品竞争力

品牌农产品正成为区域农业的经济增长点。目前，全省有 61.4% 的县域品牌农产品产值占地方 GDP 比重超过 1%，品牌农产品在县域经济发展中扮演着越来越重要的角色。区域公用品牌是广东打造农业品牌的一把利剑，广东要集中优势，从区划调整、结构调整、农产品质量提升、公信力塑造、文化价值挖掘等方面入手，重点打造 15～20 个区域公用品牌，引领包括南药、岭南佳果、花卉、水产等广东特色农产品走品牌化提质增效道路，推进农业产业兴旺。

目前，广东省正在着力打造"四区两带"农业发展格局，即立足农业比较优势，实行适区适种（养），构建广东省优势区域布局和专业化生产格局，形成珠三角都市农业区、潮汕平原精细农业区、粤西热带农业区、北部山地生态农业区以及南亚热带农业带、沿海海水增殖养殖农业带的岭南特色现代农业"四区两带"新格局，推动资源要素集聚，发展区域特色效益农业。加强城郊型商品蔬菜基地、粤西北运蔬菜基地、粤北夏秋蔬菜基地、粤东精细及加工型蔬菜基地建设。大力推进岭南特色水果区域化规模化发展。调整畜禽养殖区域布局。编制养殖水域滩涂规划，合理布局水产养殖生产，调减近海传统养殖网箱数量，大力发展外海深水抗风浪网箱。

六、重科技——提高农业发展支撑力

始终重视科技对农业发展的支撑引领作用，建立以企业为主体，公益性科研院所和大专院校为支撑，产学研相结合的联合攻关机制和政府、企业和社会资本等多方结合的资金投入机制，全面完善农业科技创新体系。建设高效协同农业科技创新体系，首先是培育符合现代农业发展要求的创新主体，重点培育农业高新技术企业和科研院所，优化农业科技创新平台基地布局，培育和壮大农业科技创新人才队伍；其次是完善农业研发投入稳定增长的长效机制，加大涉农项目及科技计划资源向农业高新技术企业和科研院所的倾斜力度，引导社会资源投入创新，逐步提高农业科技研发投入比重，完善现有财政补贴政策，将新增补贴更多地用于提升农业产业创新能力。在以广东现代农业产业园建设为抓手的乡村振兴发展战略中注重科技的支撑作用并将其作为动态管理的主要指标之一。

七、促融合——培育农业发展新业态

立足广东发达的市场经济，城市周边地区注重增强大数据、物联网、云计算等信息技术领域与农业的衔接，培育壮大科技农业、创意农业、生态农业、智慧农业等产业融合发展的新业态；偏远山区依托乡村绿水青山、田园风光、乡土文化等资源，围绕"农文旅"一体化产业模式，提升一批有历史记忆、地域特点、岭南风情的特色小镇，推动乡村手工艺品、农村土特产品的品牌化和市场化，促进农业产业兴旺。

培育农业发展新业态可以从现代农业产业园入手，即发展粤东西北地方特色农业产业。现代农业产业园是广东省实施乡村振兴战略的重要抓手，也是推动城乡融合发展的重要平台。2018—2019 年省财政安排 50 亿元，扶持粤东西北地区建设 100 个省级现代农业产业园，2020 年省财政计划再安排 25 亿元建设新一批省级现代农业产业园，珠三角地区自筹资金建设若干个省级现代农业产业园。目前，广东省已创建 10 个国家级、119 个省级（含珠江三角洲地区自筹资金自行建设的 19 个）、55 个市级现代农业产业园，基本实现了省级现代农业产业园覆盖主要农业县，形成了国家级、省级、市级现代农业产业园梯次发展格局。总的来说，现代农业产业园启动实施以来，经过各地各部门的努力，建设工作推进顺利，在乡村产业振兴上跑出了"加速度"，带动了 123 万农民就业增收，已经取得阶段性成果。建议后期不断总结前面的经验教训，完善产业园相关政策措施。

在产业园用地保障方面，一是从用地保障上优先安排农业产业园用地指标，在年度新增建设用地指标中保障农业产业园项目建设用地需求，并做到应保尽保；二是采取"点状供地"模式支持省级现代农业产业园建设；三是对利用存量建设用地建设农业产业园农副产品加工、食品饮料制造、农产品冷链、物流仓储、产地批发市场和小微企业、休闲农业、农村电商等项目的，省级将按照"三旧"改造政策标准予以建设用地指标奖励。并将保障用地供应列入省委、省政府对地方党委政府乡村振兴战略的考核内容。

在产业园财政金融保障方面，一是农业产业园内农业民营企业上市融资、股权融资等政策；二是中小企业信用担保政策；三是整合资源推动政策性农业保险全覆盖；四是完善财政资金管理使用方式，做好涉农财政资金的统筹使用。

在产业园人才保障方面，一是制定高新人才进入产业园激励计划，对入园的优秀人才给予资金、住房等方面的奖励，保障产业园人才需求。二是组织高等院校、科研院所的科技力量和农村科技特派员服务农业产业园建设。

在基础设施保障方面，一是优先升级改造通达农业产业园的农村公路；二是支持农业产业园建设农村饮水、生产用水、防洪排涝等配套设施；三是提升农业产业园信息通讯水平；四是将配电网规划覆盖农业产业园核心区，保障农业产业园客户用电。

此外，实行入园企业的鲜活农产品运输车辆享受绿色通道政策，农产品品牌宣传和展销推广享受绿色通道，产业园建设项目环评纳入绿色通道，多项途径加快产业园项目建设进程。

八、重投入——健全涉农资金投入机制

1. 创新涉农资金投资管理方式

进一步创新和完善涉农资金管理使用机制，继续深入推进财政支农专项转移支付资金统筹整合，全面实行"大专项＋任务清单"管理方式，提高统筹使用资金的能力和空间。强化政府农业投入的引导作用，逐步形成以国家财政性投入为导向，金融优惠、农业保险、贸易保护相结合的；以直接投资、补助、贴息、地方政府配套投入等各种方式相结合的；以农户与社会经济组织投入为主体、个人积极筹资投劳，以资本市场与外资为补充的；政府诱导、市场自发、引导农民自主投入，各类投资主体共同参与的多渠道、多元化、完整的农业投入体系，撬动社会资本和金融资本投资农业产业园建设。逐步将市场机制引入到由政府主导的公共投资领域，缓解财政资金不足，提高政府投资农业产业园以及"一村一品、一镇一业"项目资金使用效率。转变以政府直接投资为主的支持方式，优先探索先建后补、民办公助、以奖代补、以物代资、奖补结合等多样化的投资方式，按照现代农业发展实际需求，不断拓宽政府农业投资支持对象，鼓励富民兴村产业新型经营主体承担政府投资支持的农业建设项目，在统一建设标准和符合选项条件的前提下优先予以安排。

2. 推进涉农资金统筹整合

统筹安排指导性任务资金，重点用于解决制约广东省农业农村经济发展的瓶颈问题，重点发展"一村一品、一镇一业"，做强做大富民兴村产业。严格按照《国务院办公厅关于支持贫困县开展统筹整合使用财政涉农资金试点的意见》（国办发〔2016〕22 号），统筹整合贫困县使用涉农资金试点，试点范围严格限制在连片特困地区县和国家扶贫开发工作重点县，禁止超项目范围统筹整合使用资金。鼓励各地利用现有资金渠道，强化政策衔接配合，探索将果菜茶有机肥替代化肥、畜禽粪污资源化利用等农业生态环境防治与资源循环利用政策统筹实施，将支持新型职业农民培育、农业生产社会化服务、合作社发展等培育壮大新型农业经营主体政策统筹实施，提高富民兴村资金使用效益。向粮食生产功能区和重要农产品生产保护区（简称"两区"）倾斜安排相关资金，支持各地在"两区"范围内整合统筹相关富民兴村资金，率先建立以绿色生态为导向的农业补贴制度。

第三部分
精美农村

第五章　农村改革对策与建议

一、深化农村改革工作

全面推进农业供给侧结构性改革和新农村建设。出台农业供给侧结构性改革方案，组建全国首个农业供给侧结构性改革基金，推动农业产业结构进一步优化。全面推开新农村建设，从 2017 年起省财政计划 10 年投入约 1 600 亿元，重点补齐农村人居环境和基础设施短板，力争推动全省农村面貌根本改观。2 277 个省定贫困村创建示范村工作扎实推进，全省农村"三清理三拆除三整治"进展顺利。抓好农村发展基础性工作，在全国率先基本完成农村集体资产清产核资，农村土地承包经营权确权取得突破性进展、颁证率达 93%，全面启动垦造水田工作、全年垦造 3 万亩，耕地占补平衡工作稳步开展。精准脱贫攻坚扎实推进，完成农村贫困户危房改造 7.9 万户。以乡村旅游为重点的全域旅游加快发展。完成中小河流治理 2 033 公里。普惠金融"村村通"三年任务顺利实现，推动发放支农助农贷款 174 亿元，政策性农业保险累计惠及 1 031 万农户。

积极推进农业供给侧结构性改革。把增加绿色优质农产品供给放在突出位置，推动质量兴农。落实粮食安全责任制，加快高标准农田和农田水利建设，完善粮食储备体系，全年粮食产能稳定在 1 300 万吨左右。以"三区三园"为载体和示范，推进现代农业建设。调整种养结构，培育一批名牌农产品和"三品一标"产品。促进农村一二三产业融合发展，壮大农业龙头企业，发展农产品精深加工业和农业生产服务业，抓好农村电商、休闲农业、乡村旅游等新产业新业态。改革完善基层农业科技推广体系。推进农产品冷链物流体系建设，加快发展现代种业，加强农机装备和设施农业建设。培育新型农业经营主体，发展多种形式适度规模经营。加快发展林下经济、远洋渔业、深水网箱养殖等。加强农业投入品管控，强化农产品质量安全监管，狠抓农业标准化生产和重大动植物疫病防控。实施化肥农药使用量零增长行动，大力发展绿色农业。

深化农村改革。深入推进农村集体产权制度改革，细化落实农村土地"三权分置"办法，全面推进农村土地承包经营权确权登记颁证，健全土地承包经营权流转服务管理体系，支持开展土地股份合作。统筹推进农村土地制度改革试点。加强农村集体经济组织和"三资"管理，推进农村承包土地经营权和农民住房财产权抵押贷款试点。完善农业补贴政策，增加特色农业险种，发挥政策性农业信贷担保作用。继续推进国有林场、供销社和农垦改革发展。探索农村小型水利工程管护体制改革。

二、农村集体产权制度改革稳步推进

农村集体产权制度改革任务繁重、涉及因素复杂，全省面上改革稳中有进，但瓶颈难题尚未取得实质性突破。一是深化农村宅基地制度改革，开展集体经营性建设用地入市改革试点。农村宅基地管理已经过多方研究，形成了管理办法并通过了省法制办认可，目前已经建立了宅基地管理台账。"三旧改造"实施意见文件已通过了原国土资源部审核，全省各地正在积极开展。南海区集体经营性建设用地改革试点初步完成调节金、产权制度、入市监管、整备、入市主体调研等五方面的研究；选择 21 个项目作为入市示范，自 2015 年"第一挂"项目成功实现抵押融资，土地使用者获得了南海农商银行 6 800 万元的融资额度后，其他的项目也陆续展开建设。二是深化农村土地承包经营制度改革。2017 年全省农村土地承包经营确权登记颁证速度大大加快，目前颁证率已达 93%。三是健全耕地保护和补偿制度。加大基本农田保护力度，省财政投入 33.45 亿元整治 203 万亩高标准农田，基本完成永久性基本农田划定和成果完善工作。省发展和改革委研究起草生态保护补偿实施意见，正在报省政府审批。森林生态保护补偿稳步增加，正在研究完善湿地保护制度。四是健全农村产权流转管理服务体系。《广东省农村集体资产管理条例》2016 年 7 月 1 日正式实施后，为农村集体经济监管提供法制保障。全省农村集体经济清产核资工作基本完成，农村产权流转管理服务平台在市、县、镇、村四级的覆盖率在县、镇均达到 100%，在市、村的比例也大幅提高。农村集体"三资"清理核实工作和农村产权流转管理服务平台建设大大减少了全省涉"三资"矛盾纠纷和信访。五是稳妥推进集体资产股份权能改革试点工作。南海试点大部分村（居）、经联社、经济社完成股份制章程民主表决，实行"确权到户、户内共享、社内流转、长久不变"的股权改革，倡导户内股权均等化。六是深化林业、水利改革。省林业厅安排多个县作为深化集体林权制度改革重点县，组织重点县开展林权确权回头看工作，对林权确权进行查漏补缺。修改完善林地林木流转管理办法，规范林权流转。大部分国有林场制定了改革方案。部分小型水利工程管理体制改革市级试点县都制定了改革方案，预计年底完成改革任务，有七成左右的水利工程明晰了管理权，六成左右水利工程明确了管护主体责任。

三、构建新型农业经营体系进展顺利

农业经营体系是现代农业发展的关键环节。适度规模经营条件、主体和运行机制是构建新型经营体系的主要内容，改革覆盖范围较广，但农业社会化服务体系配套改革较为滞后。一是推动土地经营权规范有序流转。贯彻落实适度规模经营和解决土地细碎化的要求，有序推动土地流转。清远市近年来相继在阳山县、英德市、连州市试点推广村组内和村组之间先自愿互换并地，再确权登记颁证，有效解决了农户承包地细碎化、土地产出效益低等问题，促进农民增收。阳江市阳东区在区、镇成立农村土地承包纠纷仲裁委员会，在村成立土地承包纠纷调解小组，明确提出农村土地承包纠纷以"镇、村调解为主；调解不成，区级仲裁；仲裁不服，法院起诉"的解决办法，探索出一条解决纠纷的新路子。二是培育新型经营主体。发展农户家庭适度规模经营，全省已有6个地市出台了示范性家庭农场认定标准，完成13 311户家庭农场基本信息数据录入，引导推动土地向家庭农场流转。省农业厅也即将研究出台家庭农场发展服务制度指导意见。加强农民合作社规范化建设，组织开展国家级示范社申报工作，正在征求相关部门意见。组织开展省级示范社申报、评定工作。培养壮大新型职业农民队伍，省农业厅起草了新型职业农民认定办法和扶持政策，并征求有关单位意见。组织申报新型职业农民工程项目，落实相关扶持政策。探索农业社会化服务方式，清远市连州市西岸镇冲口村蔬菜合作社创新"农事服务超市"模式，依托农业机械，为农户提供犁耙田、播种、育苗、插秧等9个服务项目，农户在作物种植过程中，仅需浇水、施肥，有效解决当前农村劳动力缺失、土地丢荒等问题。三是推进农垦改革发展和全面深化供销合作社综合改革。研究起草农垦改革指导意见，已报原农业部农垦局审核。申报14项农垦改革专项试点，同时申报成为全国农垦改革发展综合示范区。深化供销社体制改革，40个试点单位中，27个试点单位重点企业全面实现产权多元化改造，29个试点单位与基层社开展农技服务业务，省社直属企业与全部试点单位实现业务对接、50％左右的试点单位实现产权对接，8 个试点单位设立了合作发展基金。

四、健全农业农村支持保护制度成效明显

相比沿海发达地区，广东城乡、区域差距十分明显。2018 年上半年，各地各部门瞄准农村发展短板，加大支持力度，推动城乡、区域协调同步发展。一是建立农业农村投入稳定增长机制。财政投入力度明显增强，支出结构日益优化。调整财政资金投向，引导财政资金向粮食安全、农村综合改革、农业供给侧改革等方向倾斜。清远市被财政部等国务院有关部委确定为全国涉农资金整合优化试点市。同时，结合精准脱贫，整合扶贫资金，并在脱贫任务较重的地区开展涉农资金整合。二是建立信息化助农增收机制。全省所有行政村实现 4G 网络覆盖。原中央苏区农村超高速无线局域网应用试点进展顺利，已全部完成网络设备建设安装。三是加快农村金融制度创新。农村普惠金融和信用建设深入推进，研究制定"两权"抵押贷款试点实施方案，引导开展土地确权和农房确权工作，探索建立抵押物价值评估体系和风险补偿机制。农业融资保险体系取得明显突破，省级政策性农业担保公司和现代农业发展基金建立，政策性农业保险覆盖面不断扩大。

五、健全城乡发展一体化体制机制取得突破

各地各部门以新型城镇化、振兴粤东西北战略为契机，推动规划、环境、基本公共服务等向农村延伸、覆盖，在破解城乡二元结构方面有所突破。一是完善城乡发展一体化规划体制。广东省县（市）域乡村建设规划编制指引和村庄规划建设指引编制工作有序推进。出台村庄环境整治三年行动计划，全域推动农村人居环境改善。二是完善农村基础设施建设投入和建管机制。组织十多个县（市、区）启动实施 PPP 模式推进农村垃圾污水设施建设，撬动社会资本投资农村。连州市三水乡实行农村垃圾分类，破解了农村垃圾卫生整治难题。三是构建城乡基本公共服务均等化的体制机制。全省所有县（市、区）已通过国家督导组验收，达到全国义务教育发展基本均衡县评估认定标准，成为全国继北京、上海、天津、江苏、浙江之后第 6 个率先整体通过评估认定的省份。基本医疗保险城乡一体化实施方案进入修改完善阶段，21 个地级市全面

建立城乡居民大病保险制度。四是创新农村扶贫开发体制机制。精准脱贫攻坚实施意见已印发实施，相关配套措施陆续出台，对精准扶贫脱贫工作进行系统部署。目前，已基本完成精准识别、电脑录入和政策宣传工作，开展驻村扶贫专题业务培训。此外，省扶贫办对以上工作进行督查督导，确保脱贫攻坚精准到位。

六、加强和创新农村社会治理扎实推进

农村社会治理是广东省农村改革走在全国前列的领域，也是解决广东省农村社会稳定发展的重要途径。2018 年上半年，各地各部门将农村改革和涉农矛盾化解有机结合，构建源头治理长效机制。一是加强农村基层党组织建设。省委组织部持续实施软弱涣散村（社区）党组织持续整顿三年行动计划，分类整治 1 900 个软弱涣散村（社区）党组织，派驻 1 900 名第一书记协助整顿工作。落实 1 700 名市县镇三级党委书记每人挂点包村（社区），着力解决群众疑难问题。南海区强化村党组织驾驭农村集体经济组织能力，全面实施集体经济组织单独换届选举，夯实农村基层政权建设基础。二是健全农村基层民主管理制度。出台农村社区建设试点工作实施意见，试点地市也出台了实施方案，社区建设工作步入轨道。社区公共服务平台和村务监督委员会建设进展顺利，村务监督委员会基本实现全覆盖，社区公共服务平台农村覆盖率为 52%。三是加强农村精神文明建设。出台基层综合性文化服务中心建设实施意见和建设标准，部署 50 个示范点建设任务，示范点建设有序开展。四是大力推进农村基层法治建设。制定《广东省林木林地权属争议调解处理条例》，已于 2018 年5 月 1 日正式实施。《条例》对调处工作管理体制、运行机制、职责任务、制度配套等各方面作了全面系统设计。

第六章 农村改革存在的问题与挑战

一、个别改革领域工作进展较为缓慢

在土地确权、宅基地管理、农村规划等领域，一些地方基层干部主观上存在畏难情绪、推脱态度，缺乏责任感和担当意识，导致改革停留在等待中，停留在程序上，停留在机关内部。一些要等中央具体部署的改革，改革的基础性准备工作需要提前做，但个别部门以中央没有明确部署为由，坐等上级部署；一些改革业务部门起草文件征求部门意见的程序时间较长，久而不决影响工作推动；一些地方在推动改革落地时，雷声大、雨点小，在机关内部打转转多，组织群众、发动群众办法不够。

二、改革基础性工作不够扎实

主要表现为改革工作台账基础不牢，在村改居、集体经济监管、探索集体经济新的实现形式等专题性改革研究不透，历史遗留问题攻坚意识不强。长期以来，农村社会治理较为松散、滞后，精准思维、主动谋划和攻坚意识不足。农村工作涉及面又广，工作较多，人员不足，机构不健全，一人多岗、临时顶替现象较为常见，常态化的工作往往配备流动性的人员。对深层次问题研究不透，既存在停留在试点阶段，深化不足的问题；也存在操之过急、考虑不周，遗留问题较多的现象，一些矛盾和问题长期得不到解决，日积月累，到现在才来解决的难度大、成本高。

三、改革推动机制有待加强

改革协调机制较为薄弱，单兵作战、单兵突进意识较深，改革配套政策不够完善，一些改革领域如农业转移人口市民化，出现职能部门业务职能交叉、改革措施不落实现象。"政经分开"改革成果转化力度不够,试点"盆景"多"风景"少。一些业务部门对基层改革的针对性指导不够,督促检查不够。改革中群众参与意识不强、参与途径不多,改革获得感有待增强。

第七章　农村改革对策与建议

深化农村土地、产权等制度改革。全面完成农村土地承包经营权确权登记颁证工作，巩固扩大集体林权制度改革成果，完善农村土地"三权分置"制度。运用城乡建设用地增减挂钩试点政策，加快推进农村旧住宅、废弃宅基地、空心村等闲置建设用地拆旧复垦。深入推进"两权"抵押贷款试点。深化农村集体产权制度改革，加快推进集体经营性资产股份合作制改革，增加农民财产性收入。深化农垦、供销社综合改革，全面完成国有林场改革。建立涉农资金统筹整合长效机制，完善农业信贷担保体系，推进政策性农业保险扩面提标增品。加强农村基层基础工作，建设一支懂农业、爱农村、爱农民的"三农"工作队伍，促进乡村治理体系和治理能力现代化。

一、"十四五"农村综合改革目标

1. 提升农村居民生活水平

2022年，农村居民人均可支配收入超过2.3万元，城乡居民收入比为2.49∶1，城乡居民收入差距持续缩小，农民生活达到全面小康水平，农村居民恩格尔系数达到35％；2025年，农村居民人均可支配收入力争超过3万元，城乡收入比力争达到2.35∶1，农村恩格尔系数达到32％。

2. 提高农村公共服务能力

健全乡村公共文化体育服务体系，2022年，全省村综合型文化服务中心覆盖率达到98％，到2025年，基本实现全省行政村全覆盖；完善农村教育条件，到2022年，全省常住人口规模4 000人以上的行政村举办规范化普惠性幼儿园的比例达到85％，到2025年，力争达到88％；农村初中专任教师本科以上学历比例到2022年达到90％，力争2025年达到93％。

3. 完善农村基础设施

2022年底前全省农村公路路面铺装率达到90％，农村公路列养率达到100％，具备通行条件的建制村农村客运班车通达率达到100％；加大农村饮用水源保护力度，提升农村供水保障能力，到 2025 年实现全省自然村集中供水全覆盖。

4. 改善农村人居环境

到 2022 年，全省村庄完成"三清理"、"三拆除"、"三整治"任务，基本消除村庄黑臭水体，粤东西北地区 85％以上、珠三角地区全部村庄达到干净整洁村标准；粤东西北地区 60％以上、珠三角 80％以上行政村达到美丽宜居村标准；2025 年全部村庄达到美丽宜居村标准，实现全省生活污水处理全覆盖。推进市县镇村四级文明联创，推进农村"星级文明户"创建，到 2025 年全省文明村镇覆盖率达到 99％。

5. 优化城乡要素流动

深化改革户籍制度，打破阻碍劳动力自由流动的不合理壁垒，提高农业转移人口市民化质量，到 2022 年，全省常住人口城镇化率达到 73％，户籍人口城镇化率达到 52％；到 2025 年，全省常住人口城镇率达到 74％，户籍人口城镇化率达到 55％，常住城镇人口城镇化率和户籍人口城镇化率差距降低。加大支持力度，鼓励农村承包地流转，到 2022 年农村承包地流转率达到 42％，到 2025 年力争达到 45％。进一步发挥科技在农业农村发展中的重要支撑作用，力争到 2022 年，农业科技贡献进步率达到 72％，2025 年达到 75％。

二、重点任务

1. 推动公共服务和基础设施向乡村覆盖

建立乡村教师和医务人员补充机制，全面推进中小学教师"县管校聘"管理改革，探索建立基层卫生人才"县管乡用"，通过稳步提高待遇等措施增强乡村岗位吸引力。建立城乡教育联合体和县域医共体。推进社会保障制度城乡统筹。

深入推进"千村示范、万村整治"，加快建设富有岭南风韵的精美农村。大力开展人居环境整治，全力抓好生态环境治理，加大供水、道路、物流、用电、网络等农村基础设施建设力度，重点加强"四好农村路"和村内道路建设、提高农村供水保障水平、加强现代农业设施和农村信息基础设施建设，明确投入主体和产权归属。

2. 坚持和完善农村基本经营制度

坚持和完善农村基本经营制度是深化农村改革最大的政策，决不能动摇。

面对新形势、新任务、新要求，习近平总书记也对今后如何进一步坚持和完善农村基本经营制度作出了深远部署。指出，要突出抓好家庭农场和农民合作社两类农业经营主体发展，赋予双层经营体制新的内涵，不断提高农业经营效率。

（1）以家庭农场、农民合作社为重点培育新型农业经营主体。贯彻落实习近平总书记重要指示精神，加大对新型农业经营主体的支持力度，重点培育家庭农场、农民合作社等新型经营主体，为促进乡村振兴、实现农业农村现代化夯实基础。一是启动家庭农场培育计划，把有长期稳定务农意愿的农户培育成为规模适度、生产集约、管理先进、效益明显的家庭农场。开展示范家庭农场创建，引导其在发展适度规模经营、应用先进技术、实施标准化生产、纵向延伸农业产业链价值链以及带动小农户发展等方面发挥示范作用。健全支持家庭农场发展的政策体系和管理制度。二是开展农民合作社规范提升行动，主要开展"空壳社"专项清理、规范财务管理、完善盈余分配制度、严格登记监管、完善利益联结、培育合作联社、深入推进示范社创建等重点任务，提升合作社的带动服务能力，通过订单农业、入股分红、托管服务等方式，将小农户融入农业产业链。建立健全支持家庭农场、农民合作社发展的政策体系和管理制度，从财政项目、用地用电、金融保险、人才智力等方面加大政策支持力度，推进家庭农场、农民合作社高质量发展。

（2）健全面向小农户的农业社会化服务体系。党的十九大指出，要健全农业社会化服务体系，实现小农户和现代农业发展有机衔接。2020年中央1号文件强调，健全面向小农户的农业社会化服务体系。一是加强农业科技社会化服务体系建设。引导农业科研机构、涉农高校、农业企业、基层农技推广机构、科技特派员到农业生产一线建立农业试验示范基地，鼓励农业科研人员、农业技术推广人员通过下乡指导、技术培训、定向帮扶等方式，向小农户、新型经营主体集成示范推广先进适用技术。实施科技服务小农户行动，支持小农户运用优良品种、先进技术、物质装备等发展智慧农业、设施农业、循环农业等现代农业。二是发展农业生产性服务业。支持农村集体经济组织、农民合作社、农业企业等开展覆盖全产业链的农业生产性服务，重点发展小农户和家庭农场急需的土地托管、联耕联种、良种种苗繁育、代耕代种/代防代收等全程机械化服务或单项服务、农产品初加工、仓储物流、市场营销等专业服务，把小农户引入现代农业发展大格局。

3. 深化农村土地制度改革

习近平总书记强调：新形势下深化农村改革，主线仍然是处理好农民和土地的关系。2020 年中央 1 号文件要求"制定农村集体经营性建设用地入市配套制度；扎实推进宅基地使用权确权登记颁证，以探索宅基地所有权、资格权、使用权"三权分置"为重点，进一步深化农村宅基地制度改革试点"。

（1）完善农村承包地"三权分置"制度。在依法保护集体所有权和农户承包权前提下，平等保护并进一步放活土地经营权。即通过落实集体所有权、稳定农户承包权、放活土地经营权，完善承包地"三权分置"制度。在做好确权登记颁证的基础上，规范引导承包农户依照新修订的《中华人民共和国农村土地承包法》通过出租（转包）、入股等方式流转土地经营权，或采取土地托管、联耕联种、代耕代种等多种经营方式，探索更多放活土地经营权的有效途径，发展多种形式的农业适度规模经营。支持新型经营主体特别是家庭农场和农民合作社通过农村产权流转管理服务平台，承接农户流转土地。开展土地经营权抵押贷款、入股发展农业产业化经营等试点，拓宽新型农业经营主体融资渠道，拓展土地经营权权能。

（2）制定农村集体经营性建设用地入市配套制度。新修正的《中华人民共和国土地管理法》（以下简称《土地管理法》）自 2020 年 1 月 1 日起施行。规定农村集体建设用地在符合规划、依法登记，并经三分之二以上集体经济组织成员同意的情况下，可以通过出让、出租等方式交由农村集体经济组织以外的单位或个人直接使用，同时使用者在取得农村集体建设用地之后还可以通过转让、互换、抵押的方式进行再次转让。新修订的《土地管理法》，为集体经营性建设用地入市提供了更加明确的法律保障，它结束了多年来集体建设用地不能与国有建设用地同等入市、同权同价的二元体制，为建立城乡统一的建设用地市场扫清了制度障碍。

在广东省级层面，为推动农村集体经营性建设用地入市政策落地见效，应特别注重政策供给和相关制度保障，包括省级制定出台农村集体经营性建设用地入市指导意见，地市制定出台实施意见；县（市）区出台可操作的制度法规，包括集体经营性建设用地入市管理办法、基准地价、交易规则和服务监管等制度。实行城乡统一的交易规则、地价体系和评估制度、交易平台、登记管理和服务监管。建立与国有土地基本一致的集体经营性建设用地交易规则；将集体经营性建设用地纳入不动产统一登记范围，统一纳入县区公共资源交易中心实行一体化管理；落实集体经营性建设用地使用权抵押权能；实现城乡统一的"申请、审批、交易、颁证"全程服务。根据用地性质和范围，实行"按类别、有级差"的调节金收取方式，统筹用于城镇和农村基础设施建设、环境整治等。实现与国有土地"同地、同权、同价、同责"。

（3）深化农村宅基地制度改革试点。2020年1月1日，广东省自然资源厅印发实施《广东省加快推进"房地一体"农村不动产登记发证工作方案》，明确以"总登记"方式对符合登记发证条件的宅基地使用权及其地上房屋所有权和集体建设用地使用权及其地上建筑物、构筑物所有权进行统一确权登记并颁发不动产权证书，确保2020年底前基本完成全省"房地一体"农村不动产登记发证工作。

在此基础上，一是建议做好宅基地和集体建设用地使用权确权登记发证与不动产统一登记制度的衔接，建立城乡统一的不动产登记体系。二是赋予宅基地使用权及其地上房屋所有权抵押融资功能，处置抵押宅基地使用权及其地上房屋所有权时，本集体经济组织享有优先购买权。三是鼓励农村集体经济组织及其成员盘活利用闲置宅基地和闲置住宅，通过自主经营、合作经营、委托经营等方式，发展符合乡村特点的休闲农业、乡村旅游、餐饮民宿、文化创意、民俗展览、康养服务、电子商务等新产业、新业态。四是研究制定《广东省农村宅基地管理办法》，严格落实"一户一宅"规定，制定省内统一的宅基地面积标准，加强对乡镇审批宅基地监管，防止土地占用失控。

4. 全面启动农村集体产权制度改革

为贯彻落实2020年中央1号文件精神，根据《中共中央　国务院关于稳步推进农村集体产权制度改革的意见》（中发〔2016〕37号）有关部署，2020年农村集体产权制度改革试点将全面推开，全部试点任务将于2021年10月底前基本完成。

（1）制定农村集体产权制度改革整省试点方案。根据《中共广东省委　广东省人民政府关于稳步推进农村集体产权制度改革的实施意见》（粤发〔2018〕6号）要求，制定《广东省农村集体产权制度改革整省试点方案》，将农村集体产权制度改革范围扩大到全省所有涉农的乡镇（街道）、村（居），有序开展农村集体成员身份确认、集体资产折股量化、股份合作制改革、集体经济组织登记赋码等工作。科学合理安排改革任务，2020年底基本完成土地等农村集体资源性资产确权登记颁证；2021年基本完成农村集体经营性资产股份合作制改革，总结改革实践中的成功做法、经验，提炼形成制度性政策措施，为全国改革提供可复制、可推广的经验做法。

（2）拓展农村集体经济发展路径。发挥农村集体经济组织在管理集体资产、开发集体资源、发展集体经济、服务集体成员等方面的作用，通过利用集体资源发展适度规模经营、领办联办合作组织发展农村服务业、盘活集体存量资产发展物业租赁经济等，多形式、多方式探索发展集体经济的有效路径。鼓励农村集体经济组织以自主开发、合资合作、出租入股等方式，盘活利用未承包到户的集体"四荒"地、果园、养殖水面以及生态环境、民俗文化、闲置的各类房产设施、集体建设用地等资产资源，发展现代农业、休闲农业和乡村旅游、农贸市场、农村电商、高标准厂房、社区养老、商铺店面等项目。支持农村集体经济组织为农户和各类农业经营主体提供产前产中产后农业生产性服务。整合利用集体积累资金、政府帮扶资金、接受捐赠资金等，通过入股或者参股农业产业化龙头企业、优质公共服务项目或者牵头兴办农民合作社、参与扶贫开发等多种形式发展集体经济。总结推广"资源变资产、资金变股金、农民变股东"改革经验。

（3）全面加强农村集体"三资"监管。高标准加强农村集体资产管理，认真贯彻实施《广东省农村集体资产管理条例》（2016年7月1日起施行），将农村集体资产真正纳入法制化管理的轨道。整合现有农村集体资产管理交易、农村财务监管和土地流转管理等平台资源，打造功能齐全、管理协调、运作高效、全省统一的农村产权流转管理服务平台，实现省、市、县、镇、村五级互联互通、信息数据共享。农村承包土地经营权、集体林权、"四荒"地使用权、农村集体经营性资产出租等集体资产须流转交易的，应通过农村产权流转管理服务平台进行公平交易。规范集体资产流转交易，健全市场运行规范，为交易双方提供信息发布、产权交易、法律咨询、权益评估、抵押融资等服务。加强合同管理，引导双方使用合同示范文本，推动农村集体资产管理的制度化、规范化和信息化。

5. 完善农业支持保护制度

党的十九大报告明确提出"要坚持农业农村优先发展"、"完善农业支持保护制度"、"坚持把农业农村作为财政优先保障领域和金融优先服务领域"。中央全面深化改革委员会第十一次会议强调，逐步构建符合国情、覆盖全面、指向明确、重点突出、措施配套、操作简便的农业支持保护制度，不断增强强农惠农富农政策的精准性、稳定性、实效性。

（1）优先保障"三农"投入。坚持把农业农村作为财政优先保障领域，公共财政更大力度向"三农"倾斜，建立"三农"财政投入稳定增长机制，确保财政投入与补上全面小康"三农"领域突出短板相适应。有序扩大用于支持乡村振兴的专项债券发行规模。各部门要根据补短板的需要优化涉农资金使用结构。按照"取之于农、主要用之于农"要求，进一步提高土地出让收入用于农业农村投入比例。调整完善农机购置补贴范围。

（2）加强农村金融信贷支持。对机构法人在县域、业务在县域的金融机构，适度扩大支农支小再贷款额度。鼓励商业银行发行"三农"、小微企业等专项金融债券。建立县域银行业金融机构服务"三农"的激励约束机制。落实农户小额贷款税收优惠政策。符合条件的家庭农场等新型农业经营主体可按规定享受现行小微企业相关贷款税收减免政策。合理设置农业贷款期限，使其与农业生产周期相匹配。发挥全省农业信贷担保体系作用，做大面向新型农业经营主体的担保业务。推动温室大棚、养殖圈舍、大型农机、土地经营权依法合规抵押融资。深化农村普惠金融改革，加快构建线上线下相结合、"银保担"风险共担的农村普惠金融服务体系，推出更多免抵押、免担保、低利率、可持续的普惠金融产品。

（3）完善农业保险政策。继续推进农业保险扩面、增品、提标，大力发展目标价格指数保险、完全成本保险、收入保险和地方优势特色农产品保险，加快推进渔业保险和水产养殖保险试点。鼓励各地因地制宜开展优势特色农产品保险。对地方优势特色农产品保险，推动省财政实施以奖代补予以支持。抓好农业保险保费补贴政策落实，督促保险机构及时足额理赔，切实提高承保理赔效率。积极探索"保险＋"模式，推进农业保险与信贷、担保、期货等金融工具联动。

第八章 广东新农村建设概况

为深入贯彻习近平总书记治国理政新理念新思想新战略、对"三农"和扶贫开发工作的重要指示精神，近年来，广东省委、省政府高度重视新农村建设工作，把新农村建设摆上广东整体发展平台。动员部署2277个省定贫困村创建新农村示范村工作，坚持实事求是、因地制宜的理念，全面推进广东省新农村建设。

2017年，省委、省政府成立了专职领导小组，由马兴瑞省长担任组长，统筹推进有关工作。省委、省政府主要领导和分管领导亲自带队深入农村基层，开展了多方面的专题调研，并提出要充分发挥广东优势，加快推进农村人居生态环境综合整治和新农村建设。加快补齐农村基础设施和基本公共服务短板，提高农民生活质量。坚持一二三产业高度融合，建立与农民利益联结机制。在建好示范村的同时，整县全域推进乡村环境整治，坚持新农村建设与美丽乡村、美丽田园建设相结合，与现代农业、乡村旅游、文化创意产业相结合，建设各具特色的宜居宜业宜游村庄，加快实现脱贫致富，打造可复制可推广的新农村建设示范村。各级相关部门结合当地实际，认真扎实地推进全省新农村建设工作，通过召开新农村建设座谈会、举办培训班等形式，进一步提高各级领导、基层人员对推进新农村的深度认识。

一、省定贫困村示范村建设

根据省委、省政府的工作部署和《关于启动2277个省定贫困村建设社会主义新农村示范村前期工作的通知（粤委农工办〔2017〕35号）》文件精神，全省高度重视、大力宣传、营造氛围，把省定贫困村建设社会主义新农村示范村工作作为当前脱贫攻坚一项重要工作来抓，做到了省内各级政府共同推进、各司其职，形成了家喻户晓、深入人心、村民积极参与的良好共建氛围。

目前，剔除已纳入新农村连片示范村建设的87个贫困村，省内对于另外2190个省定贫困村新农村示范村建设的村庄规划编制基本完成，并且部分已开始全面动工建设。

1. 抓紧谋划推进建设

2016 年,各部门多次召开专题会议,讨论部署各省定贫困村创建社会主义新农村示范村工作,明确各职能部门职责,全力加快省定贫困村社会主义新农村示范村建设。制定了《关于 2 277 个省定贫困村创建社会主义新农村示范村的实施方案》,明确,要突出生产、生活、生态,全面整治村庄环境脏乱差,补齐基础设施建设短板,提高基本公共服务和乡风文明水平,从整治提升村容村貌、推进村道硬化、推进生活垃圾处理全覆盖、推进生活污水处理全覆盖、推进集中供水全覆盖、提升农民住房水平等八方面入手,把 2 277 个省定贫困村打造成为党组织领导有力、基础设施配套、基本公共服务完善、生态环境良好、农民持续增收、社会和谐稳定、岭南特色鲜明的社会主义新农村示范村,为实现高水平稳定脱贫奠定坚实基础。同时,按照"市领导挂点联系、县领导蹲点建设"的要求,重点抓好 2 277 个省定贫困村建设工作,全力推进 2 277 个省定贫困村创建社会主义新农村工作。

2. 新增划拨专项资金

为做好省内各省定贫困村新农村示范村建设的各项启动工作,在原专项资金划拨到位的前提下,省按照示范村整治标准、示范标准进行考评奖补,奖补资金分为普惠性奖补和叠加性奖补,对承担巩固提升、文化古村落保护开发等有叠加任务的村实行叠加奖补。2 277 个省定贫困村中,剔除已纳入新农村连片示范村建设的 87 个贫困村,对于其他 2 190 个省定贫困村,由省级财政新增安排资金 313 亿元。确保各村均有充足的启动资金开展工作。下一步,全省计划再安排资金用于 2 277 个省定贫困村的新农村示范村建设。

3. 走访学习先进典型

组织各级部门相关负责人员走访参观省外先进典型案例,学习借鉴成功的示范村建设经验。如 2017 年 6 月 26 日,封开县由县政府分管领导带队,县扶贫、林业、住建等职能部门主要负责人和各镇镇委书记一行 26 人组成调研组,到广西壮族自治区木双镇参观学习社会主义新农村建设的先进经验。据木双镇经验介绍,发动村民积极参与是新农村示范村建设工作的关键,要按照先易后难的原则逐步推进建设,先做好村民自家附近的整治工作,后大力开展村容村貌整治等基础性工作。

4. 迅速开展督查指导

在落实专项资金保障和学习了先进工作经验后,各级部门对全省的省定贫困村开展新农村示范村建设工作专项督导，要求各县委、镇委、镇政府，各驻镇工作组、驻村工作队务必高度重视新农村示范村建设工作，迅速开展统筹规划，精心组织，狠抓落实，特别是对口帮扶单位和驻村工作队在督导工作中发挥了关键作用，将贫困村建设新农村示范村工作纳入脱贫攻坚重点工作，加大人力财力投入，加快推进贫困村内道路硬底化建设、人居环境整治、农村贫困户危房改造、基本公共服务提升等工作，切实改善村民生产条件和生活环境。

二、全域推进新农村连片示范工程

为贯彻落实省委、省政府率先全面建成小康社会目标战略部署，根据省委关于进一步加快县域经济社会发展的决定分工方案要求，决定在 2017 年、2018 年组织实施新一轮省级新农村连片示范建设工程（以下简称"省级新农村示范片"）。通过竞争遴选办法，在尚未开展省级新农村示范片的 24 个县（市）中每年遴选产生 12 个示范片，力争到 2018 年全省每个县域都有一个省级新农村示范片，示范带动整县、整市全域推进农村人居环境综合整治和美丽乡村建设。

各有关县（市）优先将相对集中的贫困村纳入省级新农村示范片建设范围，与贫困人口贫困村连片脱贫提升工程有机结合起来，与地方特色产业集中连片开发结合起来，以建设美丽乡村为目标，全面推进人居环境综合整治，改善生产生活生态条件。要挖掘自然资源和人文特色优势，大力推动农业休闲观光、规模化种植养殖、家庭手工业、乡村旅游业等"一村一品"特色产业发展，带动贫困户持续稳定增收，率先实现省级新农村示范片贫困村和贫困人口脱贫，发挥省级示范片的先行先试和示范带动作用。

2017 年 6 月，各级部门开展了全域推进广东农村人居环境综合整治工作，全面提升新农村建设水平，切实改善农村生产生活生态条件，补齐全面建成小康社会短板。紧紧围绕"三年见成效、五年大提升、十年改变农村落后面貌"的工作目标，大力实施"千村示范、万村整治"工程，以县为主体、行政村为基础、自然村为基本单元，通过示范带动，全域推进美丽乡村建设，坚持"一张蓝图绘到底"，力争通过 10 年持续发力，彻底改善省内农村落后面貌。

各地把村庄人居环境综合整治作为省级新农村连片示范建设工程的基础性工作，率先全面推动开展。重点治理村庄垃圾、污水和畜禽集中圈养问题；全面清理村（巷）道两旁的乱搭乱建、乱堆乱放、路障和村头村尾、屋前屋后的卫生死角、杂物、杂草，清理村庄池塘沟渠和河道小溪的淤泥、垃圾、杂物；大力开展对旧村（空心村）、旧建筑、旧危房、旧猪（牛、鸡）栏等整治行动；全面组织发动群众在村道两旁、村头村尾、屋前屋后等植树绿化、种果种花，重点采用当地材料（木、竹、砖块、石头等）对村道两旁、公共场所和房前屋后的空地、绿地、菜地、庭院、花圃等砌栏栅圈围，改善村庄生活生态环境；切实落实门前"三包"责任，建立健全保洁队伍，建立长效保洁管理机制。

各地把改善农村生产生活条件作为示范工程建设重要内容，突出优先解决群众最迫切需要的民生项目建设，尤其要重视解决村（巷）道硬底化、村村通自来水、村庄垃圾污水治理、改厕和民居外立面改造及贫困户的基本生产生活等民生问题。组织工作组进村入户摸底掌握民生问题，认真梳理和造册登记，按照轻重缓急原则和资金使用要求，一一列出解决计划和时间安排。能列入连片示范建设项目的，要优先安排启动，对不能列入连片示范建设项目的要主动协调相关部门尽快解决。对民生问题务必要明确责任和落实专人跟踪负责。

因地制宜，不同的乡村，根据自身的自然资源禀赋、产业布局等不同，开展不同梯度的创建申报工作。由于梯度不同，奖补标准也有差异。据了解，各级部门通过加强组织领导，指导区建立领导负责机制，建立健全工作机制，强化规划先行，按照规划先行原则，做好全面性规划，确保建设工作高标准、高起点推进。同时，资金重点扶持。市本级财政从 2017 年开始，按照每个新增省级示范片 2 000 万的扶持标准推进新农村示范片建设工作。建设工作由群众广泛参与，通过依靠村民理事会主导、召开村民会议商议等方式，让农民参与决策、参与建设和监督，激发农民"主人翁"活力，形成人人共建、建设成果人人共享的良好氛围。通过建立长效机制，着眼巩固美丽乡村建设成果，避免出现"重建轻管"问题，树立"建好一村、管好一村"的工作理念，按照"谁受益、谁管理"原则，推动创建村制定可行管用的村规民约，着力规范美丽乡村建设后续管理，真正实现村民自治、民主管理。

经过努力，目前，省内各地新农村示范片建设总体规划、村庄规划和民居设计完善，农村基础公共设施建设显著提升，供水、供电、供气得到升级改造，卫生环境整洁有序，雨污分流、垃圾处理、美化绿化工程全面启动。

三、新产业新业态蓬勃发展

2017 年，在乡村振兴战略的推动和大数据产业飞速发展的背景下，广东农业领域新产业新业态不断涌现。省内农产品加工业稳中提质，休闲农业和乡村旅游、农产品电子商务等产业快速增长、方兴未艾；家庭农场、农民合作社、农业企业等各类新型经营主体不断涌现，许多工商企业到农村投资兴业；大批农民、退役军人、大学生等"城归"群体返乡下乡创业创新，成为农业增效、农民增收、农村繁荣的新亮点。

农产品电子商务交易总额达到 150 亿元，农村电商发展进入"快车道"。截至 2017 年底，我国网民规模达到 7.31 亿人，其中，农村网民突破 2 亿人，同比增长 2.7%，占全部网民的 27.4%，农村电商发展潜力巨大。农村地区互联网普及率达到 33.1%，农村快递网点发展近 9.5 万个，乡镇网点覆盖率超过 70%，淘宝村达到 1 311 个，农村电商"最后一公里"问题正在逐步破解。

休闲农业和乡村旅游经营收入达到 312 亿元，呈现迅速发展态势。截至 2017 年底，全国休闲农业和乡村旅游示范县（市、区）、美丽休闲乡村分别达到 354 个和 420 个，全国休闲农业和乡村旅游年接待游客超过 24 亿人次，从业人员达到 850 万人，营业收入同比增长 8%。其中，"春节到农家过大年""早春到乡村去踏青""初夏到农村品美食""仲秋到田间去采摘"成为休闲农业和乡村旅游的主题。休闲农业和乡村旅游成为农民增收致富的新亮点、城市居民旅游度假的新去处、传承农耕文明的新载体。

农产品加工业与农业产值比超过 2.2∶1，拓展了农产品增值空间。2017 年全国规模以上农产品加工企业主营业务收入达到 20.3 万亿元，比上年增长 5.3%，实现稳中提质增效，其中，消费需求大、层次高的精制茶加工业、肉类加工业、中药制造业保持较快增长，同比分别增长 13.2%、7.8% 和 8.9%。规模以上农产品加工企业实现利润总额 13 394 亿元，比上年增长 4.1%。规模以上农产品加工企业增加值比上年增长 5.8%（扣除价格因素的实际增长率），满足了人们多层次、多样化需求。

第九章 新农村建设成效

一、人居生态环境综合整治

2017年，省委、省政府高度重视新农村建设和农村人居生态环境综合整治工作，时任省委书记胡春华多次就做好这项工作作出重要批示、指示，省委、省政府成立了领导小组，由马兴瑞省长担任组长，统筹推进相关工作。全省各地各有关部门认真贯彻落实省委、省政府精神，全力抓好农业供给侧结构性改革工作，以更大决心更大力度改善农村人居环境，进一步完善目标体系、责任体系、政策体系、组织体系，全面推进社会主义新农村建设。按照"省级指导、地市统筹、县为主体、乡镇实施、村级创建"的原则和分级分类投入的要求，明确省、市、县、镇、村的责任分工，完善考核机制，将建设的自主权和主导权下放到地市，充分调动各级积极性。督促各地抓紧制定并上报实施工作方案，抓紧抓好组织实施工作，率先启动2 277个省定贫困村人居生态环境整治和示范村建设工作。发挥财政资金的撬动作用，带动更多金融和社会资本投入"三农"领域，突出加大对粤东西北地区农村道路、污水垃圾处理、饮水安全、卫生站、市场物流、电信光纤入户等基础设施投入。坚持政府主导、规划引领，明确人居生态环境整洁和新农村示范村建设基本要求，实行先规划后建设、不规划不建设、不设计不施工，因地制宜、有序推进。

先进案例：惠州市——实施三大行动 农村人居环境得到改善

惠东县多祝镇联新村保存着良好的自然生态以及浓郁的农家田园风光。近两年来，在市政协机关的精准扶贫帮扶下，联新村一大批基础设施得到改善，村容村貌有了极大改观。尤其是950千瓦光伏发电扶贫项目的建成投产，为该村新农村建设注入持续动力。

近年来，惠州市坚持绿色发展，城乡生态环境优势凸显；注重规划引领，村庄规划实现全面覆盖；实施三大行动，农村人居环境明显改观；创建示范典型，农村建设亮点不断涌现；强化基础建设，农村生活条件持续改善；完善公共服务，农民幸福指数稳步提升。

2012 至 2016 年，惠州市累计投入 1 亿元名镇名村建设奖补资金，带动社会投入资金超过 10 亿元，完成建设项目近 1 000 个，创建了 9 个名镇、100 个名村示范点。启动博罗、惠阳、惠东、龙门 4 个省级新农村示范片创建工作，博罗环罗浮山新农村示范片成为全省建设标杆。同时，随着国家生态文明建设示范市创建深入开展，全国水生态文明城市建设试点扎实推进，建成一批国家级生态镇村和省级生态县、生态镇村，生态镇村占比超过 80%。

目前，惠州市 1 043 个行政村和 2 812 个 50 户以上较集中自然村的村庄规划全部编制完成，实现村庄规划全覆盖。全市城乡生活垃圾无害化处理率达到 95% 以上，农村生活污水收集处理率达 40% 以上，全市集中居住型村庄绿化率达 63.27%。农村免费义务教育政策全面实施，行政村（社区）文化室、"农家书屋"、广播电视村村通等实现全覆盖，农村生活条件持续改善。

二、美丽乡村建设

在实施乡村振兴战略中，"生态宜居"是农业农村现代化的重要组成部分。以绿色发展引领生态振兴，统筹山水林田湖草系统治理，加强农村突出环境问题综合治理，建立市场化多元化生态补偿机制，增加农业生态产品和服务供给，实现百姓富、生态美的统一。

近年来，广东全面推进社会主义新农村建设，开展农村人居环境整治行动，加强生态环境建设，加快补齐基础设施和公共服务短板，治理环境突出问题，提升村庄绿化美化建设水平，建设生态宜居新农村。

根据计划，到 2020 年，全省农村公共卫生、基础设施、人居环境、公共服务、社会事业、生态文明等方面建设有明显进展，农民生活质量和文明素质有明显提高，形成具有岭南特色的生态宜居的美丽乡村。

先进案例：郁南县——争当农村人居环境整治排头兵

如今在郁南县的许多村庄边上，一个个"小花园"里长满美人蕉、荷花，不仅风景美丽，更能很好地处理污水，为古诗增添新的注解。这是郁南县推广的农村污水处理模式——无动力厌氧污水处理系统。近年来，当地以农村污水治理为突破口，加强村庄保洁，推进农村人居环境综合整治工作，一步步实现"望得见山、看得见水、记得住乡愁"的美好愿景。

1. 污水处理——探索山区农村治污新路径

郁南县全境处于广东省重要水源地——西江流域内，被列为生态发展区，保护水资源的责任十分重大，治理农村污水的任务尤为紧迫。

郁南县通过多方调研，反复比对，最终确定推广使用"无动力厌氧污水处理系统"。据介绍，这一系统采用"调节水解＋人工湿地"的工艺：第一阶段，污水通过格栅，滤去垃圾和大颗粒悬浮物进入厌氧池，在这里水解酸化处理；第二阶段，流入人工湿地，利用植物根系和基质上微生物的分解、吸附作用，减少污水的有机污染物。经过两层处理，达到净化污水的目的。这一系统原理简单，选址方便，一般都在村口低洼处。所谓"无动力"就是利用地势落差，让污水通过村里的管网由高到低自然流入池中，几乎不需要花费运营成本。在污水得到处理的同时，种植花草的人工湿地也成为村里的"地标性"景观。

目前，郁南县在建及建成污水处理设施的村庄数量已达 110 个，根据监测，110 个中心村污水处理设施工程建成后，每年可减少直排江河污水 400 多万吨。

郁南县是广东乃至全国农村污水治理示范县，该县创新性地实施项目"整体打包""城镇与农村""建设与运营""终端与管网"等 4 个捆绑模式，采用 PPP 模式，引入社会资本进行农村污水治理。这种模式被省住建厅肯定并向全省多地推广，截至 2017 年 11 月底，2016 年启动的 18 个以 PPP 模式整县推进村镇污水处理设施建设的县（市、区）中，15 个已动工建设，2017 年启动的 35 个县（市、区）中，有 20 个已纳入省十件民生实事督办。

2. 村庄保洁——全县农村生活垃圾清运率达 98.8%

郁南县是广东省首批 14 个新农村示范片建设县之一，示范片以"南江古韵新村"为主题，抓好各项基础设施配套建设及环境整治工作，尤其在生活垃圾分类处理上，作出了积极探索。在郁南县连滩镇西坝村长乐自然村，有一支10人的女子保洁队。西坝村村支书曾仲开介绍，这是一支由村党支部动员、由村中留守妇女组成的保洁队，共谋共建共享美丽乡村。目前，郁南全县144个行政村均已实现统一放置分类垃圾桶，村庄保洁覆盖率达100%，平均每条自然村有1名以上保洁员，创建生态文明村1034条。

近年来，郁南县投入7470多万元实施生活垃圾处理，进一步健全了"户主收集、村组保洁、县镇转运、统一处理"的农村生活垃圾处理模式。同时，郁南县已实现全县农村生活垃圾收集清运处理全覆盖，分别在各行政村专门设置可回收利用的废品资源收集点。目前全县农村生活垃圾清运率达98.8%，有效处理率达91.54%。

3. 资金保障——引入生活污水处理捆绑 PPP 项目

作为"全国农村生活污水治理示范县"，郁南县不断深化改革，转变政府职能，对整县生活污水处理进行捆绑，采用 PPP 模式，引入社会资本进行治理。2016 年 7 月，广东省首个整县生活污水处理捆绑 PPP 项目正式落地郁南，同时启动"无动力厌氧污水处理系统"广东省地方标准编制工作。

郁南县的 PPP 项目投资总额约 5.02 亿元，于 2016 年 10 月动工建设，2018 年 1 月开始运营，将解决全县包括 48 万农村常住人口在内的生活污水处理以及人居环境改善问题。

除了资金方面获得保障，制度上也有所创新。近年来，郁南县大力探索"党建＋生态"发展新模式，结合"千干建千村"制度，从意识入手，由党建引领，以党支部为阵地，全县干群一起投入到生态文明建设中。

郁南县新农村示范片建设已累计投入资金 1.32 亿元，示范片村内道路和入户路硬化率、主导产业基地灌溉率、群众安全饮用水率等均达到100%。目前示范片产业基地进一步发展壮大，村庄环境整治有序推进，公共服务全面延伸，"一年初见成效"目标基本实现。

三、闲置宅基地盘活利用

2016 年中央在农村土地的改革方面看准了"盘活农村闲置宅基地"的方向，进一步落实宅基地集体所有权，维护农户依法取得的宅基地占有和使用权，探索农村集体组织以出租、合作等方式盘活利用空闲农房及宅基地，加大盘活农村存量建设用地力度；允许通过村庄整治、宅基地整理等节约的建设用地采取入股、联营等方式，重点支持乡村休闲旅游养老等产业和农村三产融合发展等。但这些改革必须坚持一个前提，即"在充分保障农户宅基地用益物权、防止外部资本侵占控制的前提下"。

根据原国土资源部印发的《关于支持深度贫困地区脱贫攻坚的意见》，深度贫困地区在充分保障农户宅基地用益物权、防止外部资本侵占控制的前提下，可以探索农村集体经济组织以出租、合作等方式盘活利用空闲农房及宅基地；通过村庄整治、宅基地整理等节约的建设用地，鼓励以入股、联营等方式，重点支持农村新产业新业态和农村一二三产业融合发展。其中，直接从事或服务于农业生产的生产设施、附属设施和配套设施用地，按农用地管理；旅游项目中的自然景观及为观景提供便利的观景台、栈道等非永久性附属设施占用除永久基本农田以外的农用地，在不破坏生态、景观环境和不影响地质安全的前提下，可不征收（收回）、不转用，按现用途管理。

1. 珠三角闲置宅基地"第一个吃螃蟹"

2008年的中央1号文件明确规定，严禁通过"以租代征"等方式提供建设用地。城镇居民不得到农村购买宅基地、农民住宅或"小产权房"。开展城镇建设用地增加与农村建设用地减少挂钩的试点，必须严格控制在国家批准的范围之内。

2009年中央1号文件提出实行最严格的耕地保护制度和最严格的节约用地制度。农村宅基地和村庄整理所节约的土地，首先要复垦为耕地，用作折抵建设占用耕地补偿指标必须依法进行，必须符合土地利用总体规划，纳入土地计划管理。

而到了2014年，中央1号文件提出，在符合规划和用途管制的前提下，允许农村集体经营性建设用地出让、租赁、入股，实行与国有土地同等入市、同权同价。并提出，在保障农户宅基地用益物权前提下，选择若干试点，慎重稳妥推进农民住房财产权抵押、担保、转让。

2015年的中央1号文件也提出，要分类实施农村土地征收、集体经营性建设用地入市、宅基地制度改革试点，并提出赋予符合规划和用途管制的农村集体经营性建设用地出让、租赁、入股权能。

对于这些新变化，近年来，盘活空闲宅基地的做法已被逐渐推广——珠三角佛山市南海区成为"第一个吃螃蟹的人"。

在改革试点前，南海区农村集体土地流转除了极少的税收之外，政府不收取任何费用。实施试点之后，按政策规定入市的土地必须缴纳土地增值收益调节金，用于城乡公共基础设施和服务设施的建设。根据用途与入市方式不同，土地增值收益调节金比例不一。其中，以出让方式入市，征收比例为 5%～15% 不等；以出租方式入市，征收比例为 2.5%～3.5% 不等。例如，北海经济社出让地块，需要支付 10% 的调节金，这笔钱由经济社支付。

2. 改革是为了解决现实困难

地处珠三角腹地的南海区，被称为"在集体土地上建起来的城市"，集体土地占全区土地面积超过 60%。南海区集体建设用地流转工作起步较早，改革试点前就已经入市流转的集体经营性建设用地面积超过 23 万亩，但存在"量大、分散、低效"的现象，缺少上位法支持，导致抵押融资困难，容易出现纠纷或者诉讼，部分流转行为存在不规范现象，部分土地的证件或手续不齐全。

针对南海区城市发展和集体土地开发利用遇到的瓶颈，承担改革试点任务之后，2015 年 3 月，南海区编制了《南海区农村集体经营性建设用地入市试点实施方案》，并于当年 6 月获得国土部批复，统筹指导南海区改革试点工作。在试点实施方案框架下，南海区制定了 13 个入市政策文件，涉及调节金与税费征收、用地手续、交易办法、抵押融资、产权登记等各个方面，全方位指导落实试点工作。

在集体所有者不变的前提下，通过试点改革，原本集体经营性建设用地无法登记在投资人名下，现在通过出让方式取得的土地可以变更使用权到投资人名下。过去由于权能不完整，集体经营性建设用地抵押融资困难，南海区在试点工作中不但允许集体经营性建设用地使用权用于抵押贷款，还积极探索，允许满足条件的土地使用者或村集体将农村集体经营性建设用地的地上物业租金收益权进行质押的方式贷款。试点工作至今，南海区实现抵押的集体经营性建设用地有 19 宗，抵押面积约 348 亩，抵押金额超过 17 亿元。

目前，南海区的土地开发强度已经超过 50%，但"量大、分散、低效"的集体经营性建设用地的土地潜力并没有得到充分激发。为此，南海区参照国有土地储备制度，成立区、镇集体土地整备中心，以托管方式整合符合入市条件的农村集体经营性建设用地，提升土地利用效率。此外，南海区通过鼓励和规范投资者参与产业载体开发，实现集体经营性建设用地的利用最大化，从而深挖集体土地市场价值。截至目前，包括御堡国际商务中心在内的 5 个产业载体项目已逐渐成形，总面积超过 360 亩。

3. 集体土地是否入市由农民定

允许集体经营性建设用地使用权抵押融资，探索租金收益权质押融资，实现了集体土地与国有土地的权能趋进，基本建立起城乡统一的建设用地市场。由于国有土地与集体经营性建设用地在权能上区别不大，投资者对于投资开发集体土地的意愿和信心进一步提升，多个兴建于集体土地之上的产业载体项目吸引了一批创新创业孵化高科技企业进驻。

随着农村集体经营性建设用地的入市，集体经济组织得以发展壮大。试点以来，截至 2017 年 8 月，南海区共完成集体经营性建设用地入市 71 宗，面积约 2 162 亩，总成交额超过 58 亿元，除了缴纳必需的增值收益调节金等，其他收益全部归集体经济组织，显著增强了农村集体经济组织财力。村民在改革中获得的收益也在提升，全区 2016 年集体经济组织成员人均股份分红 5 346 元，其中绝大部分来源于集体建设用地及其地上物业入市收入。

四、农村基本公共服务

"十三五"是我国全面实现小康社会的决胜时期，但能否实现既定的目标关键还是在农村。基本公共服务非均等化表现为城乡之间、区域之间和群体之间的差异，在城乡统筹发展的背景下，需要坚持共享理念引领农村基本公共服务均等化发展。农村是区域经济发展中的薄弱环节，彰显农村主体地位、增进农民福祉是农村发展的目标导向。农村基本公共服务均等化与城市基本公共服务均等化内涵存在交叉，都应该能平等地享受政府财政供给的基本公共服务。当然，因地理区位、经济水平、民俗风情等差异，两者存在着需求上的差异。农村特有的基本公共需求与农业生产、农民生活紧密联系，如高标准农田建设、水利基础设施、农产品交易信息、农业技能培训与农作物病虫害防治等。

作为沿海开放的前沿阵地，广东省基本公共服务均等化走在全国前列，于 2009 年 12 月率先推出逐步实现全省基本公共服务均等化目标的宏伟规划。加快城乡一体化的公共产品供给制度安排，解除农民共享基本公共服务的制度和政策限制，给农民以公平的国民待遇；加快统一城乡义务教育制度、公共医疗卫生制度、劳动就业制度、户籍管理制度、社会保障制度等，力争在全国率先建成城乡社会经济发展一体化的新格局，谱写区域发展新篇章。2012 年将惠州市作为广东基本公共服务均等化综合改革首批试点之后，2014 年将试点范围扩大到江门、阳江、清远市，2015 年新增珠海、河源、湛江 3 市，明确要求"健全投入机制、创新供给方式、完善管理机制、创新民主决策机制、完善绩效考评机制"。广东基本公共服务均等化改革过程中,在农村深层次、结构性矛盾化解方面积累了有益经验。

作为 2015 年广东基本公共服务均等化综合改革新增的试点,湛江市在提升农村基本公共服务水平方面积累了宝贵的经验。

1. 各级部门重视,城乡统筹发展

2013 年湛江市政府工作报告明确提出基本公共服务均等化,之后政府部门在新闻媒体中广泛宣传,加强政策舆论导向。各级政府成立创建工作领导小组,各县(市、区)、镇分别制定具体实施方案,建立横向配合、纵向联动的组织领导机制,形成合力,强化宏观政策指导。强调规划先行,开展阶段目标过程控制;创新工作方式,将示范村建设与新农村、精准扶贫有机结合。有计划有步骤地开展基本公共服务均等化示范村建设,在第一批示范村建设结束后及时总结经验,推广先进做法,进一步扩大试点范围,遴选新的示范村,保持政策的连续性;召开座谈会,多次征求各单位意见,确立创建标准,符合湛江实际情况。从全市获得市、县(区)级文明村称号或条件相当的村庄,按照竞争的方式选择 50 条自然村,确保试点效果。

在全市范围内进行医疗卫生管理县镇一体化改革,将城市的优质医疗资源覆盖到基层;鼓励城市教师开展支教帮扶活动,为农村教师提供免费培训并改善其待遇;实施城乡统一的居民养老保险制度,增加农村居民的社会福利;开展"茅草屋大会战"民心工程,彻底改善农村居民住房条件;提供农村生活垃圾处理服务,鼓励有条件的农村建设小型循环污水处理厂,有效改善村庄环境。

2. 转变发展思维,创新治理模式

湛江市积极探索村庄治理模式,着力构建农民主导、政府引导、社会协同的合作治理体制,下放基层政府权力,切实转变农村"等要靠"的惰性思维,彰显农民在农村建设的主体地位,采用"三个一点"筹资法,形成以村干部为核心、群众积极参与、乡贤主动捐赠的有序局面。政府采取"以奖代补"的方式分批拨付资金,充分调动农民积极性;通过以评促建的方式,因地制宜,鼓励发展乡村旅游与休闲农业;利用浓厚的家族观念,倡导奖教助学,净化乡风。

建立了一套农村基本公共服务评价指标体系,包括村庄、村场、医疗、饮水、集市、教育、文体、生态、社保、公共服务平台等 10 个一级指标,40 多个二级指标，为测评试点村建设成绩提供了科学依据。各试点村挖掘自身优势资源，发展集体经济，增加村民收入来源。总体来说，湛江示范村建设过程中形成以下四种模式：

（1）乡贤带动模式。芦村在村主任的带领下，村民积极主动参与村庄建设，迅速实现了脱贫致富。如今建起了综合文化楼，内设老人幸福院、医疗室、农家书屋、体育活动室、公共服务中心等，中心公园、文化长廊、照明路灯、灯光球场和环村道路等公共服务设施齐全。

（2）产业推动模式。龙门村依托"菠萝的海"的区位优势，村庄建设坚持规划先行，走出一条"观光旅游＋菠萝产业"融合发展的新路子。存亮村位于迷人的存亮湾边，利用原生态的滨海资源，开发渔家乐、民宿旅游、捕鱼体验等项目，形成了可持发展的旅游产业链。

（3）平台驱动模式。以创建新农村、生态文明示范村、最美村庄、卫生村等为契机，建立和完善公共服务中心。福建村成立经济联合社和治安联防队，设立湛江盛业投资有限公司，起草公布了村规民约和村民文明公约，村庄发展形势良好。笃豪村和大塘村则重点加强村干部信息公开化，建立村委会坐班制度，有效缓解干群紧张关系。

（4）项目联动模式。遂溪桃溪村大力发展生态公墓，进行殡葬改革；修建桃柳池，打造乡村生态旅游路线，带领全村居民致富。埠头村突出改善居民的精神生活状态，不仅让村容村貌焕然一新，而且建立了集电影、电脑、图书于一体的文化室。营仔村、山心村等从村落基础设施、公共交通、饮水工程、教育方面进行建设，人民幸福感指数得到提升。

五、休闲农业与乡村旅游

休闲农业与乡村旅游是当今旅游发展方向之一，具有强大的生机和广阔的前景。为促进广东省休闲农业与乡村旅游产业发展和乡村地区产业结构调整，大力发展休闲旅游产业，根据省农业厅和省旅游局《关于开展 2017 全省休闲农业与乡村旅游示范镇示范点创建活动的通知》（粤农〔2017〕205 号）部署任务，2017 年，各地农业和旅游部门积极按程序推荐申报省休闲农业与乡村旅游示范单位候选对象。省农业厅会同省旅游局委托第三方对所有申报项目进行了集中评审。根据"通知"目标和评定标准，按照评审综合得分高低拟认定梅州市大埔县大东镇等 11 个镇为示范镇、广州市从化区宝桑园蚕桑特色休闲农业示范基地等46个单位为示范点候选单位。

休闲农业、乡村旅游需要较多的土地，对于中国制造业强区的顺德，农耕土地仅存125平方公里。作为国家现代农业示范区的顺德，萦绕着独具特色的"基塘农业、岭南水乡"风情，正全力打造8个超千亩的现代农业产业园，这些综合性园区以特色农业产业为基础，将农业生产、农业生活、生态环境三者合为一体进行旅游休闲开发，集科普、生产、销售、加工、观赏、娱乐、度假等于一体，搭建起连接城市与农业的桥梁，成为顺德都市型休闲农业产业集群崛起新平台。

乡村旅游和休闲农业在近年来，已成为传统农业顺应市场的特征创新转型的发展方向，是活化生产、流通、消费营销，充分整合社会资源的重要抓手。珠三角地区处于经济发展的前沿地区，有着庞大的消费市场。一批有眼光的顺德企业致力发展休闲经济，并把生意做到境外，寻找盈利空间。宝苞农场作为广东休闲农业与乡村旅游发展联盟发起单位之一，位于佛山市三水区，占地8 000亩，这个农场以农耕体验为特色，是集亲子娱乐、生态旅游、户外拓展、高尔夫练习、野炊烧烤、湿地景观和商业服务等多功能于一体的综合服务区。令人意外的是，宝苞农场母公司是以物流业见长的广东国通物流城有限公司。

在乡村旅游和休闲农业发展方面，梅县区的发展成效成为广东的代表作之一。梅县是全省乃至全国的旅游强县，旅游综合竞争力在广东区域内连续六年稳居前十名。梅县区全区在2017年一共接待游客1 633万人次，主营业务总收入达136.48亿元。依托全区旅游业的快速崛起与总体旅游路线设计，立足金柚产业的生态景观、农耕文化等旅游资源优势，结合美丽乡村建设，对接梅江韩江绿色健康文化旅游产业带建设，积极融入全区旅游大格局中，实现了金柚产业休闲旅游功能的拓展升级。松口镇依托铜琶、大黄、南下、梅教、小黄、圳头村六大"中国传统村落"，推进金柚产业与乡村旅游深度融合，建成了金柚休闲景观园、农光特色小镇、金柚产业景区等农旅融合示范点，培育了一批农家乐、采摘体验、科普教育、休闲观光等农旅融合业态，带动休闲农业与乡村旅游快速发展，2017年，产业园共接待游客近210万人次，旅游总收入超过16亿元。

六、农村电商——以揭阳市锡场镇为例

近年来，广东农产品电子商务交易平台建设数量不断增多，覆盖范围逐步拓宽，有力地推进了广东农产品电子商务的发展。同时，因为有较高的消费能力，广东特别是珠三角市场是众多农产品电商的必争之地。

1. 广东农村电商位居全国前列

农产品电商的蓬勃发展，让从事农产品生产的农民和涉农企业受益。自2014年"双11"后，清远的特色农产品"清远鸡"收购价格上涨了15％，在电商市场打响了名声。

农产品电商的蓬勃发展带动了本地电子商务服务业发展，比如快递、仓储、网络营销、电商培训、电商园区等。以快递服务为例，2017年，在阿里巴巴零售平台上，广东省县域发出和收到的包裹超过2亿件。2017年广东的农产品电商总交易额接近100亿元，在全国省份中排名第一，第二是浙江，第三是江苏。

2. 农产品是电商"新蓝海"

在"互联网＋"的作用下，农产品电商已经悄然成为电商行业的一片"新蓝海"。

从全国迅速扩张的"淘宝村"数量来看，全国淘宝村数量2017年增至211个，其中54个在广东，仅次于排名第一的浙江（62个）。其中，知名的"中国淘宝村"揭阳市军埔村2017年电商交易额高达488亿元。基于广东的经济社会发展比较快，乐于接受外来新鲜事物，因此农村和城市的电商都发展得相当迅速。

3. 政策支持下　广东农村电商有望持续"给力"

2016年，广东省政府印发了《广东省促进农村电子商务发展实施方案》，目标是到2020年，在全省建成50个县级电子商务产业园和100个乡镇电子商务运营中心，全省农产品电子商务年销售额保持30％以上增长率；培育5家年销售额10亿元以上、20家年销售额亿元以上、100家年销售额5 000万元以上的农村电子商务企业；遴选100家农村电子商务示范企业，建设3～4个国家级农村电子商务综合示范基地，培育一批集聚效应强的涉农电商平台；培训10万名农村电子商务应用技术人才；统筹推进全省农村电子商务建设，探索实施"互联网＋农村"、"互联网＋现代农业"战略，形成线上线下融合、农产品进城与农资和消费品下乡双向流通格局，推动农业供给侧改革。通过大力扶持电商发展，促进优质农产品的销售，从上游、下游带动"从土地到餐桌"的农业电商发展，真正改善农民生活。

作为全国最早的"淘宝村"之一，军埔村位于广东省揭阳市北部的揭东区锡场镇，镇域面积 48.75 平方公里，拥有 12.3 万多人口，属于典型的人口密集潮汕小镇。军埔村通过 5 年时间，将电商交易额从 2013 年的 6.8 亿元，增长到 2017 的 27 亿元；网店也从 2013 年的 1 000 家，发展到 5 000 多家。

2013 年，锡场镇紧紧抓住"互联网＋"发展机遇，贯彻实施揭阳市电子商务发展"8610"计划，以军埔电商村为平台，全力建设电商人才、电商服务、电商产业、电商文化、电商制度"五大高地"，打造揭阳电子商务的核心载体，并以军埔电商村作为战略支点和辐射源，创建广东省第一个省级电子商务产业园。

作为锡场镇"互联网＋"的发源地和核心区，军埔村被阿里研究中心、中国社会科学院信息化研究中心授予"中国淘宝村"称号，2015 年被评为省电子商务产业示范基地，2016 年被作为中国助力世界经济转型的"良方"之一，成为入选《G20 中国方案》纪录片的淘宝村，亮相 G20 峰会。

在军埔村的辐射带动下，2016 年锡场镇也获批成为全省首批 10 个"互联网＋电商"试点小镇之一，兴起了一股电商热。很多之前没接触过电商的村民，也开始改造厂房和铺面，"洗脚上田"转投电商大潮。

军埔村的这一变动，很快被揭阳市委市政府、揭东区委区政府敏锐地捕捉到。揭阳市及时制定了一系列的扶持政策，推出电商企业贴息贷款扶持创业，将全市首个 4G 基站设在军埔村，让这里成为全省网速最快、资费最低的 4G 村；组织快递物流公司集体进村，解决物流不顺畅问题，引进了 16 家快递公司；成立电商培训机构大联盟，建设电商培训中心，培训电商人才达 6 万多人次。目前，军埔村已有 350 多户、2 000 多人投入到网上销售活动，开设淘宝网店 5 000 多家、实体网批店 400 多家，2017 年交易额达 35 亿元，直接或间接带动周边就业人员超过 10 万人，带动周边网店 3 万多家。从事电商的年轻人大量涌入，令该地的市场竞争趋于白热化。

随着"互联网＋"战略的逐渐推进，未来互联网技术与产业的结合会更加密切，就锡场镇乃至整个潮汕地区来看，互联网领域的项目还偏弱，需要更多的 IT 人才，并扶持更多有前景有技术的项目。

早在 2016 年，锡场镇入选广东省首批"互联网＋电商"试点小镇，在全国自上而下的新一轮"互联网＋"行动中，迎来了新的发展命题。未来的锡场镇，不仅要将互联网技术主要应用于电子商务，还要在科技创新、医疗保障、便民服务等领域进行更深入的融合探索。当地政府邀请中国城市发展研究院围绕揭阳电子商务核心集聚区定位对军埔村进行战略性规划，制定了"一街（电商智慧大街)、一村(军埔电商第一村)、一园(揭阳市电商产业园)、一带(粤东电商产业带)、一圈(海峡西岸电商产业圈)"的发展扩张路线图。

通过推进"揭阳军埔新天地电商产业园"建设,将电商作为"产业立交"来建设,完善电商全产业链设计规划,推动汕潮揭地区优势传统产业与军埔电商对接,让揭阳乃至粤东的产品通过军埔电商平台开拓国内外市场,全力创建广东省第一个省级电子商务产业园。锡场镇将继续以军埔电商村为核心园区,依托高铁北站"四站合一"的交通区位优势,建设"大军埔电商圈",谋划布局"轨道经济"与"电商经济"联合发展,并将打造集物流配送、电商贸易、金融产业、科技孵化等多功能、多业态的新经济带,建成集网上销售、实体批发、人才培训、产业孵化、物流快递为一体的电子商务产业聚集中心,以电商经济的发展来推动其他相关产业的升级发展。

七、三产融合特色村镇——以云浮市新兴县为例

2017 年中央 1 号文件提出,培育宜居宜业特色村镇。建设一批农业文化旅游"三位一体"、生产生活生态同步改善、一二三产深度融合的特色村镇,打造"一村一品"升级版,发展各具特色的专业村。支持有条件的乡村建设以农民合作社为主要载体、让农民充分参与和受益,集循环农业、创意农业、农事体验于一体的田园综合体,通过农业综合开发、农村综合改革转移支付等渠道开展试点示范。深入实施农村产业融合发展试点示范工程,支持建设一批农村产业融合发展示范园。

特色村镇与三部委推出的特色小镇以及国家发展和改革委员会提出的特色小(城)镇相比有以下几个特点:首先是以农为本,以解决"三农"问题为导向,主要对象是农业地区的村镇,而不是大城市郊区的卫星镇或特色小镇;其次是名字叫村镇,既包括村,又包括镇,镇村联动,以镇带村,形成农村二三产业发展的载体,既要做好建制镇的建设,又要做好镇域内美丽乡村的建设;再一点就是农村三产融合和产城融合。提高农民收入必须发展农村二三产业,而二三产业必须以镇为依托,这样就要求三产融合与产城融合结合起来。

2017 年中央 1 号文件指出,支持各地加强特色村镇产业支撑、基础设施、公共服务、环境风貌等建设。深入开展农村人居环境治理和美丽宜居乡村建设这一要求和国家级特色小镇建设、新农村建设也相一致,两者均强调环境优

美、干净整洁的美丽乡村建设，加强道路、供水、供电、通信、污水垃圾处理、物流等基础设施建设和完善教育、医疗等公共服务。

1. 龙头企业"领军"，提高农业竞争力

作为广东传统的农业大县，近年来，新兴县依托山清水秀和良好的自然生态环境，孕育出象窝茶、马林牌凉果、双雕牌罗非鱼片、新兴排米粉、新兴话梅、新兴香荔等名优农产品，是"中国果品加工之乡"和"鱼米之乡"，被原农业部等八部委评为全国农业产业化经营工作先进单位，被原农业部认定为全国农产品加工创业基地，并被列入原农业部粮食高产工作示范县，在推进一二三产业融合发展中有着坚实的基础。

如今，在新兴县内，像温氏股份一样，越来越多的龙头企业将农业产业上下游各经营主体结成利益共同体，在推动农村三产融合发展中，发挥出示范领军作用。同样的，在新兴话梅产业方面，实施国家地理标志保护，形成"青梅种植、新兴话梅、青梅酒、梅花观赏"的模式，以青梅种植业拉动话梅、青梅酒等深加工业及梅花观赏等文化旅游业的发展，从而带动一二三产业融合发展。

据统计，目前，新兴拥有各类规模以上农业龙头企业55家，其中销售收入超过3 000万元以上的市级重点农业龙头企业28家；培育家庭农场5 100多个、种养大户1.1万个、农民专业合作社515个，被认定为第二批国家农业产业化示范基地。

2. 新农村连片建设，增强农村活力

近年来，新兴县簕竹镇以省级新农村示范片建设为契机，围绕"现代农牧、活力簕竹"发展定位，以"农业强、农村美、农民富"为目标，以"全域谋划，整镇推进"为策略，通过对省道113线、县道466线、乡道301线和簕竹河沿线的景观改造和厂场升级，把秀美乡村、农牧企业、家庭农场、景观节点、观光驿站等串联起来，打造"一轴引领、两岸同步、三产融合、四大示范、五村争辉"新模式，以点带面推动一二三产业融合发展。

按照城乡一体化的要求，新兴县大力推进美丽乡村建设，以名镇名村示范村建设和生态文明村建设为载体，充分结合地方实际，深入挖掘整合地方独有的历史底蕴、文化底蕴、特色资源，大力推进新农村连片示范建设。通过整合宜居乡村建设、现代生态农业开发等各类项目平台和资金，培育了一批以生态果园风光、乡村田园风貌和自然生态景观等为代表的休闲农业和乡村旅游观光产品，成为该县实现农业转型升级、绿色崛起的有效途径。

第十章 新农村建设存在的问题

一、规划覆盖率仍然较低

广东新农村建设推进比较晚，部分县区单个农民新房建设漂亮，但从村庄整体上来看，严重凸显规模小、缺乏统一规划、布局无序。一方面，体现在"有新房无新村"的问题，全县没有统一规划、统筹推进；另一方面，体现在"有新村没特色"的问题，很多地方本来存在上百年的岭南古建筑，可作为发展当地乡村旅游的一大亮点，但大拆大建后，却成了统一的钢筋水泥小洋楼，形成"山寨城市"，严重地破坏了乡村地区固有的农家气息、自然景观和田园风光。据统计，目前，全省行政村规划覆盖率仅 59.6%，远低于江苏的 87.6% 和浙江的 77.3%；20 市（除深圳）自然村庄规划覆盖率为 48%，其中，粤东西北 12 市以及肇庆、惠州的覆盖率仅为 43%。缺乏统一的规划和布局，成为现阶段推进广东新农村建设、打造美丽乡村的重大问题。

二、环境整治机制仍未跟上

目前广东很多地方建设了新农村，村庄硬件设施很好，但相应的农村人居环境综合整治的软机制仍未跟上，一方面村庄环境综合整治进展缓慢，粤东西北 12 市和肇庆、惠州自然村仅有 39% 完成了综合整治，特别是实行雨污分离的自然村仅占 22%，远低于浙江的 78%，垃圾乱放、畜禽散养的现象仍屡见不鲜，垃圾处理、污水整治任务仍然十分艰巨；另一方面，大部分乡村环境综合整治缺乏长效管理和长效资金投入机制，"重建轻管"现象比较突出，乡村美好的环境难以维持，甚至"脏、乱、差"回潮，并存在临时突击应付现象。

三、新农村建设进度缓慢

新农村建设最终目的是利用美丽乡村建设成果推动农民致富，而农家乐正是休闲度假、乡村旅游的接待主体，是带动农民增收的主要途径。目前，浙江省农家乐接待游客数量近2亿人次，营业收入达到200亿元，对农民增收贡献率接近10％。而广东仍处于建设基础设施的"造景阶段"，土地流转进展缓慢也限制了规模经营的发展，新农村建设未能与新业态培育、新村庄经营紧密结合起来，乡村旅游和农家乐缺乏统一的建设、管理标准，开发水平低，影响农民增收致富。

四、配套设施仍未完善

广东省级新农村示范片建设成效明显，通过连片打造极大改善了当地风貌，形成了乡村旅游和休闲农业的新景点。但农村旅游资源缺乏整合，特别是没有充分利用信息技术建立智慧乡村平台，造成很多资源"养在深闺人不识"，导致游客与新农村旅游信息不对称；或者前往旅游风景区、乡村旅游点会遭遇交通不畅、旅游配套设施缺乏等"最后一公里"的难题。而浙江农办和浙江移动顺应新形势新业态，联合搭建农家乐基础数据平台，各市建立智慧乡村系统，在手机端打造乡村旅游服务、旅游咨询、票务服务、线上支付、游客超市电商和旅游租赁等线上线下服务为一体的乡村旅游系统，推动统一监管整合经营。

第十一章　新农村建设建议

一、提高村庄规划覆盖率

1. 推进"多规合一"提高村庄规划覆盖率

按照不规划不设计、不设计不施工的理念，用七分力量抓规划、三分力量搞建设；推进"三规合一"，以新农村建设总体规划为示范带动，县域村庄布局规划、村庄整治建设规划、中心村建设规划、历史文化村落保护利用规划等专项规划相互衔接，统筹考虑村庄布局、道路、绿化、污水管网、公共设施等元素，注重规划的科学性、长远性和整体性。

2. 加强对重点古村落保护利用的整体规划

遵循乡村自身发展规律，建议省住建、省农业和旅游部门联合，加人对古村落规划保护力度，避免大拆大建，传承乡村文化，保留乡土味道，建设突出本地农村特色和田园风光的岭南新农村，传承和提升整个村庄的历史文化。

二、建立农村人居环境综合整治的长效机制

1. 突出六大领域推进综合整治

村庄综合整治要从道路硬化、改水改厕、垃圾清运等突出问题入手，再到绿化美化、河道治理、污水处理不断深化，突出环境整治重点。探索适合农村特点的生活垃圾处理方法，可以借鉴德庆"户收集、村集中、镇运输、县处理"的成功经验，根据村域面积和人口配备相应数量的保洁人员；采取污水村域统一处理、纳管处理、联户处理等多种办法，提高农村污水无害化处理水平。同时要引导和支持农民改变旧习惯，实现食寝分离、人畜分离、洁污分离。

2. 建立健全管护的长效机制

实行建设和管理两手抓，逐步把工作重心向后期管理和维护转移，整合环保、卫生、建设、农业、水利、旅游等相关资金，建立农村卫生长效保洁机

制，建立资金投入机制、运行机制、管护机制、补偿机制等。建立全面的考核评价监督制度，考核结果与长效管理资金拨付挂钩，以考核为抓手推动环境改善。

三、推动农民脱贫致富奔小康

1. 建立农家乐旅游的政策扶持体系

从省政府高度给予引导、推进和规范，加强规划引领，完善标准体系，根据农家乐不同业态和发展实际，实施农家乐服务标准化建设，在市场准入、工商登记、项目招标、土地使用、金融信贷、经营农家乐的证照办理、税收等方面进行扶持，让其在推动村民致富和新农村建设中发挥更好的作用。整合农家乐资源，以县为单位成立农家乐、家庭农场协会或管理中心，引进大型旅游公司，对农家乐实行统一标准、统一价格、统一接团，通过"以工商资本为引领、乡村组织为保障、农户经营为基础"的"三位一体"运营模式，破解发展难题。

2. 加大对家庭农场为主的新型经营主体培育力度

发达国家目前发展现代农业的主体是家庭农场。要把美丽乡村建设与农村新型业态培育结合起来，支持鼓励各地先互换并地后确权登记，通过互换并地、连片耕种，实现土地经营规模化；积极引导土地经营权向新型农业经营主体集中，大力培育高质量家庭农场和专业合作社，加快龙头企业发展，盘活资源、经营产业，促进农民创业就业和财产性收入不断增加。

3. 提高农民建设管理运营新农村能力

新农村要重视建设"人的新农村"，要加大农村文化事业发展的投入，建立乡镇文化站、乡村文化中心、农村书屋、公共电子阅览室或公共网吧等，提高农民的文化素质，使农民改变传统陋习，培育健康向上的农村文明新风尚。加大对农民的技能培训，通过开设新农村旅游建设开发、实用农技、致富信息等大家普遍感兴趣的讲座，把村民吸引过来，充分发挥农民在新农村建设、管理和开发利用中的主体作用。

四、发挥新农村的示范带动作用

1. 打通示范片交通"最后一公里"

广东已经推进实现了村村通公路，接下来要完善高铁、高速公路至新农村示范片的公路连接和沿途线路的交通标志，安排从高铁站至示范片的专门交通线路，解决"最后一公里"的问题；加快对示范区沿线道路的改造升级，确保乡村道路、进村公路满足旅游大巴和自驾游需求，同时不断完善绿道网络及休闲驿站、自行车租赁系统等配套服务设施建设。

2. 搭建智慧新农村基础数据平台

建议由省农办、旅游局、广东移动联合搭建全省统一的基础数据平台，由农家乐商户管理平台、家庭农场管理平台、农办监管平台、消费者服务平台组成，实现对农家乐商户基础资料、运营状况、信誉等信息数据的收集和监管，对消费者提供旅游指南、住宿、餐饮、土特产购买等微信综合服务平台，宣传和推广各地的民俗风情、特色文化以及景点名胜，解决出行游客与农家乐经营商户之间信息不对称等问题，实现双赢。

第十二章　农村精准脱贫

习近平总书记在十九大报告中提出，要实施乡村振兴战略，为我们明确了乡村振兴的任务书与路线图。2018 年中央 1 号文件《中共中央　国务院关于实施乡村振兴战略的意见》中重点提出：乡村振兴，摆脱贫困是前提。强调必须坚持精准扶贫、精准脱贫，把提高脱贫质量放在首位。

广东省委书记李希也作出了"实行最严格的考核评估制度，确保脱贫成效群众认可，经得起实践和历史检验"的重要指示。广东发展最大的不平衡是城乡发展不平衡、最大的不充分是农村发展不充分。农村发展不平衡不充分的问题重点在贫困。因此，今后一段时期广东省及广东省农业科学院重要工作任务，就是要把脱贫攻坚同实施乡村振兴战略有机结合起来，推动乡村产业兴旺、生态宜居、乡风文明、治理有效、生活富裕，把广大农民的生活家园全面建设好。

一、脱贫攻坚成效

1. 党政主体责任落实到位

各地严格落实党政主体责任，2019 年普遍先后召开市委常委会、市政府常务会、市扶贫开发领导小组专题会、推进会等会议进行专题研究部署脱贫攻坚工作。党政主要领导率先垂范，多次深入一线调研脱贫攻坚工作，市、县、镇、村四级党委书记遍访任务普遍提前完成，相关台账工作较为充实。各有脱贫攻坚任务的地级以上市与对口帮扶市普遍建立联席会议制度和互访制度，召开两地联席会议，深入交流对接帮扶工作，协同解决突出问题。

2. 低保、养老保险政策落实到位

一方面，要不折不扣把兜底保障政策落实到位，各地市充分发挥底线民生在扶贫攻坚战中的兜底功能，加强扶贫开发政策和底线民生政策衔接，强化救助资源整合，将符合最低生活保障条件的建档立卡贫困人口全部纳入最低生活保障，实现全部无劳动能力贫困人口兜底保障。另一方面，各地市普遍及时、

准确帮助符合条件的建档立卡贫困人口参加养老保险，将符合条件的精准扶贫对象纳入财政代缴，定期足额向 60 周岁以上符合领取条件的老人发放养老金。

3. 教育扶贫政策落实到位

各地级以上市全面落实教育扶贫政策，强化义务教育控辍保学联保联控责任，保障贫困家庭适龄学生不因贫失学辍学，适龄儿童入学率普遍高于 93％。同时，100％落实贫困学生生活费补助和免学费补助政策，确保贫困户学生享受教育扶贫政策不落一户、不漏一人。

二、对策建议

针对评估发现的问题，建议采取更有针对性的措施，提高全省扶贫开发工作成效。

1. 加强"三保障"问题排查，及时补齐短板

针对第三方评估发现的住房、饮用水、医保等短板问题，督促相应地区举一反三、全面排查，确保不漏一户。对于医疗负担较重的贫困户，一方面建议联合对口帮扶市等帮扶力量，对贫困人群因患重大疾病住院导致自费医疗负担较重的按比例给予补助；另一方面动员社会力量参与帮扶，在政府兜底的正式支持网络外织就非正式支持网络，召集从当地走出去的成功人士、本地乡贤等联合设立大病救助基金或教育基金，提高医疗或教育的救助帮扶力度。

2. 加强就业扶贫工作效果评估，进一步推动就近就业

一是加强对就业帮扶工作成效的评估、追踪和总结。各地不但要积极落实、部署就业扶贫具体举措，还要以结果为导向，强化效果追踪。如转移就业工作，要追踪贫困人口的合同签订、工作性质、收入情况、工作稳定性等；如组织招聘会，要了解贫困人口的达成就业意向情况、实际就业情况等；如组织劳动技能培训，要结合当地实际开展劳动技能培训，培训内容应重实用性、可操作性，契合贫困户实际情况等。

二是进一步加大力度设立扶贫车间、扶贫工作坊。目前贫困人口能实现就业的，大部分已经就业，不能就业的，主要是因家庭等原因无法外出务工。要加大力度设立扶贫车间、扶贫工作坊，为贫困人口开发就近就业岗位，有条件的要把扶贫车间、扶贫工作坊设立到镇、到村，为不能外出、不能离家务工的贫困人口创造更好的就业条件。

3. 继续深化消费扶贫工作，构建消费扶贫长效机制

据了解，2020 年初疫情发展形势较为严峻时期，在大规模管制之下，人员、物品、交通的流动性变得相对较差，物资运送不畅等矛盾相对突出，扶贫农产品的销售与运输受到了极大冲击，部分地区还出现了农产品滞销现象。但各地党政主体积极应对，不断创新扶贫产品销售途径，通过企事业单位或个人采购，各级党政领导网络直播带货等方式助力消费扶贫，降低疫情对脱贫攻坚带来的影响。在此基础上，第三方结合各地优秀经验以及发现的问题，归纳出以下消费扶贫措施：

一是进一步完善消费扶贫流通体系。包括建立健全农村扶贫产品流通网点与电商网点，加强城市商超、社区零售店等消费网络建设，让扶贫产品流通得起来。

二是强化消费扶贫服务体系建设。构建扶贫产品质量论证、品牌认证体系，提升扶贫产品质量。加强扶贫产品信息流、物流体系建设，建立统一的仓储、运输、冷链体系，降低综合成本，提升扶贫产品的性价比。

4. 规范扶贫产业管理

一是加强产业扶贫实施的评估论证。在项目实施前，聘请专业的第三方评估机构对产业项目的可行性、市场前景和预期经济效益进行全面的评估论证。

二是规范产业项目实施流程。完善产业项目实施申报程序，做到不漏一步，充分尊重贫困户的知情权与选择权，做好产业项目的公示公告。

三是加强现有扶贫资产的集中管理。建议建立各级扶贫资产专门管理机构，将扶贫资产按统筹主体纳入相应专门机构管理范围，由专门机构负责扶贫资产的后续管理、经营工作。

5. 规范扶贫资金使用与管理

一是把控产业扶贫项目协议的合法合规性。在协议签订前，投资方应咨询有资质的律师事务所与第三方产业评估机构，确保投资方的权利与利益得到充分的保障，同时明确合约到期后项目资产的归属问题，避免不必要的法律纠纷；同时，要充分发挥产业扶贫资金使用的效益，适当分摊或转移扶贫产业投资与经营风险，如要求扶贫产业项目实施主体办理抵押担保手续，或为扶贫产业项目购买农业保险等。

二是加强对产业扶贫资金的使用监管。对资产收益类扶贫项目实施主体投入的扶贫资金的使用情况进行跟踪监管，避免扶贫资金闲置或挪作他用。

三是加强对产业扶贫实施主体的监管。定期走访了解扶贫产业经营现状，

建立扶贫产业事前、事中、事后三阶段监管体系，每半年要求扶贫产业项目实施主体提供公司年度审计报告（财务报告），及时掌握实施主体的经营状况。

6. 完善精准识别动态管理等基础工作

一是要健全贫困人口动态管理机制。将贫困人口家庭共同生活成员及时纳入帮扶，对已经不符合要求的贫困人口及时清退，确保"符合标准的一户不漏、不符合标准的一户不进"。

二是要规范完善村户档案资料，健全各类台账。包括收入调查登记、收入统计口径、危房改造档案、动态管理档案等，确保各类工作资料的全面性、完整性、逻辑性和及时性。

7. 进一步核实评估发现的相关问题并提交核实情况

对第三方评估中贫困户反映并经初步核查的人均可支配收入不达标、人均可支配收入与系统登记存在较大差异、医疗负担较重等问题，各地要进一步核实，如贫困户反映属实，应予以整改，若反映不实，应做好宣传解释工作。各地要将核实情况和佐证材料提交给省扶贫办。

8. 积极化解疫情对脱贫攻坚的影响

2020年新冠肺炎疫情对脱贫攻坚影响较大，包括扶贫产业、贫困人口就业等，建议综合施策积极化解疫情对脱贫攻坚的影响。一是出台鼓励企业、社会组织和个人增加扶贫投入的政策措施，拓宽筹资渠道，保障脱贫攻坚资金投入力度。二是实施临时性兜底保障。对于受疫情影响较大，导致出现减收严重，可能返贫的贫困人口或新增贫困人口，由当地政府实施临时救助。三是加大力度安置贫困劳动力到公益性岗位。加大公益性岗位开发力度，将因疫情影响较大、又有就业意愿的贫困人口安置到公益性岗位。四是在项目分红分配方案制定和实施中对受疫情影响较大的贫困户予以适当倾斜。

第十三章　广东农村贫困现状

一、与国内外发达地区相比仍有较大差距

广东乡村发展近年来取得较大进步，但相较国内外发达地区而言仍有较大差距，主要表现在以下三个方面：第一，广东农业产业竞争力较弱。2012—2016 年广东省农业产业综合竞争力最高排名全国仅第 8 位。2016 年，广东农产品加工转化率不足 60％，低于全国 65％水平，远低于美国 85％的水平，产业价值链整体仍处于低端环节。第二，广东农业产业组织实力不强。2017 年，广东农业龙头企业总数 3 324 家、不足全国的 3％，国家级重点农业龙头企业仅 56 家，全省 50％左右市县级龙头企业的年销售收入不到 2 000 万元；广东农民专业合作社约 4 万家，仅占全国总数（190 多万家）的 2.1％；广东家庭农场 1.33 万家，仅占全国总数（87.7 万家）的 1.1％。总体上，广东农业经营主体数量远低于山东、河南、浙江、四川、江苏等省份。第三，广东高层次农业农村人才欠缺。截至 2015 年末，全省农技推广人才中，年轻人才占比有所提高，35 岁以下占比 16％、35～45 岁农技人员占比 33％，即 45 岁以下农技推广人员占近 50％；正高、副高、中级、初级职称的比重分别是 2％、4％、17％、29％，研究生、本科、大专学历的比重分别为 9.51％、19.23％、61.82％。在广东农村的实用人才中，受过中等及以上农村职业教育的比例不足 4％，生产经营人才严重匮乏。

二、城乡居民收入差距悬殊和农村贫困仍未消除

从广东城乡居民收入差距看，2005 年被放大到 3.15∶1，2016 年仍在 2.6∶1，差距仍然较大；城市常住居民 20％最高收入组的人均可支配收入是农村居民 20％最低收入组的 7.2 倍。近年来受到农业生产成本不断升高和价格天花板的双重挤压，农民增收空间有限，同时农民的工资性

收入增长幅度不断放缓,是各地在脱贫攻坚中面临的共同难题。同时,广东还有 2 277 个省定贫困村、10 000 多个一般贫困村以及 10 多万贫困人口仍未摆脱绝对贫困,说明当前扶贫工作在政策制度上仍有继续完善的空间。

第十四章　广东农村脱贫的
工作短板

一、产业扶贫

广东省在着力培育发展特色产业，切实提高贫困群众组织化程度方面力度相对不足。在本次调研评估中，有特色产业的村以及有意愿申报产业扶贫贷款的比例不高，这是产业扶贫中的短板。在调研中还发现，部分省定贫困村和面上贫困村，对于主导产业尤其是扶贫产业的选择和后续发展缺乏统一规划以及人、财、地上的良性有效支撑。

二、金融扶贫需要进一步做大做强

广东省已经开展了普惠金融示范村等工作，取得了较好的成效，乡村金融进入了起步发展期。金融扶贫成为当前主要的扶贫方式之一。然而，当前的金融扶贫普遍存在着"贫困户不敢贷、金融机构不愿贷"的问题。金融扶贫的覆盖率低，贷款额度偏小。金融是产业的血液，实现产业兴旺，助推乡村振兴，金融是个较好的抓手，金融扶贫问题值得重视和深入研究。

三、小规模种养殖扶贫项目抗市场风险能力、持续盈利能力较差

通过送鸡苗、猪苗等方式扶持扶贫户是产业扶贫中较为常见的扶持方式，从抽查的镇村情况看，这类扶贫项目存在的问题较多。一是统计口径问题，一些地方将当年所送的猪苗、鸡苗等作为农户当年的经营性收入。而实际上，这些属于生物性资产，应该作为固定资产。二是项目的抗风险和盈利能力问题。一般来讲，这些小规模种养殖项目的抗击市场风险的能力较弱，持续盈利能力

也较弱。

四、宅基地与房屋产权问题

评估组在多地进村入户时观察到，部分地区农户危房改造时并不是在原有住宅的基础上改造，而是在原宅基地附近新建农房。这与农村"一户一宅"的国家政策，集约利用土地的相关政策是违背的。

五、产权问题

由扶贫资金投入建设的农房，在原户主逝世后的产权归属问题日益凸显。尤其是五保老人，其在世时缺乏亲友关照，逝世后亲友争夺其房产的问题日益增多。惠州的五保户安置点提供了一种较好的解决思路。但随着扶贫工作的开展，乡村振兴的开展，类似于农房、股权等的农村产权问题纠纷相信会呈现增多的趋势，需要统筹深入研究。

六、其他问题

评估组在进村入户时也发现了农村农业的诸多其他问题，如乡村人才问题、乡村党建问题、乡村营商环境提升问题、行政效率问题，等等，有待下一步深度研究。

第十五章　广东精准脱贫工作经验

一、开展第三方扶贫评估工作

根据习近平总书记对于打赢脱贫攻坚战和实施乡村振兴战略的重要指示，以及中央、国家和省委省政府关于"乡村振兴，摆脱贫困是前提"的工作要求，广东省农业科学院在精准扶贫、科技创新、现代农业产业发展、美丽乡村建设、乡村治理方面开展了大量的理论与实践研究，为省委省政府提供了相关政策决策咨询和科技支撑。党的十九大以来，省内外多个科研团队开展面向广东精准扶贫、对口帮扶扶贫的调查与绩效评估工作。如省农业科学院农业经济与农村发展研究所开展了全省扶贫项目评估，广州市对口帮扶评估林芝市农业产业科技扶贫、林芝地区电商扶贫、贫困村精准扶贫规划等方面的理论与实践研究。广东省扶贫办以招标的方式确定广东省农业科学院农业经济与农村发展研究所开展全省2017年扶贫开发成效考核第三方评估，由李伟锋所长牵头，于2018年5—6月，对全省14个扶贫任务地级市、6个帮扶地级市的扶贫成效进行了评估，共抽查14市28县56镇150村3 363户开展进村入户调研评估，评估结果得到了省扶贫领导工作小组和相关省领导的认可。总体来看，各地市委市政府均高度重视脱贫攻坚工作，认真贯彻落实省委、省政府脱贫攻坚决策部署，扎实推进脱贫攻坚各项工作。各地各级各部门扶贫工作责任落实到位，扶贫资金均足额配套并基本及时拨付到位。主要成效体现在四个方面：一是各任务市足额完成减贫任务。在全省预脱贫的有劳动力贫困户抽查样本中，没有发现人均可支配收入低于6 883元的情况（广东目前脱贫标准线）；人均可支配收入在6 883~10 000元的占54.82%；人均可支配收入在10 000~15 000元的占35.05%；人均可支配收入高于15 000元的占10.13%。可以看出，在开展减贫任务中，全省各地认真贯彻落实、抓紧推进，已达到了初步成效。二是"三保障"政策落实到位。抽查样本2 243户贫困户中，贫困人口已全部全额参加城乡居民基本医疗保险，落实子女教育生活补助户数为2 241户，完成率达99.91%。抽查完成危房改造2 237户，完成率为99.73%。三是增收帮扶有效推进。一方面，产业扶贫长效机制逐步建立，另一方面资产性收益已实现全省贫困户100％全覆盖，收益从每月数百到过千不等。据核查，在指定抽查的56条省定贫困村样本中，已建有长效农业特色产业的贫困村数为53条，完成率达94.64％。四是对口帮扶效果明显。珠海、深圳等六市的对口帮扶效果明显。在评估中发现百姓对政府扶贫成效测评满意度很高。本次参与民意测评共1 158户，其中1 120户达到满意，占96.7％。

二、推动精准扶贫开发工作的主要措施

1. 压实责任、夯实队伍

各地市在推动精准扶贫工作时，均把脱贫攻坚作为"一把手工程"，"五级书记抓扶贫"。各地各级均成立了精准扶贫工作领导小组。如肇庆成立了市级脱贫攻坚指挥部，由市委、市政府分管领导任正副总指挥。清远市委市政府成立领导小组，采取双组长制，由市委书记及市长担任，市委、市政府的分管领导担任常务副组长。各地各级党委政府扶贫专题会议召开的频率普遍较高，超过评估要求（市级半年一次，县级每季度一次，镇级每季度或者每月一次），会议内容普遍翔实丰富务实。如潮州2017年市委、市政府主要领导每月至少一次听取脱贫攻坚工作汇报或到贫困村调研指导脱贫攻坚工作。

各地市普遍重视压实扶贫责任。从台账看，市县交通、住建等职能部门普遍设立了专账，工作内容翔实清晰。各地对扶贫队伍的建设也非常重视，如惠州全市各级各部门500多个帮扶单位和7 000多名党员干部与贫困村、贫困户进行了对接挂钩帮扶，实现全市建档立卡相对贫困户帮扶责任全覆盖。

2. 加强资金使用管理

各地市普遍出台了《关于精准扶贫开发资金使用的监管办法》，切实加强财政专项资金监管和审计工作。惠州按照"项目跟着规划走，资金跟着项目走，监管跟着资金走"的原则，坚持和完善扶贫项目申报制、公示公告制、检查验收制和审计检查制，对扶贫资金的拨付、使用和落实情况实行全方位、全过程监管。在资金使用率方面，各地市采取多种措施，加快扶贫资金下拨，提高资金使用效率。

3. 组织社会力量积极参与

众人拾柴火焰高，广东省精准扶贫工作已经形成了政府主导、社会参与的良好局势。一是"万企帮万村"进展良好。恒大集团、碧桂园集团、佳兆业集

团等在省内多个地级市都有大手笔的投入。各地市也组织召开了企业帮扶的活动，如惠州组织开展"三个一百"（百局扶百村、百会扶百村、百企扶百村）活动。二是通过慈善活动助力扶贫。潮州市潮安区彩塘镇举办"扶贫济困、共襄善举"新年慈善晚会，共收到社会各界热心人士捐款 729.76 万元。

4. 因地制宜选择帮扶方式，注重实效

全省各地市在开展帮扶工作时，均做到了因地制宜选择帮扶方式，注重帮扶实效，从而形成了产业扶贫、就业扶贫、金融扶贫等多种多样的帮扶方式。

三、工作亮点

1. 五保户集中安置点——值得复制推广的新模式

针对贫困户养老问题，惠州市目前已建成 27 个五保户集中安置点，评估组在龙门县上东瑶族自治乡看到的五保户集中安置点设置有餐厅、会客大厅、娱乐厅、花园、工作人员办公室等，老人们的房间设计合理，洗手间等细节设计符合老人生活需要。安置点有四位专职工作人员。管理模式上，采取政府购买服务，公益性组织运营的方式，此模式可以大批量复制推广。采用此模式，一方面可以为农村五保户养老提供高质量解决方案；另一方面规避了农户危房改造所形成的产权难题；第三，安置点可以长久使用，提高了财政资金的使用效率。

2. 贫困户转移就业平台——农户身边的招聘会

潮州全市 45 个贫困村全部开通了"村村通就业信息网"，打造了贫困村劳务信息推送和远程招聘平台，把工作岗位直接推送到村，村民足不出村就能应聘到省内企业。惠州、汕头、汕尾等地定期组织企业到贫困村招聘，为农户转移就业提供平台式保障。

3. 造血式产业扶贫——贫困户变股东

潮州市潮安区登塘镇栖凤村成立富强种养专业合作社，26 户贫困户以参股形式投入资金 22 万元，发展蜂蜜养殖生态农业产业，帮扶贫困户实现可持续发展增收。汕头市澄海区隆都镇下北农业种养合作社与农业龙头企业、省级示范社——广东亿博云互动农业有限公司签订合作协议，建立"贫困户＋合作社＋基地＋农业公司＋电商＋新业态零售"的合作模式，将贫困户的扶贫资金变成股金，把贫困户变成股东，每年享受分红。

4. "整镇推进产业扶贫"——适度规模化的有益探索

云浮市结合实际,创新性地提出以"整镇推进产业扶贫"的形式,通过采取"六个强化"的措施和"市策划、县统筹、镇推进、村覆盖、户增收"的"五位一体"模式,谋划发展具有本地特色优势的产业扶贫项目,推进全市脱贫攻坚贫困户增收项目上新台阶。云浮市整镇推进产业扶贫有效推进,全市目前已初步形成了南药种植、发财树种植、水果种植、蔬菜种植、肉牛养殖、温氏肉鸡养殖小区、蛋鹌鹑养殖产业等普惠带动项目规模较大、效益较好、在省内有一定影响力的整镇推进扶贫产业,为贫困户稳定增收脱贫打下良好的坚实基础。

5. 为光伏扶贫项目保驾护航——确保贫困户收益

当前省内各地均有大量的光伏扶贫项目,该项目受国家对光伏发电的补贴政策影响很大。为规避不利影响,确保贫困户收益,惠州根据国家光伏发电补贴政策调整,及时出台《惠州市光伏扶贫上网电价补贴暂行办法》,保证光伏扶贫项目上网电价稳定在 0.98 元/千瓦时,确保贫困村、贫困户的光伏扶贫项目收益不降低。

6. 为本科生提供教育补助——主动补位的善举

按照当前针对贫困户的教育补助政策,贫困户子女考上大专及以下学校可以拿到生活补助和学费补助,考上本科反而无法拿到任何补贴。针对这一政策空白点,肇庆成立了冯毅助学基金,对考上本科的贫苦户子女,一次性给予10 000 元的补助。潮州市与中山市的民间爱心企业成立"中潮慈善爱心基金",对省内市外就读的本科贫困生给予每人每年 5 000 元的教育补助。

第十六章　推进精准脱贫助力乡村振兴的建议

一、探索未来扶贫顶层设计的新思路

随着农村土地承包经营权确权登记颁证工作的接近尾声，"三块地"改革试点的持续深入，农村土地"三权分置"改革的持续深化，在乡村振兴的背景下，农村社会经济发展方向存在诸多可能性。精准扶贫作为农业农村领域影响较大的重要工程，理应在上述探索中发挥重要作用。从目前趋势看，全省贫困户全部脱贫近在眼前，如何巩固成效、防止贫困户返贫，农村贫困户脱贫后扶贫工作如何开展，这些都需要统筹考虑，做好顶层设计。

二、进一步加大农业产业扶贫推进力度

全省各地皆有产业扶贫项目，但个别产业扶贫项目规模较小，建议各级职能部门要加大产业发展指导，统筹推进农业产业发展，同时加大社会力量参与产业扶贫的力度，进一步广泛发动农业龙头企业和农民合作社，联结带动贫困农户发展增收。

将广东省有扶贫任务的 14 个地市的各县镇特色农业项目优先列入优势特色农业提质增效行动计划，加大扶持力度，建设一批特色种植养殖基地和良种繁育基地。支持有条件的贫困县创办一二三产业融合发展扶贫产业园。结合广东省现代农业产业园建设（2020 年在全省各县区建设 150 个现代农业产业园，每个产业园财政投资 5 000 万元，实施主体需要以 2∶1 的方式开展社会资本筹资），组织国家级龙头企业与贫困县合作创建绿色食品、有机农产品原料标准化基地。在粤东西北地区大力实施中药材产业扶贫行动计划，鼓励中医药企业到贫困地区建设中药材基地。结合对口帮扶的资源与市场优势，多渠道拓宽农产品营销渠道，推动批发市场、电商企业、大型超市等市场主体与贫困村建立长期稳定的产销关系，支持供销、邮政及各类企业把服务网点延伸到贫困

村，推广以购代捐的扶贫模式，组织开展贫困地区农产品定向直供直销学校、医院、机关食堂和交易市场活动。加快推进"快递下乡"工程，完善贫困地区农村物流配送体系，加强特色优势农产品生产基地冷链设施建设。建立贫困户产业发展指导员制度，明确到户帮扶干部承担产业发展指导职责，帮助贫困户协调解决生产经营中的问题。鼓励各地通过政府购买服务方式向贫困户提供便利高效的农业社会化服务。实施电商扶贫，优先在贫困县建设农村电子商务服务站点。继续实施电子商务进农村综合示范项目。积极推动贫困地区农村资源变资产、资金变股金、农民变股东改革，制定实施贫困地区集体经济薄弱村发展提升计划，通过盘活集体资源、入股或参股、量化资产收益等渠道增加集体经济收入。在条件适宜地区，以贫困村村级光伏电站建设为重点，有序推进光伏扶贫。

三、全方位推进就业扶贫

以广东省发展"一核一区一带"为契机，大力实施就业扶贫行动计划。鼓励贫困地区发展生态友好型劳动密集型产业，通过岗位补贴、场租补贴、贷款支持等方式，扶持企业在贫困乡村发展一批扶贫车间，吸纳贫困家庭劳动力就近就业。推进贫困县农民工创业园建设，加大创业担保贷款、创业服务力度，推动创业带动就业。鼓励开发多种形式的公益岗位，通过以工代赈、以奖代补、劳务补助等方式，动员更多贫困群众参与小型基础设施、农村人居环境整治等项目建设，吸纳贫困家庭劳动力参与保洁、治安、护路、管水、扶残助残、养老护理等，增加劳务收入。深入推进扶贫劳务协作，加强劳务输出服务工作，在外出劳动力就业较多的城市建立服务机构，提高劳务对接的组织化程度和就业质量。在人口集中和产业发展需要的贫困地区办好一批中等职业学校（含技工学校），建设一批职业技能实习实训基地。

四、建立健全生态扶贫机制

推进生态保护扶贫行动，在有劳动能力的贫困人口中新增选聘生态护林员。加大对贫困地区天然林保护工程建设支持力度。探索天然林、集体公益林托管，推广"合作社＋管护＋贫困户"模式，吸纳贫困人口参与管护。在确保省级耕地保有量和基本农田保护任务前提下，将25°以上坡耕地、重要水源地

15°～25°坡耕地、陡坡梯田、严重污染耕地、移民搬迁撂荒耕地纳入新一轮退耕还林还草工程范围，对符合退耕政策的贫困村、贫困户实现全覆盖。深化贫困地区集体林权制度改革，鼓励贫困人口将林地经营权入股造林合作社，增加贫困人口资产性收入。完善横向生态保护补偿机制，让保护生态的贫困县、贫困村、贫困户更多受益。鼓励纳入碳排放权交易市场的重点排放单位购买贫困地区林业碳汇。

五、完善综合保障性扶贫工作

统筹各类保障措施，建立以社会保险、社会救助、社会福利制度为主体，以社会帮扶、社工助力为辅助的综合保障体系，为完全丧失劳动能力和部分丧失劳动能力且无法依靠产业就业帮扶脱贫的贫困人口提供兜底保障。鼓励各地通过互助养老、设立孝善基金等途径，创新家庭养老方式。加快建立贫困家庭"三留守"关爱服务体系，落实家庭赡养、监护照料法定义务，探索建立信息台账和定期探访制度。完善农村低保制度，健全低保对象认定方法，将完全丧失劳动能力和部分丧失劳动能力且无法依靠产业就业帮扶脱贫的贫困人口纳入低保范围。

六、持续开展扶贫绩效评估，优化考核指标体系

2018年、2020年广东省农科院农经所开展的全省范围内的扶贫评估，是广东省首次启动第三方评估机构开展评估的新模式，从省市各地反馈来看，各地普遍认可第三方评估工作，省农科院农经所通过实践，积累了丰富宝贵的改进经验。省农科院有非常明显的优势，可以结合扶贫评估与科技指导一并进行，丰富扶贫评估项目的内涵。建议向省委省政府申请以省农科院为主导单位，稳定打造一支评估队伍，可以考虑融合驻各地的分院/促进中心等力量，再加上现代农业产业专家服务团以及农业科技特派员的力量，持续改进评估工作方法，更要有针对性和系统性的摸清底数，客观评价当前扶贫的短板与优势，为后续脱贫攻坚做好科技支撑，助力广东扶贫事业走在全国前列。

近年来，全省扶贫系统雷厉风行、真抓实干，各地精准扶贫各项指标快速提升。预计再过一年，通过目前的指标体系，很难衡量出各地扶贫工作的成效差别。在乡村振兴的大背景下，扶贫工作应该会更多地从富裕转向"产业、宜

居、治理、乡风"等方面。通过产业兴旺、治理有效来保证持续稳定增收、不返贫。通过乡风建设消除农村懒汉和"等靠要"的思想。建议省扶贫办对下一步的指标开展课题研究，走在全国前列。

七、完善和深化科技扶贫机制

1. 建立健全"三规合一"新机制

2018年5月30日，广东省委省政府印发了《关于推进乡村振兴战略的实施意见》，重点对乡村振兴战略进行了目标细化解析和任务分工，省农科院在乡村振兴战略实施中肩挑重担，作为责任单位承担了《全省乡村振兴战略规划（2018—2022）》的一项重大规划，同时还承担了实施大力发展特色优势产业、实施现代农业园区建设工程、连线连片推进乡村旅游的三项重大措施。现阶段，全省各地市县级党委政府对乡村振兴规划、现代农业产业园规划实施以及乡村旅游规划等"三规"的需求迫切，因此，可以将这几个规划共同谋划，开展深度调研，充分摸清底数和发展需求，更为重要的是要将省农科院各个专业研究所的特色和特长发挥、融合进这3个规划中。例如，省农科院农经所不仅可以同时参与这3个规划，还可以帮助地方政府研究发展战略、建立乡村振兴发展大数据库、参与乡村治理体系的构建等；水稻、作物、花卉等专业所更是可以直接参与到产业园区实施、美丽乡村建设和生态宜居环境构建当中，各施其技，各展所长。

2. 探索建立"一院一所一库"新机制

广东各地各部门对乡村振兴的研究与实施正在如火如荼进行中。目前省内一些高校已经建立了关于乡村振兴战略的研究机构，如华南农业大学乡村振兴研究中心、乡村振兴研究院，省内一些"走在前列"的地方，如南雄珠玑镇、顺德黄龙村、花都红山村等，都建起了广东（××）乡村振兴讲习所，有些机构和公司也在准备构建有关乡村振兴的专项数据库，如扶贫、土地确权、产业流转等数据库。鉴于此，建议以省农科院为核心，建立乡村振兴政策研究院；以分院/促进中心为纽带，联合当地政府，共建广东（××）乡村振兴农科讲习所；综合各地扶贫数据、土地流转数据、产业数据、乡村旅游数据、新型经营主体数据、市场数据等，构建乡村振兴大数据库，即建立"一院一所一库"，基本形成广东乡村振兴战略的全产业链、全体系、全流程，集战略研究、政策咨询、科技支撑、产业发展、乡村旅游、市场供需等一体化、全程服务的模式，助力广东实现乡村振兴。

3. 探索推进"一员一团一分院"科技扶贫模式

广东省科技厅、省委农办、省扶贫办、省人力资源和社会保障厅、省住建厅、省农业农村厅6个部门印发《广东省乡村振兴科技创新行动方案》，强调要深入实施乡村振兴战略，助力脱贫攻坚，充分发挥科技创新在推进乡村振兴中的支撑引领作用。同时，结合乡村科技人才振兴，充分发挥农村科技特派员的作用。鉴于此，建议将省科技厅委托省农科院各研究所联合开展的2018—2020年农业科技特派员精准扶贫项目作为人才技术资源联合攻坚的突破口。省农科院2018年有60~70个农业科技特派员精准扶贫项目，每个项目基本上由研究所的一个研究团队承担，对应着3条不同的省定贫困村（这3条行政村分别归属于1~2个地级市2~3个县2~3个镇），每个村3~4户贫困户，即省农科院共承担着约200多条村600多户贫困户的科技扶贫或者产业扶贫任务。结合省农科院正在成立的若干个现代农业产业专家服务团和湛江、茂名、梅州、韶关等各分院（促进中心）的两大科技支撑核心力量，以粤东西北各地级市的分院为核心区或集聚区，以农业科技特派员作为对接贫困村贫困户的桥梁，以现代农业产业专家服务团作为科技扶贫的主力军，以农业科技精准扶贫项目为纽带，将三者有机结合起来。具体运作方式如下：分院和地方政府农业部门联合建立科技培训中心，以农业科技特派员通过科技精准扶贫项目，将被帮扶的贫困村贫困户对接作为培训重心，邀请院的农业产业专家服务团根据产业科技需求，多元化开展科技服务、科技成果转化转让或者技术指导等科技帮扶，还可以与产业扶贫、旅游扶贫、科技扶贫、就业扶贫有机结合。通过持续、有序的实施，既可以集中区域性的各种科技资源形成合力，也容易体现规模化的扶贫成效。

第十七章　广东对口帮扶
西部地区脱贫

　　广东省第三方评估组（省农科院农经所）于 2020 年 5 月前往广西、云南、四川、贵州 4 省区 20 个县（市/区）49 村开展实地核查工作。本次考核采取市县情况交流、基层座谈访谈、政策项目核查、入户调查核实相结合的方式开展。一是召开情况座谈会，主要听取所抽查县年度东西部扶贫协作工作开展情况及成效，与结对帮扶县（市）相关人员座谈交流。二是开展项目抽查，随机抽取 2019 年县村两级实施的财政援助资金项目、产业合作项目、劳务协作项目和携手奔小康行动项目等进行实地核查，主要核查帮扶项目谋划、实施情况和带贫益贫机制等情况。三是开展入户调查，结合政策项目核查，抽取政策项目对象户开展调查核实，重点检查政策项目群众受益情况和满意度等。

一、总体评估结果

　　经评估组实地核查评估，结果表明：东西部扶贫协作总体工作成效明显。实地走访的建档立卡户产业或务工收益较好，对广东省帮扶工作满意度高。2019 年，广东省在东西部扶贫协作工作中人才支援量多质优、资金支持力度大、劳务协作成绩突出、携手奔小康成效显著，但也存在部分问题与不足，如部分脱贫人口收入不够稳定，缺乏后续帮扶措施；社会参与帮扶的自觉性、主动性不够高，很多处于被动应付；企业参与扶贫机制多数政府动员多，市场引导少；扶贫资金的管理、使用工作存在一定的问题，资金使用不精准、个别项目资金滞留闲置、资金使用达不到预期效果，这些问题有待进一步改善。

二、进展与成效

1. 各级领导高度重视协作工作

　　东西部扶贫协作一直是广东省委省政府促进区域经济协调发展、推进产业梯度转移的一项重要工作，各级党委政府高度重视，经评估，各地各项帮扶指标有序推进。2019 年，广东省累计召开研究东西部扶贫协作专题会议 115 次，其中高层联席会议 25 次（含省委书记李希主持召开的 5 次省委常委会和省长马兴瑞主持召开的 3 次省政府常务会议）。广东到各帮扶省份调研对接共 5 469 人次（省部级 41 人次），接收四省来粤调研 3 401 人次（省部级 37 人次），召开高层联席会议 25 次，先后印发了《对标三年取得重大进展硬任务扎实推动乡村振兴的实施方案的通知》、《广东省 2019 年东西部扶贫协作工作要点》等 10 余份东西扶贫相关文件，并将广东省与桂、川、黔、滇四省区签订《2019 年东西部扶贫协作协议》分解数下达到承担帮扶任务的广州、深圳、珠海、佛山、东莞、中山、江门、湛江、茂名和肇庆市 10 个市。各市与结对帮扶的 87 个县（市、区、镇）主要领导均高度重视东西部扶贫协作工作，并按照上级下达的指标任务有序组织、着力推进。实地核查的 10 个市对口帮扶的 20 个县（区）主要领导均有主动开展调研对接，均有召开高层联席会议和研究部署扶贫协作工作的专题会议。据初步统计，20 个结对县区累计召开研究东西部扶贫协作专题会议 131 次，主动到中西部调研对接超过 76 批 1 979 人次，召开高层联席会议 71 次（表 17-1）。此外，所调研的各县、市大多根据省下达任务和自身条件大多制定了三年行动方案和 2019 年年度计划，部分市、县还出台了详细的扶贫资金使用管理条例和人才管理条例。不过，个别县还存在统计数据缺失和错报的情况，资料整理和档案管理能力还有待提升。

表 17-1　抽查各县扶贫协作组织领导情况

考核市	帮扶市	抽查县	部署推动工作（次）	调研对接	召开联席会议（次）
广州市	毕节市	赫章县	8	8 批 322 人次	5
		织金县	9	3 批 3 人次	3
	黔南州	龙里县	5	270 人次	4
		平塘县	15	4 批 29 人次	3
深圳市	百色市	田阳区	6	3 批 306 人次	2
		田林县	7	21 批 301 人次	3
	河池市	东兰县	4	3 批 36 人次	4
		巴马县	6	9 批 94 人次	7
佛山市	凉山州	越西县	11	1 批 26 人次	2
		布拖县	3	1 批 129 人次	2
		盐源县	2	1 次 9 人次	4

（续）

考核市	帮扶市	抽查县	部署推动工作（次）	调研对接	召开联席会议（次）
珠海市	怒江州	福贡县	6	4 批 36 人次	6
		泸水市	5	6 批 64 人次	7
东莞市	昭通市	镇雄县	5	5 批 70 人次	5
		昭阳区	12	5 批人数未知	5
江门市	崇左市	宁明县	6	6 批 92 人次	2
茂名市	南宁市	隆安县	2	4 批 114 人次	2
中山市	昭通市	盐津县	7	5 批 78 人次	2
肇庆市	桂林市	龙胜县	8	3 批人数未知	3
湛江市	柳州市	融水县	4	4 批人数未知	4

2. 人才交流培训工作有序推进

经评估组核查，各项指标均完成。一是按要求选派落实党政干部挂职情况。广东省计划向四省区选派党政挂职干部 265 名，实际选派 351 名。其中厅局级 10 名，县处级 126 名，其他 214 名。二是按协议选派专业技术人才情况。广东省计划向四省区选派专业技术人员 820 人次，实际选派 4 278 人次。三是开展党政干部和专业技术人才培训情况。举办党政干部培训班 316 期，培训党政干部 18 582 人次。举办专业技术人才培训班 1 577 期，培训专业技术人才 115 582 人次。经核查，评估组所到 20 个县（区/市）共选派党政挂职干部 58 人次，选派专业技术人才 658 人次，培训党政干部 3 627 人次，培训专业技术人才 24 129 人次（表 17－2）。培训均有方案、手册、花名册等证明材料。

表 17－2　实地核查县（区/市）人才支援情况

考核市	帮扶市	抽查县	党政干部选派（人次）	选派处级干部（人次）	选派科级干部（人次）	选派专业人才（人次）	选派医生（人次）	选派教师（人次）	干部培训（人次）	专业人才培训（人次）
广州市	毕节市	赫章县	3	1	2	27			107	1 260
		织金县	3	1	2	23			152	4 789
	黔南州	龙里县	3	1	2	13			118	2 437
		平塘县	3	1	2	26	21	5	131	4 600

（续）

考核市	帮扶市	抽查县	党政干部选派（人次）	选派处级干部（人次）	选派科级干部（人次）	选派专业人才（人次）	选派医生（人次）	选派教师（人次）	干部培训（人次）	专业人才培训（人次）
深圳市	百色市	田阳区	3	1	2	43	32	11	823	390
		田林县	3	2	1	33	14	7	80	975
	河池市	东兰县	2	1	1	36	15	21	204	557
		巴马县	2	1	1	9	1	8	50	852
佛山市	凉山州	越西县	3	1	2	14	6	8	102	314
		布拖县	2	1	1	2	1	1	125	3 638
		盐源县	2	1	1	25	8	17	107	1 052
珠海市	怒江州	福贡县	3	1	2	36	30	6	113	116
		泸水市	2	1	1	112	26	59	85	623
东莞市	昭通市	镇雄县	2	1	1	24			16	497
		昭阳区	4	1	3	21	12	6	747	703
江门市	崇左市	宁明县	3	1	2	43			77	40
茂名市	南宁市	隆安县	3	1	2	76	14	62	83	10
中山市	昭通市	盐津县	2	1	1	32			79	466
肇庆市	桂林市	龙胜县	4	1	3	20	2	4	42	468
湛江市	柳州市	融水县	6	1	2	43	30	10	386	342

3. 帮扶资金投入精准、使用规范

2019 年，广东省持续加大东西部扶贫资金的投入力度，资金支持精准到位。经评估组核查，各项指标全部完成。

一是在财政援助资金方面，2019 年，广东省实际拨付 4 省区财政援助资金 50.93 亿元，年度增长 30%，比协议数 37.2 亿元增加 13.73 亿元，县均 5 476 万元，县均财政援助资金居全国前列。

调研评估中发现，各被帮扶地市的贫困县援助资金数额都较上一年有较大增长、援助资金年度使用情况基本完成，资金使用完成率大部分在 90% 以上。继续加大对深度贫困地区的财政援助资金投入，重点向"三区三州"、大凉山州等深度贫困地区倾斜，调研评估发现（表 17-3），经核查珠海市帮扶怒江州其中的 2 个贫困县拨付援助资金是 1.137 2 亿元、平均资金使用完成率为 95.75%。佛山市帮扶的凉山州 3 个贫困县拨付援助资金是 1.778 5 亿元、平均资金使用完成率为 93.73%。深圳市帮扶的广西深度贫困地区河池、百色市的 4 个贫困县拨付援助资金是 2.343 4 亿元、平均资金使用完成率为 97.22%。东莞市帮扶的昭通市 2 个贫困县拨付援助资金是 0.859 亿元、平均资金使用完成率为 96.59%。经核查，中山市帮扶昭通市盐津县所拨付的援助资金是 0.462 8 亿元、资金使用完成率为 89.2%。

二是在社会帮扶资金方面，2019 年广东省广泛发动各方社会力量助力东西部扶贫协作，全年共募集社会帮扶资金 31.47 亿元（含捐物折款 2.62 亿元），为东部省份最多的省份，其中：帮扶广西 3.884 亿元，帮扶四川凉山、甘孜 4.695 亿元，帮扶贵州毕节、黔南 21.51 亿元，帮扶昭通 1.994 3 亿元。

调研评估中发现，东莞市、中山市、珠海市对口帮扶的贫困县社会捐赠资金最多，其中东莞市对口帮扶昭通市镇雄县、昭阳区的社会捐赠资金为 1.789 9 亿元；中山市对口帮扶昭通市盐津县的社会捐赠资金为 0.221 56 亿元；珠海市对口帮扶泸水市、福贡县的社会捐赠资金为 0.424 8 亿元；评估中经核查，泸水市、福贡县、镇雄县、昭阳区、盐津县、龙胜县、融水县等投入的社会扶贫资金都能提供社会资金凭证和拨付、接收证明（表 17 - 3）。

表 17 - 3　实地核查县（区/市）资金帮扶情况

对口帮扶地级市	抽查县	援助资金（亿元）	援助资金使用（亿元）	资金使用完成率	社会捐赠（亿元）
广州	赫章县	0.692 59	0.692 59	100%	0.123 540 83
	织金县	0.517 479	0.427 520 45	82.61%	0.23
	龙里县	0.140 106 5	0.134 285	95.84%	0.030 186
	平塘县	0.58	0.58	100%	0.028 964 4
深圳	田阳区	0.468 4	0.467 8	99.89%	0.102 6
	田林县	0.615 6	0.610 5	99.17%	0.154 6
	东兰县	0.660 3	0.618 9	93.72%	0.205 8
	巴马县	0.599 1	0.575 6	96.08%	0.103 9
佛山	越西县	0.652 6	0.528 1	90.83%	0.071 2
	布拖县	0.581 9	0.560 6	96.00%	0.064 0
	盐源县	0.544 0	0.513 3	94.36%	0.045 6
珠海	福贡县	0.534 5	0.521 7	97.60%	0.202 2
	泸水市	0.602 7	0.565 9	93.90%	0.222 6

（续）

对口帮扶 地级市	抽查县	援助资金 （亿元）	援助资金使用 （亿元）	资金使用 完成率	社会捐赠 （亿元）
东莞	镇雄县	0.434	0.434	100%	1.109 998 4
	昭阳区	0.425	0.396	93.18%	0.68
江门	宁明县	0.431 7	0.416 4	96.50%	0.012 3
茂名	隆安县	0.391 7	0.391 7	100%	0.015 9
中山	盐津县	0.462 8	0.412 61	89.20%	0.221 56
肇庆	龙胜县	0.349 3	0.349 3	100%	0.022 5
湛江	融水县	0.416	0.414	99.52%	0.017

4. 产业供销合作顺利开展

经评估组核查，各项指标均完成。一是引导企业参加扶贫情况。广东省引导到四省开展扶贫企业数 491 家，粤桂合作特别试验区入驻重点企业 376 家，经核查，引导到广西投资企业 281 家、四川省 61 家、贵州省 55 家、云南省 94 家，各核查县区可提供相应佐证材料。二是引导企业投资情况。引导企业投资额 212.01 亿元，其中，粤桂合作特别试验区引导企业入驻资金 331 亿元，签约项目达 202 个，可提供相关佐证材料。三是带动贫困人口情况。吸纳贫困人口就业 44.85 万人，根据相关汇报材料，其中，入园企业吸纳贫困人口就业 13 447 人，抽查相关县提供了带贫名单。四是开展消费扶贫情况。广东省采购、消费四省特色农产品金额为 224.5 亿元。根据抽查县提供的汇报材料，广东省等地区采购、销售广西特色农产品 196 亿元、四川省 5.92 亿元、贵州省 17.6 亿元、云南省 4.98 亿元。抽查的县区均能提供带贫名单及物流运费佐证材料。实地核查县（区/市）产业合作情况见表 17-4。

表 17-4　实地核查县（区/市）产业合作情况

对口帮扶地级市	抽查县	企业帮扶投资 （家）	实际投资额 （亿元）	企业吸纳贫困 人口就业（人）
广州	赫章县	5	0.818	139
	织金县	4	0.420 909 44	30
	龙里县	3	14.545 076	214
	平塘县	5	0.572 386	862

（续）

对口帮扶地级市	抽查县	企业帮扶投资（家）	实际投资额（亿元）	企业吸纳贫困人口就业（人）
深圳	田阳区	12	2.46	2 819
	田林县	8	2.39	2 234
	东兰县	5	2.352 84	286
	巴马县	5	7.6	1 192
佛山	越西县	2	0.007 3	8
	布拖县	1	0.052 6	736
	盐源县	1	0.445 1	16
珠海	福贡县	1	0.197 2	5 427
	泸水市	2	0.064	148
东莞	镇雄县	12	1.451 914	205
	昭阳区	12	7.442 973 3	1 443
江门	宁明县	11	0.639 7	139
茂名	隆安县	4	2.627 5	235
中山	盐津县	3	0.377 4	35
肇庆	龙胜县	2	0.16	76
湛江	融水县	5	0.164 3	400
合计		103	44.789 198 7	16 644

5. 带动就业上岗稳岗工作持续推进

经评估组实地核查，所抽查县（市、区）在劳务协作方面的各项指标任务均全部完成。2019 年以来，针对东西部劳务协作协议任务，广东建立了多层次多维度的劳务协作激励政策体系，并在推动东西部劳务协作中发挥了重要作用。据相关资料显示，各地市的扶贫工作小组在被帮扶地区积极开展各类就业培训，累计超过 2 000 场，培训贫困户接近 13 万人次，有效提升了贫困人口的就业技能，实现西部地区贫困人口到广东就业 13 万余人，就近就业约 25 万人，到其他地区就业约 5 万人。各地市在劳务协作方面的投入力度相当大，从本次评估组所抽查的 20 个县来看（表 17-5），各县（市、区）均出台了相应的稳定就业政策，评估组现场查阅了《关于印发花都区毕节市织金县、黔西县贫困劳动力劳务输出对接就业政策扶持方案》、《镇雄县人力资源和社会保障局关于落实 2019 年广东扶贫协作项目的实施方案》等 20 多个文件，并在对当地贫困户的访谈中也着重了解到了相关政策的实施情况，均得到有效落实的反馈。从核查指标的情况来看，根据统计数据显示，本次抽查的 20 个县（区）吸纳贫困人口就业数达到了 61 450 人，平均每个县有 3 000 多人，除佛山、珠海、江门对口帮扶的个别县外，大部分均在 500 人以上。另外，各县（市、区）累计开展就业培训班 334 期，其中广州、深圳、中山的部分对口县（区）超过了 30 期。20 个县（市、区）累计举办招聘会 138 场，除了佛山对口的布拖县没提供证明材料外，大部分县（市、区）举办招聘会均在 3 场及以上，其中，东莞对口的昭阳区、茂名对口的隆安县达 35 场。

表 17-5　实地核查县（区/市）劳务协作情况

考核市	抽查县	开展就业服务（期）	吸纳贫困人口就业（人）	举办招聘会场数（场）
广州	赫章县	31	1 100	3
	织金县	19	2 558	3
	龙里县	13	975	2
	平塘县	28	1 595	2
深圳	田阳区	36	2 198	3
	田林县	6	2 044	3
	东兰县	13	1 713	15
	巴马县	34	539	4
佛山	越西县	28	770	8
	布拖县	6	4 344	没提供
	盐源县	3	103	2
珠海	福贡县	4	440	4
	泸水市	29	598	2
东莞	镇雄县	4	4 344	5
	昭阳区	4	28 561	35
江门	宁明县	6	469	2
茂名	隆安县	7	3 749	35
中山	盐津县	52	1 340	5
肇庆	龙胜县	5	827	4
湛江	融水县	6	3 183	1
	合计	334	61 450	138

6. 镇村企结对帮扶携手奔康

经现场考察和资料查阅，调研对接、帮扶结对、贫困村创业致富带头人培训等有会议纪要、帮扶计划、结对协议等相关证明材料。一是东部县（市、区）党委和政府主要负责同志到贫困县调研对接情况。据自评报告，广东省10个市相关领导均到结对帮扶市、区县进行了走访，已完成到贫困县调研对接任务的东部区县87个，县级负责同志到结对县调研对接1 321人次；已完成到东部结对县调研任务的贫困县数93个，县级负责同志到结对县调研810人次。抽查的20个县区中，与其对口的市县党委和政府领导均落实了调研对接，制订了帮扶计划。二是东部经济强镇、村、企业以及学校、医院与扶贫协作地区乡、贫困村和学校、医院对接帮扶情况。2019年，东部293个经济强镇帮扶中西部342个贫困乡镇，895个强村（社区）帮扶1 033个贫困村，1 696家企业帮扶1 823个贫困村，253个社会组织帮扶361个贫困村，1 084家学校结对帮扶中西部学校1 186家，420家医院结对帮扶中西部741家医院。所抽查的20个县区均组织了县县、镇镇、村村、企村、学校、医院签约结对，在社会组织与村结对方面除龙里县外，其余19个县均有开展。三是贫困村创业致富带头人培训方面，据广东省自评报告，共培训贫困村创业致富带头人10 714人次，创业成功3 436人，带动贫困人口66 784人。所抽查的20个县区共培训创业致富带头人2 905人次，都有培训佐证材料。

表17-6 实地核查县（区/市）携手奔康情况

考核市	抽查县	工作对接（次）	经济强镇（街）与贫困镇结对情况	经济强村与贫困村结对情况	帮扶方企业与贫困村结对情况	社会组织与贫困村结对情况	创业致富带头人培训（人次）	学校结对情况	医院结对情况
广州	赫章县	1	6镇结对3镇	7村（社）结对7村	71企业对89村	9社会组织结对21村	67	75学校结对78学校	15医院结对29医院
	织金县	1	5镇结对5镇	5村（社）结对5村	72企业对115村	1社会组织对1村	19	8学校结对8学校	20医院结对36医院
	龙里县	1	1镇结对1镇	1村（社）结对4村	4企业结对18村	无	236	20学校结对20学校	7医院结对18医院
	平塘县	1	9镇结对7镇	1村（社）结对1村	6企业对6村	13社会组织结对17村	220	32学校结对29学校	11医院对21医院

（续）

考核市	抽查县	工作对接（次）	经济强镇（街）与贫困镇结对情况	经济强村与贫困村结对情况	帮扶方企业与贫困村结对情况	社会组织与贫困村结对情况	创业致富带头人培训（人次）	学校结对情况	医院结对情况
深圳	田阳区	1	4镇结对4镇	16村（社）结对16村	13企业结对13村	3社会组织结对5村	221	16学校结对17学校	3医院结对4医院
	田林县	1	6镇结对6镇	31村（社）结对51村	9企业结对12村	2社会组织结对2村	511	4学校结对4学校	2医院结对2医院
	东兰县	1	6镇结对14镇	29村（社）结对25村	18企业结对23村	5社会组织结对5村	161	2学校结对2学校	1医院结对15医院
	巴马县	1	3镇结对3镇	6村（社）结对6村	22企业结对22村	4社会组织结对4村	71	10学校结对10学校	3医院结对3医院
佛山	越西县	1	3镇结对3镇	2村（社）结对2村	23企业结对23村	1社会组织结对1村	100	2学校结对2学校	1医院结对1医院
	布拖县	1	3镇结对3镇	1村（社）结对1村	16企业结对22村	2社会组织结对2村	102	3学校结对3学校	1医院结对2医院
	盐源县	1	3镇结对3镇	1村（社）结对1村	23企业结对23村	1社会组织结对1村	100	7学校结对7学校	2医院结对3医院
珠海	福贡县	1	6镇结对7乡	2村（社）结对2村	35企业结对35村	10社会组织结对10村	20	13学校结对13学校	9医院结对6医院
	泸水市	1	4街道结对4乡镇	3社区结对3个易地搬迁安置社区	56企业结对55村	2社会组织结对2村	26	19学校结对18学校	4医院结对3医院
东莞	镇雄县	1	4镇结对9镇	14村（社）结对12村	48企业结对24村	8社会组织结对8村	300	5学校结对2学校	4医院结对1医院
	昭阳区	3	3镇结对7镇	7村（社）结对6村	7企业结对6村	20社会组织结对20村	100	3学校结对2学校	2医院结对2医院
江门	宁明县	4	2镇结对2镇	2村（社）结对2村	3企业结对3村	1社会组织结对1村	40	3学校结对2学校	1医院结对1医院
茂名	隆安县	6	1镇结对1镇	1村（社）结对1村	1企业结对1村	1社会组织结对1村	52	4学校结对4学校	6医院结对7医院

（续）

考核市	抽查县	工作对接（次）	经济强镇（街）与贫困镇结对情况	经济强村与贫困村结对情况	帮扶方企业与贫困村结对情况	社会组织与贫困村结对情况	创业致富带头人培训（人次）	学校结对情况	医院结对情况
中山	盐津县	6	1镇结对1镇	13村（社）结对13村	20企业结对18村	6社会组织结对10村	213	11学校结对11学校	3医院结对3医院
肇庆	龙胜县	8	10镇结对10镇	10村结对10村	31企业结对31村	2社会组织结对2村	253	4学校结对4学校	2医院结对2医院
湛江	融水县	10	6镇结对6镇	6村结对6村	1企业结对1村	1社会组织结对1村	93	16学校结对16学校	3医院结对2医院

7. 创新工作情况

（1）聚焦深度贫困地区、贫困人口以及边境地区解决贫困户"两不愁三保障"问题。精准投入实施一批农村危旧房改造、农村饮水安全、贫困乡村或易地扶贫搬迁点学校（教学点）、卫生院（室）、边境基础设施建设以及贫困户产业扶持等项目。2019年，共向广西拨付财政帮扶资金17.76亿元，比2018年增加了6.84亿元，同比增长62.66%，县均拨付额度从3 300多万元提高到5 383万元，计划实施扶贫项目681个，带动贫困人口20.186 9万人，带动贫困残疾人12 940人，资助贫困学生5 628人。其中：向20个深度贫困地区倾斜投入帮扶资金13.9亿元，投入道路、住房安全和安全饮水等基础设施建设4.9亿元，占投入帮扶资金的27.6%，投入教育医疗（含校舍、卫生室等）建设6.2亿元，占投入帮扶资金的34.9%。

（2）城乡建设用地增减挂钩节余指标跨省域调剂任务完成情况。2019年广东省完成用地调剂指标3.51万亩，比国家下达的2.51万亩任务多1万亩，向西部省份拨付资金总额214.5亿元，相当于全国东西部扶贫协作东部九省（市）帮扶西部财政援助资金的总和，超额完成50亿元，为西部地区如期打赢脱贫攻坚战提供了强有力的支持。

（3）关注特殊群体，多措并举开展残疾人帮扶。2019年，广东省与桂、川、黔、滇四省区签订《残疾人扶贫协作协议》，明确在开展残疾人事业干部交流、残疾人事业干部培训、残疾人就业培训、残疾人转移就业、残疾人康复服务、发动社会力量参与帮扶、资金支持7个方面进行帮扶。2019年以来，广东省共带动20 218名贫困残疾人。深圳市残友集团、碧桂园集团与田东县携手开展"阿里巴巴云客服"残疾人就业创业培训项目,创新开展"政府＋企业＋个人"的精准助残模式,凝聚扶贫助残合力,2019年已举办三期残疾人培训班、培训残疾人90人,有61人考试合格取得上岗资格,其中建档立卡贫困人口25人。

(4)做强消费扶贫,助力贫困人口增收脱贫。广东省坚决贯彻《国务院办公厅关于深入开展消费扶贫助力打赢脱贫攻坚战的指导意见》的精神,利用粤港澳大湾区巨大消费市场依托广东省市场优势,做大做强消费扶贫,不断完善产销渠道,建设广东东西部扶贫协作产品交易市场,实施粤港澳大湾区"菜篮子"工程,在商场、社区设立专柜、专区,开展"以购代捐"、"以买代帮"活动,充分利用中国社会扶贫网、互联网＋5G消费扶贫等线上平台,形成"人人皆能为、人人皆可为、人人皆愿为"的良好氛围,把消费扶贫打造成产业扶贫的"升级版"。2019年,实施粤港澳大湾区"菜篮子"工程,在全国15个省区市及香港特别行政区共认定"菜篮子"生产基地了517个,广东省帮扶的桂、川、黔、滇四省区共有40个生产基地(广西壮族自治区8个、四川省3个、贵州省21个、云南省8个),推动贫困地区农产品融入大湾区市场,以稳定消费带动贫困人口增收。广州市在江南果菜批发市场免费开设"黔货出山、风行天下"销售专区,2019年帮助毕节市、黔南州销售农产品超过17亿元。深圳市采取政府补贴方式,在海吉星农产品批发市场安排5个场地,通过举办"全国消费扶贫活动(深圳站)"、建设贫困地区农产品消费扶贫中心、中国农民丰收节"等活动和中国社会扶贫网、广东移动岭南优品、东西优选网等线上平台,采购销售河池、百色市特色农产品金额达8.42亿元,带动贫困人口85 564人。珠海市建设了占地3 500平方米的星园扶贫市场,引进对口帮扶地区35家龙头企业进场经营,集中展销扶贫地区特优农产品。佛山市强力推进扶贫公益性平台建设,依托年交易量超220万吨、年交易额超200亿元人民币的中南市场,在粤桂黔农产品流通中心建设首期面积达1.5万平方米扶贫产品营销平台,扶贫产品进驻一律实行"四免",即免入场费、免场租费、免管理费、免办公场地费。

三、典型经验与做法

1. 探索"非贫困户特殊困难家庭"安全住房保障深化易地扶贫

2019年,广东佛山市投入财政援助资金7 884万元,在对口帮扶的四川凉山州 6 个贫困县援建 7 个安全住房建设项目 4 890 套住房，共为 16 058 名"非贫困户特殊困难家庭"困难群众解决安全住房问题。2020 年 5 月 19 日，第二阶段第四考核组在四川省凉山州越西县大屯乡开展实地核查，大屯乡大营盘村有 8 户不属于建档立卡贫困户的麻风病老人，其因病患导致身体有不同程度残疾进而失去生活能力与基本保障，且均无子女后人，被列入当地非贫困户的特别困难户。2019 年，佛山市投入财政援助资金 60 万元，为大营盘村该 8 位老人建设安全住房大院，每户住房 25 平方米，解决了该类非贫困户的特别困难群体的安全住房问题。在凉山州布拖、盐源县，佛山扶贫协作工作组也积极开拓思维，针对性开展"非贫困户特殊困难家庭"的安全住房建设。此项帮扶举动是 2018 年中央经济工作会议习近平总书记发表"研究解决那些收入水平略高于建档立卡贫困户缺乏政策支持等新问题"的重要讲话的鲜明体现与实际应用。

2. 拓宽"返贫保险"，筑牢返贫"保护网"

2019 年，广州市各区在结对帮扶贵州省各县，在平塘县与平安保险联合开发了"返贫保险"，按照"政府主导，政企合作，贫困户受益"原则，由政府统一安排专项资金按照每人每年 15.95 元的标准，出资 1 548 059.15 元为已脱贫的 23 062 户 97 431 人建档立卡贫困群众购买返贫责任险，保险总金额达 46 124 万元，按照保险协议，脱贫贫困户在遭遇意外、自然灾害、失业、大病或教育重大经济负担时，可获得一次性 2 万元经济赔付。目前已实现全县脱贫人口返贫责任保险全覆盖。返贫保险结合医疗保险、大病救助、教育补助、住房保障及其他兜底保障，通过层层防护防止脱贫户因灾遇困后返贫。

3. 结合各地优势产业多维度推进产业扶贫

一是立足"深巴试验区"，打造健康产业合作典范。深圳、河池两地依托河池市巴马瑶族自治县良好的生态长寿资源，结合深圳健康产业发展等优势，紧抓粤港澳大湾区上升为国家战略的历史机遇，启动深圳巴马大健康合作特别试验区建设。深巴试验区围绕健康食品、健康服务、健康科技三个核心业态，着重发展天然饮用水、长寿食品、健康医养、精品体育、会议会展、生物科技、特色医药七大产业领域，力争将"深巴试验区"建成国家级大健康综合改革试验区、东西部产业合作示范区，打造产业发展合作样板，形成区域经济协同发展新增长极。目前，"深巴试验区"已上升为粤桂共同推进的东西部扶贫协作重点项目。二是小资金撬动旅游大资源，促进旅游扶贫见成效。广东省廉江市结合柳州市融水县丰富的旅游资源和少数民族特色，投入广东帮扶财政资金150万元（其中2019年投入50万元）建设"梦呜苗寨"苗族文化体验园。打造实景剧《苗魅》。用的苗族吊脚楼都是山区贫困户的旧房子，演员是随房子一起迁入景区的贫困群众及易地扶贫搬迁农户，共150多人。贫困户在景区里从事节目表演、景区维护等工作就业，并以自家房子作为资产入股获得收益。通过旅游扶贫模式创新，帮助贫困户转化为既是"生产者"、又是演员，还是股东。2019年全县接待国内游客676万人次，增长35%；实现旅游总收入76亿元，增长46%。三是全产业链布局，多层次多方位带贫共发展。广东佛山市对口帮扶的四川凉山州的部分县资源禀赋好，苹果、高山蔬菜等产业有悠久的种植历史，但生产管理比较粗放、销售渠道比较闭塞、发展模式比较初级。2020年5月18—19日，第二阶段第四考核组在凉山州越西县大瑞镇、大屯乡、四甘普乡实地调研佛山南海—凉山越西现代农业（苹果）融合发展示范园区项目。佛山南海—凉山越西现代农业融合发展示范园区由佛山南海与凉山越西共同建设，项目立足越西特色优势产业，结合历史文化，重点打造苹果、生态养牛、高山蔬菜三大产业招牌，发展成集生产示范、科技展示、科普教育、农事体验、休闲观光为一体的"3＋N"式综合性现代农业产业园区。现代农业（苹果）融合发展示范园区以全产业链视角、梯度布局、多维度带贫等方式开展建设：位于大瑞镇的3 200亩佛山南海—凉山越西苹果产业脱贫奔康示范基地投资1 463.6万元，主种高品质矮化密植苹果，辅以水肥一体化与5G智慧果园管理技术，参与种植管理、保鲜贮藏、精深加工、物流贸易、文化旅游环节，提供稳定就业岗位50个，临时劳动力200余人，示范带动效应初步显现，2019年通过州级现代农（林）业园区考核验收，获得省级现代农（林）业园区考核验收资格；位于大屯乡2 300亩优质山地苹果基地投入400万元，参与育种栽培、种植管理、物流贸易环节；位于四甘普乡的500亩苹果产业园区投入500万元，发动周边贫困村户集约流转土地、集中种植管护，参与种植与物流环节。2019年，佛山共投入财政资金8 608万元，共建产业园区20个，引导入住园区企业22家，企业实际投资额2.26亿元，入园企业共吸纳457名贫困人口就业，有效做到发展一个产业、振兴一方经济、带动一方群众。

4. 深化"融湾模式"，借力推动消费扶贫

一是打通"融湾入珠"通道，大力推进消费扶贫。广州在毕节、黔南累计建设11个"菜篮子"基地。2019年9月27日，两地配送中心产品举行了首发仪式，先后销售毕节、黔南农特产品5 000多吨。在本次考核中了解到，消费扶贫已经成为各区（县）结对帮扶的重要抓手。在龙里县，创新"五推进五落实"消费扶贫新模式，抓好"领导责任担当、建设销售平台、农特产品甄选、高效物流方式、创新运作模式"五个环节，协调推进"宣传推介、黔货口碑、创新模式、产业效能、双驱运营"五个方面，在南沙区免费为龙里县提供4个农特产品专营创新构建"南沙区·龙里县两地政府主导、民营公司营销、龙里县域6家企业参与、龙里县众多贫困群众受益"的"2＋1＋6＋N"协作模式，扎实推动龙里县农特产品走进"大湾区"，累计销售刺梨、中药材、蔬菜等龙里农特产品9 702.2万元。在平塘县，原有的"校农结合"模式已创新升级为"乡厂校店"模式，先后建成黔南师院平塘"校农结合"农产品销售旗舰店，建成"乡厂"18家，有9家入驻电商平台，开办"校店"15家，实现"线上订单、线下配送"的全方位多渠道升级，促进产业向规模化、标准化、市场化发展。目前，农产品销售达8 403.82万元，累计带动10 667户建档立卡贫困户发展生产，实现户均增收6 000元以上。二是多渠道多角度拓展，消费扶贫再上台阶。佛山市于2019年8月13日在广东省率先出台《关于运用政府采购政策助推消费扶贫工作的通知》（佛扶办〔2019〕28号），鼓励佛山市机关、事业单位等各级财政预算部门采购凉山农特产品，并要求"确定并预留本部门各预算单位食堂采购农副产品总额的不低于20％的比例定向采购贫困地区的农副产品"。2020年5月21—22日，第二阶段第四考核组在凉山州盐源县实地调研消费扶贫工作。佛山市三水区引导佛山落地企业凉山有田友地农业科技有限公司投资经营土公铺、卫城、梅雨、花鱼塘4个"沿途农特"旅游服务站，线下经营的同时，积极开展线上电商销售，带动网上消费扶贫与休闲旅游，2019年累计销售大凉山扶贫礼包130多万元、大凉山农特产品140万元。远在佛山，大凉山特色农产品展销中心（三水直营店）、大凉山特色农产品展销配送中心（三水体验馆）落户开店，为广东人民在家门口直接进行选购体验提供机会，助力消费扶贫再升级。2019年，佛山共帮助凉山贫困群众销售1.28亿元农特产品，带动4 279人脱贫增收。

5. 联合"子母车间"，创新就业扶贫新模式

子母车间共建、示范辐射带动。子母扶贫车间是深圳市龙华区帮扶广西东兰县的创新模式，即"1＋13N＋2"模式，"1"为"母"，即"扶贫大车间"——东兰龙华高科技产业园；"13N"为13个乡镇扶贫车间和149个村（社区）"扶贫子车间"；"2"为"子母扶贫车间"配套的2个项目，建设1个职业技术学院促进"工学"有机结合，建设1个东兰龙华技能培训中心。该模式是全广西唯一入选《中国向贫困宣战》纪录片拍摄的粤桂扶贫协作成效。通过送车间到村、送岗位到户、送技能到人，让贫困户就近工作，形成县、乡、村的扶贫车间系统和技能培训全链条帮扶体系。

6. 立足"扶贫先扶志"，扎实推进教育扶贫

将圆梦足球踢进山区校园。为推动校园足球普及偏远乡镇学校，进一步深化珠海·怒江教育教学和校园足球建设的对口帮扶，加大青少年校园足球发展，推进素质教育，落实立德树人任务，实现培养全面发展人才和探索学校体育教育教学改革的目标。珠海帮扶工作队组织，由中国足球宿将谢育新牵头，与珠海市湾仔小学一起，和云南省泸水市格力小学签订三方协议，根据泸水市格力小学实际情况与需求，华南虎足球俱乐部具体指导全校的足球课和足球队训练，联合开展校园足球帮扶工作，并选派青训队专业足球教练，提供足球训练器材及服装，组建校园男子、女子足球队。通过训练学习，提高了孩子们对于足球的热爱，培养了他们的集体主义精神和团队凝聚力。进一步丰富了学生的业余生活，提高了学生的学习兴趣，有效地解决学生失学辍学的问题。目前，该校无一失辍学生，学生素质教育明显提高。

第十八章　东西部对口帮扶工作建议

全面贯彻党的十九大和十九届二中、三中、四中、五中全会精神，以习近平新时代中国特色社会主义思想为指导，以《中共中央　国务院关于打赢脱贫攻坚战三年行动的指导意见》和《中共广东省委　省政府关于打赢脱贫攻坚战三年行动的实施方案》为指引，充分发挥政治优势和制度优势，坚持精准扶贫精准脱贫基本方略，坚持中央统筹、省负总责、市县抓落实的工作机制，坚持大扶贫工作格局，坚持脱贫攻坚目标和现行扶贫标准，聚焦深度贫困地区和特殊贫困群体，突出问题导向，优化政策供给，下足绣花功夫，着力激发贫困人口内生动力，着力夯实贫困人口稳定脱贫基础，着力加强扶贫领域作风建设，切实提高贫困人口获得感，确保到 2020 年贫困地区和贫困群众同全国一道进入全面小康社会，为实施乡村振兴战略打好基础。同时，为探索脱贫与乡村振兴有效衔接的长效机制做好理论、政策与实践的充分准备。

以习近平总书记关于"三农"工作论述和脱贫攻坚、东西部扶贫协作重要讲话和指示精神为指导，贯彻落实习近平总书记在全国两会上的重要讲话精神以及 2020 年 3 月 6 日在决战决胜脱贫攻坚会议上作出的重要指示，结合本次第三方评估工作核查情况，提出如下意见建议：

一、以新发展理念强化产业合作、筑牢阻止返贫根基

结合被帮扶地自然条件、资源禀赋和产业发展现状，在注重发挥当地优势产业和特色资源基础上，制定产业合作发展规划，同时考虑与当地乡村振兴规划相衔接，因地制宜、合理有序引进相关企业，提高产业发展质量和可持续性，以提高贫困户持续增收，防止返贫。

二、以问题导向提高转移就业稳岗率

建议广东和对口帮扶省区加强对制约转移就业稳岗的各类因素进行深入研

究，对贫困劳动力劳动技能培训进一步加强，对已有优惠补助政策进一步完善，对企业带贫主动性进一步激发，以切实提升就业服务水平与就业稳定性。

三、探索贯穿供应链、管理链、需求链的东西部消费扶贫长效机制

一是优化贫困地区农业产业的供应链和管理链建设。综合依据不同区域农产品产地的资源禀赋与要素配置，以市场消费需求为导向，通过农业产业示范园建设带动、村企产业结对、产业协作基地建设、县级农旅公司产业投资带动、订单农业等方式，采用政企协作模式，因地制宜鼓励和支持东部企业开展特色智慧农业产业基地、冷链物流中心、农产品集散交易中心等供应链全环节建设。西部贫困地区可借鉴深圳对口帮扶广西百色、河池经验，以深圳地区有资质的农产品质量管理企业牵头，选取若干示范农业产业基地，开展从品种、生产管理、采摘、品牌建设到流通溯源的一体化农产品质量管理链。

二是探索多元化的线上线下消费扶贫机制。发展线上电商经济＋线下消费扶贫实体店。在调研评估中发现，当地企业和干部对东西部扶贫协作市场带来的消费利好是持肯定态度的，但部分地区优特农产品受品牌、包装、宣传、交通物流等方面的制约收效不是很显著，可通过直播经济、网红带货、线上商城、西部优特农产品线上线下专营店等方式，促进当地扶贫农产品的销售。借助优质生态农产品和当地"绿水青山"的优美生态环境拉动旅游消费扶贫。

四、创新东部社会力量帮扶的长效机制

一是多渠道的获取社会捐赠资金。积极做好东西部扶贫协作宣传工作，通过网络信息平台、社会公益性活动等渠道获取捐款捐物，结合消费扶贫、"网红"经济等，深化"以购代捐"的帮扶模式。二是继续联动社会组织参与。出台优惠政策或适当给予补贴，有针对性地引导与鼓励东部社会组织积极响应东西部结对帮扶，让更多有社会责任、有帮扶能力的社会组织参与到结对帮扶行列中。三是引导社会帮扶纵深推进。充分发挥社会组织各自资金、技术、管理等资源优势，立足精准化、满足个性化，在公益性岗位开发、人居环境改善、贫困残疾人救助、捐资助学等方面，显现出社会组织帮扶的独特效果。

五、需要创新东西部扶贫协作与乡村振兴有效衔接的制度设计

一是要理清思路，进一步完善扶贫工作体系。脱贫攻坚的主战场在乡村，但扶贫绝不单单是农村的事。统筹设计扶贫体系，形成以扶贫开发为统揽，突破性调整农村产业结构，提高农民进入市场的组织化程度，拓宽社会扶贫渠道的整体框架，真正把扶贫工作纳入经济建设全局中。

二是要因势利导，进一步提高扶贫工作的精准度。扶贫项目安排和资金使用都要因户施策，因人施策，扶到点上、根上。同时，作出决策前要科学论证，民主决策，扎实做好项目前期的可行性研究，对项目可行性、发展前景、风险及后续收益、带动贫困户脱贫效果等情况全面深入的考察调研，并广泛听取专家、基层干部、群众等方方面面的意见建议，从而增强决策的科学性，提高资金使用效益。

三是要实事求是，进一步遵循市场经济运行规律。扶贫工作不能一味强调行政命令，必须依靠市场主体，以扶持政策支持市场主体，靠市场主体联结市场和贫困户，发动和组织贫困户跟着市场主体干，引导和推动金融机构，围绕市场主体转，才能走出一条经得起实践检验的产业扶贫之路。

六、要建立与市场经济相匹配的扶贫协作长效机制

一是建立产业扶贫长效机制。围绕当地特色主导产业，完善利益联结机制，引导贫困户积极参与产业帮扶项目，促成一批带贫益贫效果好的产业项目落地落户。根据当地自然条件和资源禀赋，大力发展特色农业产业，拓宽农产品加工渠道，引导当地企业、合作社与广东市场开展产销对接，推进消费扶贫，带动贫困群众增收脱贫。引导企业结合当地优势，因地制宜，发展贫困人口参与度高、带贫益贫效果好的具有特色的种养殖和旅游产业。加强旅游合作，将桂、川、黔、滇旅游资源富集优势与广东省巨大的旅游消费群体相结合，打造一批特色景点、精品旅游线路、网红民宿等。

二是做强消费扶贫。继续建好用好广东东西部扶贫协作产品交易市场，引导更多来自贫困地区的产品进入交易市场，积极在交易市场举办各类博览会、展销会、推介会等活动，加强线上平台的建设，尝试农民网红直播代购，推动

线上线下、展示展销同步协同发力，进一步推动消费扶贫。

七、需要扶志扶智双管齐下，激发脱贫内生动力

一是要激活贫困群众的积极性和主动性。应当杜绝"输血式"扶贫，需要多出点子而不是多发票子。更加注重公平因素，完善机制，精准识别，确保扶贫资源落到刀刃上。

二是要加大教育特别是基础教育的扶持力度。让贫困地区的孩子们接受良好教育，是扶贫开发的重要任务，也是阻断贫困代际传递的重要途径。要持续、高效地推动贫困地区的教育发展，逐步减小城乡、区域之间教育资源的差距，完善与提高贫困地区与偏远地区的教育，把教育扶贫贯穿扶贫全程，让贫困地区的孩子掌握知识、改变命运、造福家庭。

第十九章 广州对口帮扶协作 农村脱贫

一、广州对口帮扶扶贫工作的总体情况

1. 广黔模式——帮扶黔南、毕节工作情况

根据《国务院办公厅关于开展对口帮扶贵州工作的指导意见》（国办发〔2013〕11号）文件精神和《国家发展改革委办公厅关于印发对口帮扶贵州规划编制工作大纲的通知》（发改办西部〔2013〕1279号）要求，2013—2020年期间，广州市对口帮扶贵州省黔南布依族苗族自治州，并制订了《广州市对口帮扶黔南州工作规划（2013—2015)》。2016年10月27日，中共中央办公厅、国务院办公厅印发《关进一步加强东西部扶贫协作工作的指导意见》（中办发〔2016〕69号）。2016年12月25日中共广东省委办公厅、广东省人民政府办公厅印发《关于进一步加强东西部扶贫协作工作的实施意见》（粤办发〔2016〕32号），明确广州市东西部扶贫协作工作对口贵州省毕节市和黔南布依族苗族自治州（以下简称黔南州）。其后，广州市编制了《广州市对口帮扶贵州省毕节市五年规划》。

2013年以来的5年间，广州市通过民生帮扶、智力帮扶、产业合作、劳务协作、经贸合作、就业扶贫等方面对贵州黔南州和毕节市给予了全方位、多维度的扶贫支持。尤其在产业合作方面，通过兴办扶贫产业园区、协助招商引资、提供科技帮扶、开展旅游帮扶等途径，不断壮大当地产业力量，带动当地贫困户脱贫，取得显著成效。据统计，2013—2017年间，广州市累计投入3.26亿元，分别在黔南完成建设91个项目，在毕节完成建设10个项目，用于当地民生工程建设；分别与黔南和毕节合作建设黔南·广州产业园、毕节·广州产业园，并协助产业园建立招商平台，举办招商推介会，促进42家企业落地黔南，总投资408.4亿元，促进119个项目落地毕节，总投资191多亿元，通过就业和产业利益联结机制带动5 000多人脱贫。通过"黔货出山"的政策，为当地特色农产品打开市场销路；通过"百企千团十万老广游贵州"旅

游扶贫活动和举办各类旅游推荐会，扶持当地旅游产业发展；通过"青年人才交流计划"、"优才访学计划"、"互联网＋"教育培训、名师"送教入校"等多种活动进行人才交流、岗位挂职、人才培训，先后组织各类培训122期，培训人数7 243人，有效促进了当地人才队伍质量的提升，通过实施"广黔劳务协作12338红棉计划"，共享"远程培训、远程招聘、远程维权"三个互联网信息平台，累计提供29 242个就业岗位，帮助700余人实现就业脱贫。通过五年的时间，广州逐步积累了对口帮扶的成功经验做法，并形成了有广州特色的对口帮扶模式——广黔模式。

此外，在扶贫组织协调方面，广黔模式也积累了一些经验：一是领导高度重视。广东省委副书记、广州市委书记任学锋同志，广州市市长温国辉同志等领导多次到黔南、毕节指导扶贫工作，广东省市多家主流媒体对广州市对口帮扶工作进展和成效持续跟踪报道，号召发动多方社会力量参与，也让帮扶工作接受社会监督。二是派驻援黔工作组一线组织协调。按照省委组织的要求，广州市派员组成广东省第一扶贫协作工作组，分别承担广州市对口帮扶黔南州、毕节市前方工作的相关统筹协调、项目建设、招商引资、交流合作等任务。有帮扶任务的区要各选派1名副处级干部作为广东省第一扶贫协作工作组成员。三是开展区县结对帮扶。广州市有5个区分别结对帮扶黔南州12县（市、区），分别是：越秀区结对帮扶长顺县、罗甸县，海珠区结对帮扶福泉市、瓮安县，白云区结对帮扶平塘县、荔波县，黄埔区结对帮扶都匀市、独山县、三都水族自治县，南沙区结对帮扶贵定县、龙里县、惠水县；广州市另5个区结对帮扶毕节市10个县（区），分别是：荔湾区结对帮扶七星关区、金沙县，天河区结对帮扶大方县、纳雍县，花都区结对帮扶黔西县、织金县，番禺区结对帮扶威宁彝族回族苗族自治县、赫章县，增城区结对帮扶百里杜鹃管委会、金海湖新区。四是开展部门结对帮扶。帮扶双方相关部门和企业开展结对帮扶，重点加强农业、工业、商贸、物流、科技、人才、教育、卫生、民政、劳务、旅游、文化、产业园区建设等领域的合作，发动社会力量参与，推进各项帮扶工作全面有序开展。五是开展产业园区结对帮扶。一方面，广州市开发区与黔南州都匀经济开发区共建产业园区，广州市开发区选派1名干部分别参与黔南广州共建产业园区的招商引资工作；另一方面，南沙开发区与毕节广州市产业园区结对，南沙开发区选派1名干部分别参与毕节广州共建产业园区的招商引资工作。

2. 广州对口帮扶清远、梅州工作情况

2013年11月7日，广东省调整对口帮扶暨推进产业园区建设工作会议在广州举行，根据省委省政府工作部署，重点调整强化珠三角地区对粤东西北地区对口帮扶工作，明确广州市对口帮扶梅州、清远，珠三角地区与粤东西北地区扶贫开发"双到"对口帮扶任务维持不变。省委常委、广州市委书记任学锋同志，广州市市长温国辉同志、副书记欧阳卫民同志、副市长黎明同志等市主要领导，多次到清远、梅州指导广州市对口帮扶工作，推动脱贫攻坚工作顺利开展。

广州市对口帮扶清远205个相对贫困村，其中28个市直单位帮扶28条村、16家市属国企帮扶37条村，越秀、黄埔、荔湾、白云区各帮扶35条村共140条村。截至2017年9月10日，广州市派驻清远精准扶贫干部共242名，其中市直单位31人，市属企业52人，越秀区42人、白云区40人、黄埔区39人、荔湾区38人。经精准识别，广州帮扶清远建档立卡贫困户17 139户，贫困人口43 183人。截至2017年8月，广州市除配套落实扶贫开发帮扶对象财政专项资金3.531亿元外，还累计投入帮扶资金5.557 9亿元，平均每条村投入帮扶资金271.12万元。

广州市对口帮扶梅州涉及8个县（市、区）93个镇的272条省定贫困村。截至2017年10月，共有相对贫困户14 316户、相对贫困人口43 721人（其中有劳动能力贫困户9 420户、35 498人）。广州市直机关、国有企业和海珠、天河、番禺、花都、南沙、增城六个区共211个帮扶单位，派出驻村干部301人，加上派驻市工作队和各县（市、区）工作组干部，总共325人。广州对口帮扶梅州272条省定贫困村引导资金和建档立卡扶贫开发帮扶对象13.272万人扶持专项资金，到位资金135 407.72万元。

二、广州对口帮扶工作的做法和成效

1. 帮扶黔南、毕节的主要做法与成效

2013年，国务院确定广州市对口帮扶黔南州，从此羊城与黔南的情谊相连在一起。2016年，国务院确定广州市对口帮扶毕节市，广黔关系相连更近一层。自2013年以来，广州市委、市政府围绕《对口帮扶合作框架协议》、《对口帮扶三年工作计划》，精心组织、周密部署，在民生工程、产业扶贫、旅游扶贫、智力扶贫、经贸合作、就业扶贫等方面开展了大量工作，并取得较好的效果。

（1）输血式民生帮扶取得良好成效。在民生工程建设方面，2013—2017年

间，广州先后投入资金共计 3.26 亿元，在黔南已完工建设项目 91 个，在毕节建设项目 10 个，用于村组道路修建、校园基础设施建设、水利设施建设、教育培训、美丽乡村建设等民生工程。通过直接输血和造血的方式，使近十万人受益。

（2）造血式产业扶贫成效显著。一是产业园区建设多点开花、合作共赢。广州与黔南签订了合作共建"黔南·广州产业园"框架协议。广州市发展改革委协助黔南编制了《黔南·广州产业园发展规划（2017—2025）》。黔南州委、州政府分别出台《关于加快黔南·广州产业园发展的实施意见》（"黄金20 条"）。黔南都匀经开区出台了《都匀开发区影视文化扶持办法》等一系列优惠政策。广州开发区金融控股有限公司与都匀经开区的黔南东升发展公司合资组建"黔南·广州产业园"招商平台公司——凯得东升招商公司，成立初期规模为 1 亿元的产业扶持基金支持园区建设。积极协助都匀经开区分别到广州举办招商推介会，广州港物流、广州石头造等项目落地两地广州产业园。此外，南沙区筹措 1.2 亿元物流产业奖励扶持资金用于支持贵州物流产业发展，联合广州港集团在黔南搭建物流平台，积极把南沙自贸区优惠政策嫁接到黔南，打通黔南到南沙的出海大通道，促进两地物流产业长期合作发展。

在毕节，采取"共投、共建、共享"的模式，建立了"毕节·广州产业园"，并取得初步进展。中国 500 强企业广州建筑集团拟与金海湖新区国有企业成立平台公司，共同开发。2017 年，积极推动广州江南果菜批发市场在赫章县开展基于 5 000 亩马铃薯种植的农业示范产业园建设。

二是以全产业链布局思维拓展现代农业产业发展。黔南方面：2016 年 9 月至今，广东来黔南投资并落地的企业 42 家，合同投资额 408.4 亿元，实际投资额 34.75 亿元。其中一产项目 13 个，合同投资额 57.1 亿元，实际投资额15.442 亿元；二产项目 21 个，合同投资额 26.6 亿元，实际投资额 8.88 亿元；三产项目 8 个，合同投资额 324.7 亿元，实际投资额 10.426 亿元。产业带动脱贫数 5 001 人，其中，就业带动脱贫 207 人，产业利益联结机制带动脱贫 4 794 人。

广州奇码科技以在贵定昌明打造的"领略中国农村电商扶贫大数据中心"为平台，通过大数据有效链接黔南贫困地区和东部发达地区、生产"第一公里"和消费"最后一公里"；2017 年使用"大数据中心"平台的电商扶贫企业共有 41 家，实现交易额 479.64 万元，带动贫困户 2 389 户，其经验做法受到国家商务委、国务院扶贫办和广东、贵州两地党委政府充分肯定，被国内媒体广泛宣传。引进广州石头造在黔南·广州产业园投资 35 亿元建设匀上石塑工业旅游小镇，引进广州纳丽美容科技和广州驰远科技落地都匀经济开发区。推动广州科技金融促进会在黔南州成立分会，聘请 11 名广州市业界精英为都匀经开区招商顾问。引进广东粤旺集团在平塘县投资 4 亿元建设食用菌菌棒加工厂、黑毛猪繁育场、蔬菜种植基地。推动广东省天农食品有限公司在长顺县投资 5 亿元打造现代化养殖基地。推动广东新供销社天成公司与贵州都匀毛尖茶产业发展公司合作，投资 20 亿元打造都匀市毛尖茶叶深加工产业园。推动广东新农人科技公司投资 2.1 亿元在都匀市建设墨冲农业科技产业园，正大餐饮公司投资 1.05 亿元建设贵定县学生营养餐中央厨房项目和贵定泡菜生产项目，海大集团投资 4.5 亿元在都匀市建 30 万头生猪生态养殖精准扶贫项目。

（3）多元举措助推旅游扶贫发展。自实施东西部扶贫协作以来，广州市采取积极措施深入贯彻落实中央、省市有关东西部扶贫协作"旅游先行"总要求，根据贵州资源禀赋，全力推进三地旅游产业深入协作，毕节、黔南旅游实现井喷式发展。

一是利用广东广州产权交易活跃优势，推动黔南州旅发委与广州市产权交易所签署战略合作框架协议，协助黔南州旅游项目开拓粤港澳大湾区旅游产权交易市场；目前有 18 个项目进入广东省旅游产业项目库、42 个项目进入广州市旅游产业产权交易平台项目库。二是利用广东广州现代宣传平台优势，推动黔南州旅发委官网与广东省、市旅游局官网链接，利用市旅游局和旅游企业的官方网站、微博、微信免费宣传毕节和黔南的旅游资源和产品，在香港红磡车站免费提供 4 个广告位免费宣传毕节、黔南旅游形象。三是利用广东广州会展优势，搭建展示平台。协调广东省、市旅游局和有关区旅游局免费为贵州省毕节市和黔南州提供了 16 个标准展位用于广东国际旅博会、广州国际旅游展销会、广东广州国际美食节、南沙邮轮旅游文化节旅游宣传推广；协助毕节市、黔南州及各县的旅游局在广州市举办 6 场旅游推介会。四是利用广东广州交通区域优势，协调南方航空公司加密广州与毕节的航班，恢复广州-荔波航线。目前，广州至毕节航班由每周四班加密到每天一班。五是利用广东广州旅游管理人才优势，举办旅游管理培训班，为毕节、黔南共培训 200 多名各类旅游管理人才。六是利用广东广州客源优势，继续推动"百企千团十万老广游贵州"旅游扶贫协作系列活动，岭南集团旗下广之旅等知名旅游企业与毕节和黔南签订旅游合作协议，助力两地打赢旅游扶贫攻坚战。据不完全统计，2017 年 1—11 月广东游客到毕节、黔南旅游的人数达到 175 万人次、1 397 万人次，同比分别增长 42%、41.6%。

（4）科教文卫系统合力助推智力扶贫。在对口帮扶两地工作中，广州对接当地的教育、医疗卫生等部门，广泛开展干部交互挂职锻炼。2014 年，黔南州州委组织部与广州市联系开展实施"青年人才交流计划"，在全州范围内选派 28 名干部，派到广州市进行为期 1 年的跟岗学习；州委组织部与广州市开展实施"优才访学计划"，选派了 13 名高层次人才赴广州访学研修；州 12 个县（市）共派出 56 名人才到广州市挂职锻炼。2016 年 1—9 月，广州市与黔南州共计开展培训 10 期，培训了 1 995 人次。如瓮安县选派干部到广州培训 2 期，共培训 106 人；广州市帮扶罗甸县挂职培训项目两期，共计培训科级干部 93 人；广州市选派 12 名高校、中小学校一线教育名师到黔南州举办中小学班主任培训两期，共培训班主任 1 500 名等；广州市海珠区红十字会为三都县各镇（街道）、县直各部门近 200 名干部职工开展应急救护培训。

2017 年对黔南州共组织各类培训 32 场，其中领导干部培训 9 场，共培训黔南州党政领导干部 472 人次；举办专业技术人才培训 23 场，培训专业技术人才约 4 500 人次。广州教育、医疗系统先后派出 11 名教育医疗骨干到黔南州挂职"两长"，2017 年派出到黔南 1 个月以上的专业技术人员共 30 人，派出 10 余批次专家，赴黔南州指导工作，共培训黔南州专业技术人才 4 490 人次。黔南州先后派出 37 人次专业技术人才广州挂职交流，组织专业技术人员 384 人次到广州参加培训学习。黔南州的 58 所学校、15 所医疗机构与广州市的 58 所学校、15 所医疗机构建立了结对关系，广州市教育局与黔南州教育局启动了"互联网＋"教育帮扶平台和名校长、名教师"送教入校"活动。越秀区派出 4 人教师团队在黔南州罗甸县设立 50 名学生的"越秀班"，其中建档立卡贫困户 12 名，低保户 3 名；华南师范大学研究生支教团罗甸服务队 2012 年开始到黔南州罗甸进行支教活动，2017 年派出第五批 6 人的支教团队；广州市卫计委与黔南州卫计委签署协议，在国家跨省异地定点平台的基础上，扩大广州市三家三甲医院作为黔南州新农合报销定点医院，正式推行异地就医联网即时结算服务，10 月 15 日，实现黔南州首例跨省就医联网即时结算。

（5）招商引资多元并举推进经贸合作。2014 年以来，黔南州借助广州市的市场、资源、技术、智力等优势，成功举办了"黔南·广州经济合作投资环境推介会暨项目签约会"、"黔南（广州）农林产业招商推介会暨项目签约会"，并参加了广州市重大招商引资项目推介会、广州商贸物流推介会和第 21 届、第 22 届、第 23 届广州市博览会等，共计签约项目 128 个，资金 532.91 亿元，项目涉及农业产业园、种植业、物流商贸、农产品加工、旅游等产业。2014—2016 年 3 年，广州市企业到黔南州投资项目 32 个，总投资 69 亿元，到位资金 27.3 亿元。2016 年，黔南州借助广州市的市场、资源、技术、智力等优势，成功举办了"黔南州建州 60 周年成就展及招商引资推介活动"，截至 2017 年 9 月，全州共与广州客商签约 23.24 亿元，到位资金 13.45 亿元，建成投产 14 家企业，开工建设 4 家企业。

2016 年 9 月以来，广州市有关部门协助毕节市、黔南州有关部门在广州举办了 19 场招商推介会，其中毕节市（广州）招商引资助推脱贫攻坚推介会签约 119 个项目，总投资 191.27 亿元；黔南州（广州）投资环境推介会签约 50 个项目，总投资 372.85 亿元。

（6）以人才培训为重点推进就业扶贫。2013—2015 年，广州与黔南共组织各类培训 122 期，培训人数 7 243 人。2015 年上半年州委组织部与广州市联系，已开展干部培训 3 期 150 人（次）；广州市协作办组织各行各业培训机构与黔南合作开展人才培训，如组织广州市旅游商务职业学校及广州酒家集团高级讲师、名厨，对贵定县乡村旅游从业人员 120 余人进行服务礼仪、餐桌服务基本技能和烹饪技能培训。2016 年，天河区帮扶罗甸县举办为期 6 个月的玉石加工培训班一期，共 40 人参加，项目涉及资金 64.72 万元，参加培训人员已全部实现转移就业。

根据中办发〔2016〕69 号文的要求，工作组积极与毕节、黔南三地人社部门谋划和实施"广黔同心，携手同行——12338 广黔劳务协作红棉计划"，选定 30 家定点招聘企业，每年提供不少于 3 000 个岗位，培训不少于 8 000 人。至 2017 年上半年，中国南方人才市场与毕节市就业局人力资源市场签订《人力资源市场对口帮扶合作协议》，中国南方人才市场毕节分市场已经挂牌，会同广州市人力资源市场向当地贫困家庭劳动力提供广州市 100 多家企业共 4 004 个用工岗位。广州市人社局联合毕节市人社局、天河区人社局联合大方县、纳雍县人社局，在毕节先后举行了 5 场招聘会，约 230 家企业进场招聘，建档立卡贫困户签订就业合同 67 人。广州黔南两地共同谋划实施"广黔劳务协作 12338 红棉计划"，共享"远程培训、远程招聘、远程维权"三个互联网信息平台。2017 年，先后为建档立卡贫困劳动力、返乡农民工、农村富余劳动力、高校毕业生等群体举办 15 场主题为"广黔同心、携手同行"就业扶贫专场招聘会，累计提供 29 242 个就业岗位，帮助建档立卡贫困户实现就业脱贫 700 人。

2. 帮扶梅州、清远的主要做法与成效

按照省委省政府对新一轮精准扶贫、精准脱贫的战略部署，广州市自 2016 年 4 月起，承担对口帮扶梅州 272 个、清远 205 个共 477 个相对贫困村的帮扶任务。共计帮扶梅州 15 491 户相对贫困户，48 407 名相对贫困人口；广州市对口帮扶清远 17 139 户贫困户，43 183 名贫困人口。截至 2017 年上半年，广州市累计筹集帮扶资金近 9 亿元，共派驻清远精准扶贫干部 242 名，派驻梅州干部 276 人开展帮扶工作。累计为贫困村引进产业化组织 440 个，其中农民专业合作社 346 个，带动或吸纳贫困户 6 670 户；入股产业园等投资项目 53 个，入股金额 2 869 万元；当年有劳动能力的贫困户人均可支配收入达 6 718.65 元；全村农民人均可支配收入 8 074.86 元；村集体经济收入 4.19 万元。村庄基础设施明显改善。累计建设村道 667.77 公里，村委会至 200 人以上自然村道路 92.24% 实现硬底化，建设或修缮垃圾收集设施 3 377 个，文体休闲活动场所 812 个，标准化卫生站 466 个，修建农田水利 545.37 公里，已完成或动工的 2017 年度危房改造数 1 379 户。

广州市扶贫工作队不断总结以往经验并创新扶贫模式与机制，在兜底保障（住房、教育、医疗"三保障"，基础设施建设"一相当"）的基础上，大力开展产业扶贫、旅游扶贫、电商扶贫、就业扶贫、金融扶贫，创新探索资产收益扶贫及多种扶贫模式的交叉综合应用。在产业扶贫中，一方面创新传统农业产业的运行机制，形成"公司、合作社＋基地＋贫困户"的联结模式，另一方面大力发展旅游产业、电商产业、光伏产业扶贫；在金融扶贫方面，一方面对企业或有创业意愿的贫困户给予传统的金融信贷支持，另一方面对无创业意愿的贫困户探索出金融信贷资金进行固定资产投资或企业入股的模式，解决脱贫持续性问题；在资产收益扶贫方面，通过投资厂房、光伏设备等资产或入股企业等多种渠道为贫困户创造稳定的资产收益。总体来讲，广州市在对口清远、梅州的扶贫工作中，打的是一套产业扶贫、旅游扶贫、电商扶贫、就业扶贫、资产收益扶贫、金融扶贫、兜底保障的组合拳。

（1）结合农业供给侧结构性改革推进产业扶贫。在梅州，扶贫工作队围绕做强做优蜜柚、茶叶、烤烟、油茶、南药、养殖等，通过开展农业技术培训、培育新型经营主体、发展龙头企业等产业化组织、推广良种良法，大力扶持贫困户发展特色农业，增加生产经营性收入。截至 2017 年上半年，协助贫困地区建立农民专业合作社 234 个，有 4 964 户贫困户参加；组织贫困人口 14 632 人次进行劳动技能培训，共帮助转移就业 9 126 人。2017 年村集体经济收入平均达到 4.11 万元，比 2015 年末帮扶前村集体经济收入平均 1.36 万元增长了202.2%；预计本年度贫困村全村农民人均可支配收入达到 8 110 元，比 2015 年末的 6 747 元增长了 20.2%（其中有劳动能力贫困户人口人均可支配收入达6 677元，比 2015 年末的 3 574 元增长 86.8%）。

在清远，扶贫工作队以现代农业产业发展扶贫为核心，推动各帮扶贫困村结合自身实际，量身定做规划，积极推动产业发展。截至 2017 年 8 月，已启动 697 个产业帮扶项目，其中种植项目 144 个，占总项目数的 20.66%；养殖项目 299 个，占总项目数的 42.9%；乡村旅游项目 38 个，占总项目数的5.45%；农产品加工项目 17 个，占总项目数的 2.44%；手工业项目 4 个，占总项目数的 0.57%。同时大力开展专业合作社、光伏发电、水电站等入股分红式帮扶。仅按目前已启动的项目初步预计每年能产生收益 13 502.1 万元，按 205 条村共 43 103 贫困人口计人均增收约 3 132 元，按有劳动力的 30 272 贫困人口计人均增收约 4 460 元。

（2）充分发掘当地资源要素优势力促旅游扶贫。在梅州，扶贫工作组依托贫困地区特色农产品、农事景观及人文景观等资源，积极发展休闲农业，打造一批辐射带动贫困人口就业增收的风景名胜区、特色小镇。例如，在大埔县打造荷塘旅游景区，开发张弼士故居，培育农家乐生态旅游业；在五华县开展"五村联动，打造桃花源"，并采取"公司＋合作社＋基地＋农户"生产模式，鼓励扶持贫困户参与，2016 年景区高峰期日均人流量达 2 000 多人，有效带动了当地贫困户增收；在丰顺县围绕"美丽黄花·教授之乡"为主题，把黄花村打造成"五名村"，大力开展乡村旅游，2016 年共吸引游客 4 万多人次。

在清远，仅 2013—2015 年广州对口帮扶投入旅游扶贫资金 1 439 万元，并取得了显著成效。2015 年上半年清远接待旅游总人数 1 530 万人次，比2013 年同期增长 1.7%；旅游总收入 113 亿元，比 2013 年同期增长 16.59%。2017 年，仅"五一"小长假期间，全市共接待旅游人数 77.71 万人次，同比增长 12.51%。二是旅游品牌建设成效明显。广州市通过组织各旅游行、各帮扶单位每年协助举办清远鸡美食节、温泉节、漂流开漂节、七月香戏水节等丰富多彩的节庆活动，旅游品牌体系不断完善，吸引力不断增强。三是旅游发展环境持续优化。2016—2017 年上半年，通过"乡村旅游＋扶贫"的模式，在全市共启动了 35 个旅游扶贫项目，让贫困户实现在家门口脱贫的愿望。

（3）结合新产业新业态推进电商扶贫。在梅州，扶贫工作队依托农村现有组织资源，积极培育农村电子商务市场主体。发挥大型电商企业孵化带动作用，支持有意愿的贫困户和带动贫困户的农民专业合作社开办网上商店，鼓励引导电商和电商平台企业开辟特色农产品网上销售平台，与合作社、种养大户建立直采直供关系。加快物流配送体系建设，鼓励邮政、供销合作等系统在贫困乡村建立和改造服务网点，引导电商平台企业拓展农村业务，加强农产品网上销售平台建设。通过实施电商扶贫工程，逐步形成农产品进城、工业品下乡的双向流通服务网络。如在大埔县，为贫困村建立了四联货栈和汇吃微商城、漳北小店等电商平台，茶阳镇洋门村与梅州农电商公司合作建立店管家，注册"洋门蜜柚"商标，带动茶阳镇8个省定贫困村和周边村的蜜柚"产、供、销"一条龙；在丰顺县开展"众筹养殖"项目，与村民共同筹建"丰顺县仙溪美源生态家业合作社微商平台"，通过微商平台发动乡贤众筹认购的方式，发展小微农业生产，先后众筹养猪10头、各种禽类1 200多只、开发生态种植300亩；梅县区开通微信商城，并与企讯控股商城签了销售协议，扫一下"精准扶贫红色水美"微信公众号，进入里面的微商城就能购买富硒柚等；五华县与电商企业联合发展扶贫产业无花果种植，合作点上企业定价收购贫困户种植的无花果，为贫困户带来约9万元的年增收入。五华县在开展乡村旅游桃花节时，为各村贫困户设立了"农产品销售区"，让游客可以通过微信、支付宝等方式线上购买农产品。

在清远，扶贫工作队以清远知名农产品为基础，建立长效性、常态化的农产品电子商务扶贫机制。通过"爱心鸡场"、"爱心茶园"项目，试点企业以培训、指导、聘用等方式培育贫困农户按质按量生产农副产品，市民通过电商平台支持和购买贫困农户精心培育的清远农产品，鼓励他们劳动致富。扶贫工作队还通过"圆百份微心愿，传万份简单爱"活动，探索了"互联网＋慈善募捐"模式；成立了"马岳村扶贫微店项目"，以"信农优品"的产品品牌，经营清远鸡、水果木瓜、百香果和工艺品等，取得了较好成效，仅木瓜销售获得5万元营业额。此外，引导企业建立"农产品电子商务帮扶脱贫基地"，鼓励本地农产品龙头企业利用产业优势，通过电商包销、质量监控等方式为贫困农户提供电商产销脱贫项目。

（4）以"补短板、强合作"方式推进资产收益扶贫。广州对口帮扶过程中充分采用了资产收益扶贫方式，并发展出多种形式。其中光伏扶贫是最主要的形式，扶贫工作组通过与政府、电力公司、银行和贫困户协调，推进一系列以扶贫为目的的光伏项目。除光伏扶贫项目外，还推进了投资商铺/厂房等固定资产和入股企业的方式。

一是充分利用资源优势与扶贫资金推进光伏扶贫。在梅州，五华县先后整合2 000万元扶贫资金，与南方电网综合能源有限公司共同出资4 700万元，成立五华县惠农新能源公司，向金融机构融资2.35亿元，建设30兆瓦装容量的光伏发电项目，经测算，项目全部建成后，回报率可达11%～13%，税后收益每年可达2 800多万元，五华每年可以从全部收益中获得45%份额。当地贫困户通过光伏项目可以获得土地租赁的直接收益，同时光伏发电所产生的分红收益也将全部用于精准扶贫，可长期动态帮扶五华全县约6 000户贫困户脱贫，为扶贫攻坚提供长期的输血和造血功能，做到"大帮扶"与"小帮扶"有机结合。大埔县利用屋顶、村集体的荒山、荒坡、未利用地、闲置建设用地等资源先后已建设贫困村光伏发电项目15个，带动贫困户662户2 060人。梅县区引导17户有劳动力贫困户签订10年协议入股梅县金蔡光伏发电企业，采取政府贴息贷款5万元/户，扶贫开发资金1万元，合计6万元投入光伏发电项目。项目预计每户可获得分红2.8万元，每年5 800元。

在清远，阳山县结合"三个全域、两大攻坚"战略行动和光伏电站建设场地特点，积极探索"农光互补、渔光互补、林光互补"等"光伏＋农业""光伏＋养殖""光伏＋渔业"的"光伏＋"模式。2017年上半年，阳山全县20个光伏扶贫电站全部并网发电，享受每千瓦时0.98元的电价。全县光伏扶贫电站总装机容量4.45万千瓦，预计年收益4 000万元，全县有劳动力贫困户3 726户11 998人每人拥有光伏项目3.5千瓦，年人均增收3 000多元，基本实现了全县有劳动力贫困人口受益全覆盖，"村村有光伏，人人享分红"。

二是利用扶贫专项资金投资商铺/厂房放大贫困户收益。在梅州，五华县统筹县级资金2 533万元，购买中国供销·粤东农批42间商铺，并与中农批签订《委托经营协议》，委托经营共5年，每年按成交金额的7.5%返还项目收益，用于支持精准脱贫工作。全县统筹1亿元，在县城工业区设标准化厂房8万平方米，出租给有需求的企业用于生产经营。项目投产后，预计年收益达500万元，可解决1 250户贫困户实现稳定脱贫。

三是通过扶贫基金或帮扶资金入股企业方式促进增收。在梅州，以扶贫基金或帮扶资金入股企业形式促进贫困户增收，已探索出一条可行可操作的实践路径。一是设立扶贫担保基金，以贫困户帮扶资金入股企业获得分红收益。五华县扶贫局与县信用联社、客家村镇银行签订2 000万元的扶贫担保基金贷款合同协议，将建档立卡有劳动力 100 户贫困户 100 万的产业扶贫资金作为担保风险补偿金，通过金融杠杆放大 5 倍，将银行发放的 500 万信贷资金入股，期满后新丰寨负责偿还本金，合作期内政府给予贴息，贫困户将按年度入股信贷资金额的 9.5％收益分红（贫困户每户每年可获 4 750 元分红）。二是集中贫困村和贫困户帮扶资金入股企业，按比例获得收益。梅江区西阳镇整合 8 条贫困村的资源优势，把帮扶资金统筹起来投入到西阳镇经济合作总社，再统一投入到有发展前景、经济状况良好的梅州清凉山供水有限公司和梅州视稻丰实业有限公司参与入股分红（贫困户占大头，村集体占小头）。三是利用金融资本撬动贫困户帮扶资金，使其获得固定收益。大埔县先后对广东顺兴种养股份有限公司、大埔县通美实业有限公司、广东本草源科技有限公司的生产经营状况、还款能力和意愿进行考察，确定了入股企业，并与企业签订协议，确保贫困户每年收取投入企业资金总额的 10％作为固定收益。

在清远，依托脱贫产业，充分发挥财政资金的杠杆作用，通过贴息、担保等方式，鼓励和引导金融资本、社会资本进入农业农村领域。推进涉农资金整合与精准扶贫相结合，按照"源头整合、中间优化、末端放大"的模式，安排一定数量的财政扶贫专项资金和涉农整合资金，与邮政储蓄银行、农业银行、农村信用社等金融机构签订合作协议，利用金融部门放大 5 倍至 10 倍后，放到扶贫农业合作社、工商企业、政府专项扶贫基金等组织载体，成为贫困人口发展产业的信用贷款。扩大"政银保"合作农业贷款、妇女小额担保财政贴息贷款、农村土地承包经营权抵押贷款、金融扶贫贷款等涉农贷款，使农村金融更好地服务扶贫工作。加快推动农村合作金融发展，推进农民专业合作社由生产经营向信用合作延伸，提高贫困户扶贫小额信贷获贷率。扩大政策性农业保险覆盖面，实施家禽、生猪、特色水果等保险试点项目，增强贫困户生产经营抗风险能力。

（5）通过公益性培训和就业合作促进就业扶贫。以"就业一人、脱贫一家"为扶贫理念，广州对口帮扶过程中，一方面加大农民培训力度，提高贫困户农民就业能力，增加就业机会，另一方面协调基层政府开发护林员、保洁员、治安协管员等公益性岗位，优先安排建档立卡贫困户就业。

在梅州，扶贫工作队先后组织贫困人口 14 632 人次进行劳动技能培训，共帮助转移就业 9 126 人。在大埔县，海珠区与帮扶的高陂镇签订劳动力培训和转移就业框架协议，发动企业进村设点招聘，安排公益性岗位就业，2017 年 1—8 月，海珠区以及帮扶单位帮助转移贫困劳动力就业 879 人。天河区与帮扶的兴宁市签订就业转业框架协议，每年协调天河区人社、城管、公安等部门，安排 300 个城市保洁员、交通协管员等公益性岗位，定向招收贫困人员，实现"输出一人、脱贫一户"的效果。在五华县，在县内统筹 830 个护林员岗位，优先安排有劳动能力的贫困人口实现就业转移，可为 830 个贫困户家庭增加 1 万元以上收入；同时，联合广东宝汇科技有限公司建设 63 个生活垃圾中转站，为贫困户提供 1 341 个就业岗位，每人增加收入 2 万元以上。

在清远，扶贫工作队一方面借助已构建的立体培训体系，对贫困人口实施免费职业学历教育，每年开展技能培训两次以上，让有劳动能力的贫困户掌握 1～2 门实用技术，促进贫困人口就近就业，持续增收。推广碧桂园集团在佛冈水头开展的全民技能培训活动经验，将实用技术和就业技能培训送到行政村一级。对贫困户开展"订单培训"或岗前培训，使一部分有劳动能力但无劳动技能的贫困户成功掌握一项工作技能，并最终转型成为有稳定收入的产业工人。与珠三角地区企业联系，积极为困难群众创造就业岗位，并加大本地企业的劳动力吸纳能力。2017 年上半年，广州对口帮扶清远积极组织农民适用技术培训 17 326 人次，其中贫困户参加适用技术培训 13 461 人次；组织转移就业或劳动培训 9 439 人次，其中贫困户参加就业或劳动技能培训 7 652 人次，帮助转移贫困户就业 2 367 人。

（6）充分利用金融杠杆撬动社会资本发展金融扶贫。在梅州，五华县扶贫局与县信用联社、客家村镇银行签订 2 000 万元的扶贫担保基金贷款合同协议，对有劳动能力且有创业需求的建档立卡贫困户提供扶贫担保基金贷款。到 2017 年 9 月，已发放贷款 11 笔，贷款金额 55 万元。梅州梅县区与中国邮政储蓄银行和客家村镇银行开展金融小额信贷合作，合作银行先后发放了扶贫小额贷款 2 000 多万元。大埔县扶贫开发局与中国邮政储蓄银行大埔县支行签订了金融扶贫战略合作框架协议，制定出台了《大埔县扶贫小额信贷工作实施方案》、《大埔县金融扶贫小额贷款担保基金管理办法》，对有劳动能力贫困户利用扶贫小额贷款资金自主发展生产，为 55 户贫困户（231人）发放小额贷款 144 万元。

在清远，扶贫工作队依托脱贫产业，充分发挥财政资金的杠杆作用，通过贴息、担保等方式，鼓励和引导金融资本、社会资本进入农业农村领域。推进涉农资金整合与精准扶贫相结合，按照"源头整合、中间优化、末端放大"的模式，安排一定数量的财政扶贫专项资金和涉农整合资金，与邮政储蓄银行、农业银行、农村信用社等金融机构签订合作协议，利用金融部门放大 5～10 倍后，放到扶贫农业合作社、工商企业、政府专项扶贫基金等组织载体，成为贫困人口发展产业的信用贷款。例如连州市同邮政银行签订合作协议，利用精准扶贫资金 300 万作为担保金投入银行，放大 10 倍小额信贷规模，为相对贫困村贫困户提供产业发展资金贷款。例如，三水新八村 22 户贫困户每户 5 万元共计 110 万元的信用贷款，经扶贫开发队牵线搭桥流入当地经营状况较好的企业，每年可以为贫困户获取 10% 的分红收益。

（7）依法依规开展兜底保障工作。在社保工作上，落实社会保障政策。按照规定程序，对符合条件的贫困人员纳入农村低保、五保，基本实现对口帮扶区贫困人员应保尽保的工作目标。2016 年，对清远 7 897 户 19 817 人贫困人口纳入了农村低保，3 841 户 4 007 人贫困人口纳入五保。对五华 2 609 户 5 529 人纳入了农村低保，3 696 户 3 808 人纳入了五保。

在教育保障上，通过制度保障与社会力量相结合的方式，落实补助贫困学生，防止因贫失学问题的发生，阻断贫困代际传递。如清远落实补助贫困学生 6 807 人，五华县认真摸清贫困户子女就读情况，建立健全义务教育、高中和技校、高职院校等不同学龄段的学生"三本台账"，并为县内就读的 10 493 名在册学生发放补助 3 388.568 万元。

在医疗保障上，主要是落实政府全额资助贫困人口参与城乡居民医疗保险政策，完善大病保险政策，加大医疗救助力度，加强标准化卫生站建设等，旨在根治因病致贫返贫的现象。广州对口帮扶的贫困地区，普遍为相对贫困户家庭人口购买了新型农村合作医疗保险。

在住房安全保障上，主要是推进危房改造，规范项目建设，摸清长期居住且危房为唯一住所的建档立卡贫困户，规范补助环节、补助标准，明确总体要求、责任分工、工作流程，加强资金和项目管理，规范推进住房改造项目建设。2016 年至 2017 年上半年，广州帮扶清远贫困村在册危房已完成或动工改造的危房 1 283 户，帮扶梅州各县（市、区）完成危房改造 1 076 户。

在基础设施建设上，根据"三保障"、"一相当"的实施意见，立足实际，加强村道硬底化、农田水利、饮水安全、村容村貌、环境整治、医疗卫生、文化广场等公共基础设施建设，全力做好民生保障工程。

在梅州，通过实施"一相当"基础设施建设，建成农村文体活动中心、老人活动中心 338 个，建成标准化医疗卫生站 265 个，建成垃圾收集设施 1 874 个，并购置垃圾收运车，配置日常卫生保洁队伍；已建设或正在建设的村道 422 公里（其中村委会至 200 人以上自然村道路硬底化率 96.8%），新建农田水渠

299.2 公里，全面推进农村生活饮水的检测，实现 20 户以上自然村通自来水工程建设，饮水安全率达 99.98%。

在清远，截至 2017 年 7 月底，广州帮扶清远 205 条贫困村现建有公共厕所 559 个，垃圾收集设施 2 542 个，文体休闲活动场所 608 个，标准卫生站 237 个，农田水利设施 419 711.5 米，村饮水安全率达到 99.82%，贫困村建设道路 324.01 公里，实现了 94.93% 的村委会至 200 人以上自然村道路硬底化，安装路灯 7 203 盏，建设公益项目 304 个。如广州市工商联帮扶的清新区禾云镇罗东村，发动广州市总商会捐赠 100 万元作为人居环境改善工程帮扶资金，完善路灯和村干道建设。广汽集团帮扶的联一村充分利用扶贫积累的丰富经验，入驻以后着手制定村容村貌整体建设规划，2017 年投入 88.3 万元建设了 3 个自然村文化室和文化广场等项目。

三、广黔帮扶案例分析

广州市对口帮扶贵州黔南、毕节和广东清远、梅州，无论从帮扶内容、帮扶模式、帮扶做法方面，都各有特色。广州帮扶以上四地，均由产业扶贫、就业扶贫、资产收益性扶贫、教育扶贫、住房扶贫等几种组成，但帮扶重点和帮扶模式各有千秋。从各地的实际帮扶情况来看，最具生命力、最有成效、收益最大的，当属产业扶贫。课题组以产业帮扶作为广州市对口帮扶四地的重点，从各地产业帮扶的实际情况尝试总结出以下几种模式特点。广州市对口帮扶的典型模式有："帮扶单位＋产业园区＋企业＋基地＋贫困户"、"帮扶单位＋村集体＋企业"、"帮扶单位＋企业＋基地＋贫困户"、"帮扶企业＋党支部＋基地＋贫困户"、"帮扶企业＋合作社＋基地＋贫困户"。

1. "帮扶单位＋产业园区＋企业＋基地＋贫困户"模式

该模式把民营企业、高新技术、产业集聚、贫困地区劳务输出、市场刚需等因素都融合集成在同一区域，从而达到成本最小化、利益最大化的效果。如黔南州的独山县高新区轴承产业园、广清工业产业园、毕节高新技术经济开发区（在建）等，是广州市对口帮扶黔南、毕节和清远三地以多主体支持建设产业园区的典型模式，各地具体做法和帮扶力度会有所不同（详见上节，下同）。该模式是总部经济的一种反映，通过广州市对口帮扶单位在资金、项目、人才、市场等优势资源和要素上的集聚，充分利用被帮扶方在土地、劳动力方面的优势，实现项目和技术"造血"、人才和市场双赢的目的，是产业扶贫、就业扶贫、资产收益扶贫等多元综合扶贫形态的体现。目前，由于区位偏远、交通欠便利、相关工业产业基础欠缺、工业劳动力不足等原因，梅州市暂未建成大规模的产业园区，该模式尚未在梅州市示范推广。课题组认为应加大黔南、毕节、清远等地成效和做法方面的总结，通过政府、媒体的力量，因地制宜在我国东西部协作地区中推广。

2. "帮扶单位＋村集体＋企业"模式

该模式是广州市利用对口帮扶地区生态资源、旅游资源、自然资源优势，结合自身优势产品市场需求、旅游需求以及养生健康等需求，发掘有利于生态环境保护和市场开发的项目，在协调利用当地村集体建设用地的潜力基础上，投入资金、人才和技术，推动生态旅游项目和资源资产收益性项目深度发展。该模式以广州市对口帮扶黔南平塘镇"天眼"旅游景区和黔南独山县区花海景区这两个项目尤其典型，由帮扶单位联合当地若干个村集体协调用地，加上企业投资运营的成果，当地经济发展收益巨大，加上广州游客享受景区门票半价的优惠政策，从资源互补、要素有效配置上实现合作共赢。该模式属于旅游扶贫＋产业扶贫，前期投入较大，但后期可持续性地保证当地村集体和贫困户的稳定收益，值得在贵州有优势生态资源的地区推广。此外，在清远、梅州地区近年来探索的资产性收益扶贫项目，主要通过帮扶单位与当地电网公司合作，利用村集体用地建设光伏发电基地，贫困户仅需土地入股和股金入股，即可享受"光伏发电＋棚下种养"带来的收益，值得省内东西北地区借鉴。

3. "帮扶单位＋企业＋基地＋贫困户"模式

该模式需要结合当地主导产业实际，引入有积极性、有"三农"情怀、上规模、有实力的企业家，以当地土地资源、特色优势农业产业和劳动力资源为依托，通过提供优质品种、大型设备设施、工厂建设、关键技术、市场信息、经营管理人才等方式，对当地优势特色农业产业开展种养加销一体化的全产业链合作帮扶，使当地贫困户增收的同时，获得品种、技术和市场的充分支持，是典型的"造血式"帮扶。如清远连州工业园区中的腐竹厂和梅州大埔柚子种养基地和加工厂，是分别由广州市宗教事务局和广州市公安局牵线搭桥，引入了生产加工企业，建立了生产基地和加工厂，带动当地贫困户实现土地股份收益、劳务收益和产品销售收益。建议在西部山区省份以及粤东西北地区大力推广。

4. "帮扶企业＋党支部＋基地＋贫困户"模式

该模式主要通过引入多家广州市民营企业，结合当地党支部（帮扶干部书记、驻村书记)的党员示范带动作用,带动当地贫困户通过土地入股、以股金入股种养基地等,由帮扶企业解决市场销路,再按约定比例返利给贫困户。如黔南独山现代农业园区济生铁皮石斛产业基地、黔南生猪养殖和肉鸽养殖场等,就是在党支部的引领下,动员贫困户入股,同时学习产业关键技术,共享产业"造血式"帮扶的利好。该模式适合在党支部带动能力强、利于引入帮扶民营企业的山区地区,建议在贵州省内及粤东西北地区推广。

5. "帮扶企业＋合作社＋基地＋贫困户"模式

该模式通过帮扶企业提供种苗、技术和基础条件建设外,引导当地建立合作社,重点吸纳贫困户以土地、股金等方式入社入股,由帮扶单位对外市场销售后返利分红。如毕节市织金县竹荪基地等。

四、在对口帮扶扶贫工作中需要补强的短板

根据调研掌握的情况和帮扶单位提供的材料分析,广州市在对口帮扶开发工作中存在的不足主要表现在以下几个方面:

1. 发展理念有待转变,脱贫内生动力不足

一方面,帮扶双方的理念和方式需要进一步转变。个别帮扶单位以"交支票"为主的方式完成对口帮扶;个别被帮扶地区"等靠要"、"不愿脱贫"、"不需要脱贫"的思想仍然较为严重,帮扶双方在一定程度上无法形成优势互补、合作共赢的发展理念,无法形成合力,成为实现资源、效益合作最大化的短板。另一方面,贫困户仍存在"要我脱贫"的传统意识,认为扶贫只是当地有关部门和帮扶工作队的事情,事不关己高高挂起。同时,在对口帮扶项目的选择、扶贫规划制定、资源发掘共享机制、利益分配机制等方面贫困户参与的程度比较有限,难以发挥其主观能动性,缺乏内生脱贫动力和实施积极性。

2. 组织领导工作机制不够健全帮扶力量资源分散

党的十九大报告对脱贫攻坚任务提出了新要求,中央扶贫会议对加强东西协作也提出新的工作部署,原有的省市县一把手责任制、联席会议等要进一步适应要求,从领导组织架构、组织机制、协调机制、交流合作机制等方面都需要有所创新。调研中发现,广州的对口扶贫工作中,大帮扶(对口帮扶)、小帮扶(精准扶贫)融合程度并不高,总体缺乏在组织协调机制方面的思考,存在帮扶任务不平衡甚至两者出现冲突矛盾的现象。如黔南、梅州等地的帮扶工作队反映,当地的驻村扶贫工作队难以配合,造成帮扶工作队在当地开展工作

时"单打独斗"，成为推进项目落实的瓶颈。

3. 扶贫工作缺乏科学规划，典型帮扶经验模式欠缺总结推广

调研中发现，黔南、毕节、清远、梅州四地帮扶双方在扶贫规划设计、产业政策制订、项目选择与推进等顶层设计方面，与中央提出的新一轮脱贫攻坚战略和东西协作的要求仍有较大差距。此外，广州市对口帮扶工作向国内典型成效地区"取经"力度有待提升，例如可以向国内闽宁模式、沪遵模式、京蒙等典型实效模式学习，但广州市有关帮扶部门对帮扶双方如何实现资源互补、要素科学配置的方式方法上缺少合理的借鉴与学习，同时，已有的产业扶贫典型模式、社会扶贫和民生扶贫成熟经验没有适时深度总结推广，广州对口帮扶工作成熟的经验做法自然就无法在国内大力推广。

4. 贫困地区经济发展模式亟待创新

一是贫困地区的产业帮扶硬件不足。梅州、毕节等贫困地区，由于产业园区基础设施不够完善、短平快项目欠缺、优质的旅游产业资源开发不足、新型经营主体较为缺乏、产业链延伸不够等方面的影响，产业帮扶效果不显著。二是贫困地区的产业帮扶机制创新不足。据黔南州都匀市反映，广州虽在独山县、三都县等地借助当地资源优势建立了园区，但对于进一步产业如何深度协作、获得通畅市场渠道方面尚在探究；梅州市也在迫切反映产业园区帮扶建设的需求，同时希望广州市能加快协调高铁和高速公路项目的进程。

5. 基于帮扶双方资源要素的供需对接机制未建立健全

调研发现，从当前的双方供需对接情况看，资源和要求的需求、供给还不够成熟，供需对接的桥梁建设不够通畅。如在对社会力量引进方面，扶贫工作的动员力度不够，如何发动民企参与到帮扶的工作中成为一个难点与关键点，即便在部分地区（如毕节、清远）已有成功引进的案例，但规模不大数量有限，且进展较慢。

6. 帮扶专项资金管理机制有待完善

部分地区（如清远、梅州）在财政帮扶资金使用和帮扶项目建设上存在不符合程序、项目随意变更、招投标不规范等问题，责任主体未压实、相关帮扶项目资金制度和机制未健全。调研中发现，对口帮扶工作队与驻村工作队对帮扶资金使用存在想用不敢用、要用不能用、该用还没用的问题。如三方共管资金，缺少明确的帮扶资金制度与细则。

7. 帮扶工作考评机制有待完善

在调研中，多地帮扶工作队都有反映，由于帮扶双方社会经济发展形势的

实际变化情况，部分考评指标可能发生变化，但对工作队的考评管理仍是老一套，导致工作队工作情绪和工作效率有时会出现波动。调研中还发现，在对帮扶工作队的人性化管理，如差旅补助、探亲假期、政策培训等方面有所欠缺。

五、做好对口帮扶扶贫的建议

在习近平总书记关于"三农"工作重要论述中，既有理论的继承和创新，又有实践的总结和发展，既有历史经验又有现实思考，"三个必须""三个不能""三个坚定不移"最为系统和鲜明，居于总括性总要求的地位。习近平总书记早在《摆脱贫困》一书中就提出，消除贫困，改善民生，实现共同富裕，是社会主义的本质要求。习总书记在十九大报告中提出了打赢脱贫攻坚战和乡村振兴战略的重大工作部署，强调要深入实施东西部扶贫协作，重点攻克深度贫困地区脱贫任务，要实现农业农村优先发展，强调提出要推进乡村人才振兴、产业振兴、组织振兴、生态振兴和文化振兴，并把创新作为第一动力。习近平总书记在2018年6月作出重要指示，强调要调动社会各界参与脱贫攻坚的积极性，实现政府、市场、社会互动和行业扶贫、专项扶贫和社会扶贫联动。因此，从习总书记的系列重要讲话精神和指示中可以看出，脱贫攻坚和乡村振兴两者是相辅相成、密不可分的，科技创新既是乡村振兴的第一动力，也是脱贫攻坚的第一动力和重要支撑。

今后一段时期，广州市要按照"中央要求、地区所需、广州所能、优势互补、合作共赢"的理念和原则，以问题为导向，以创新市场机制为切入点，打好对口帮扶黔南、毕节、梅州、清远的脱贫攻坚战。需要遵循以下几个原则：一是要政府主导，有序推进。充分发挥政府在顶层设计、规划和政策制订方面的主导作用，统筹利用所有行政资源，积极调动和发挥帮扶双方的积极性、主动性和创造性，有序推进产业扶贫、智力扶贫、科技扶贫、教育扶贫、卫生扶贫、劳务合作、人才培训、经济协作等多种形式的对口帮扶工作。二是优先帮扶深度贫困地区。始终把保障和改善民生放在对口帮扶工作首位，基础设施项目和公益事业项目帮扶资金优先投向深度贫困地区。三是创新方式，共享发展。建立健全帮扶双方资源优势互补、要素科学配置的机制，开展更深层面的经济技术合作交流。四是完善机制，示范带动。吸收和借鉴成熟经验和做法，建立帮扶资金稳定增长机制，建立和完善帮扶资金、项目管理制度和工作机制，打造一批具有广州特色和亮点的帮扶项目和示范点。综上，围绕广州市探索建立对口帮扶工作利益最大化、合作共赢的机制，提几点建议：

1. 健全完善"广黔模式"

一是坚持扶贫开发新理念，由对口帮扶变为对口帮扶合（协）作。国内闽宁模式、沪遵模式、浙黔模式、京蒙模式中的做法，大多称为对口帮扶合作或者对口帮扶协作。建议广州市对口帮扶工作也改称为"对口帮扶合作"或"对口帮扶协作"，理由是：帮扶是侧重"输血式"，合作是侧重"造血式"，两者有机结合，把人才、资金、项目、技术等要素优化整合，既有利于形成既输血又造血的扶贫机制，又有利于建立健全优势互补、合作共赢的市场化机制，在制度和体制机制上不断完善"广黔模式"。

二是结合供给侧结构性改革，建立扶贫产业项目库。在市级层面，搜集和整理目前不符合广州发展目标和实际的产业项目，建立扶贫产业项目库存。采取积极的扶持优惠政策，指导并支持其积极向西部对口帮扶地区转移，填补西部贫困地区产业薄弱的环节，增强对口帮扶地区产业扶贫协作的实力和水平。

三是建立健全帮扶地区脱贫动力机制。首先，坚持政府主导、市场主体，社会化运作的方式，将扶贫的主体由以国企为主体，扩大至广州市对口地区所有愿意参与或投入扶贫工作的企业、社会力量和个人，建议企业以民营企业为主；其次，协作双方政府针对广州民营企业到黔南、毕节、梅州清远投资涉及的用地、市场渠道拓展、企业利税等方面出台优惠政策，重点加大对贫困地区基础设施建设、产业发展等用地的保障力度，指标优先保障、政策优先倾斜、项目优先审批，鼓励民营企业到对口帮扶地区投资创业，企业优先从帮扶地区贫困人员中选录。通过市场机制的引入，实现知识、技能、资源、信息的双向互动，切实增强"造血"功能，培育贫困地区的自主发展能力。

四是发挥贫困户主体参与作用，贫困村贫困户对口帮扶"双管齐下"。要把黔南、毕节、梅州和清远地区的贫困户作为对口帮扶的建设主体、受益主体和监督主体，每一个规划、项目，每一件实事都要有贫困群众参加制订、实施和监督。结合省定贫困村的新农村示范村建设，将示范村建设项目与贫困户帮扶项目深度融合、共同推进。可采用省市扶贫规划项目、一事一议、民办公助、以奖代补等方式，以贫困村贫困户为主体实施对口帮扶项目。支持贫困地区率先探索实施农村宅基地"三权分置"改革，用好"三旧"改造政策，统筹推进农村集体建设用地和宅基地拆旧复垦及开发利用，支持贫困地区统筹县镇村产业发展和基础设施用地布局，重点引导和帮扶贫困村贫困户发展以整村或联村推进的方式，发展特色产业和优势重点项目。

2. 探索帮扶双方长效协作组织协调新机制

党的十九大报告提出,"要坚持中央统筹省负总责市县抓落实的工作机制,强化党政一把手负总责的责任制"。这对广州市在对口帮扶黔南、毕节、梅州和清远的组织领导机制提出了新的要求。

一是完善帮扶双方市县党政一把手负总责的责任制,形成常态化、实效化机制。要提高和深化十九大报告中对口帮扶工作的精神认识,落实帮扶对接双方的市、县(区)党政一把手为对口帮扶扶贫工作的第一责任人,帮扶单位一把手为对口帮扶工作具体落实的第一责任人。落实各级党政一把手带头对帮扶所在地包村包户帮扶制度,完善各级党政领导干部推进对口帮扶脱贫攻坚的实绩考核制度,将考核结果作为选拔任用分管领导干部和对口帮扶干部的重要依据,加大领导干部失职失责的问责问效力度。完善五级书记遍访对口帮扶贫困村、贫困户的长效机制,压实区域帮扶单位和干部对贫困人口的精准帮扶责任,推进政策宣传、产业帮扶、社会保障、医疗救助、教育资助、资产收益、就业帮扶等方面落实到村到户。强化对对口帮扶中涌现出的好干部事迹、对口帮扶好模式、对口帮扶好现象的宣传推广机制。针对对口帮扶领域领导干部腐败和作风问题,要建立健全举报追查制度、问题线索共享机制和查实曝光机制。

二是要凝聚更多社会力量,继续强化区域对口帮扶。要紧紧围绕省委省政府"一核一带一区"的区域协调发展布局,拓展帮扶力量和帮扶区域,动员省属大型企业、大型民营企业、三甲医院、高校、智库、科研院所到广州市对口帮扶地,以创建分校、分院、合作机构等多种方式开展长效帮扶。鼓励广州市政府与黔南、毕节、清远、梅州等地区通过扶持共建、合作共享、股份合作、托管建设等多种模式开展产业共建。

三是要凝神聚力,优化对口帮扶工作组织效率。充分发挥驻黔南、毕节、梅州和清远工作队的领头作用和组织统筹作用,以各帮扶单位在对口帮扶工作的问题困难为导向,与当地分管扶贫工作部门做好沟通协调工作,集中相关驻村工作队的人才、资源、技术等优势,建立健全驻村工作队联合办公或资源共享等机制方式,提高帮扶工作的组织效率。

四是健全和完善广州市对口帮扶合作中的日常工作机制。借鉴沪遵模式和浙黔帮扶合作模式,可参照沪遵产业合作经验,进一步加强与黔南、毕节、清远、梅州等地办公室成员单位互访机制、产业合作信息共享机制、重要人才和紧缺人才引进机制等;同时,可借鉴浙江宁波导入社会力量帮扶贵州的经验,坚持"二对一"结对帮扶办法，逐步扩大部门参与结对帮扶范围，积极引导有能力、有愿望的企业和社会名流参与到结对帮扶中来。

3. 强化科学规划和全面总结推广

一方面，通过对未来 10～15 年广州市对口合作的顶层设计改革、体制机制创新以及配套政策制度的研制，从政府、帮扶单位、社会力量、相对贫困（欠发达）地区等各个层面征求意见，确定目标，为 2035 年基本实现现代化提前谋划。另一方面，广州市对口帮扶黔南、毕节和梅州、清远，近年来也涌现了一系列示范典型、实效突出的扶贫模式，需要认真总结、可因地制宜在更多对口帮扶地区复制推广，从而实现帮扶单位、企业、村委会、贫困户、社会力量五位一体、合作共赢的良好格局。如本研究前述广州市对口帮扶模式中的"帮扶企业＋党支部＋基地＋贫困户"、"产业园区＋企业＋基地＋贫困户"等五种模式。从东西部区域帮扶的层面来讲，建议加强总结和调研，在全国范围内总结和推广"广黔协作模式"或"穗黔协作模式"。

4. 建立健全对口帮扶全产业链的绿色低碳循环经济发展体系

就广州市对口帮扶的黔南、毕节、清远、梅州四地而言，被帮扶地区的产业发展推进与对口帮扶地区的市场拉动，是符合"成本最小化、利益最大化"的条件的，既是实现广州市对口帮扶双方优势互补、合作共赢的坚实基础，也是实现区域协调发展的重要举措。

一是培育或引入绿色低碳循环和高科技产业，合理配置产业园区载体。应借鉴京蒙模式，一方面，以民企科技创新对接帮扶地区产业帮扶合作的方式，提供科技创新基金与高科技产业培育。充分挖掘和发挥帮扶地区优势和特色，重点培育绿色低碳循环产业，着力发展高科技的新兴产业，如休闲旅游、生物科技产业、农产品加工业、农村新材料新能源产业等绿色产业。在今后产业园区的布局优化上，要引导和鼓励创建绿色循环产业为主导的产业园区，改造对环境生态存在潜在污染风险的工业园区结构，科学谋划绿色低碳的园区发展规划。如黔南州和毕节市土地资源、自然资源禀赋，近年来吸引了生态环保产业投资者，应继续保持优势，大力发展特色循环农业、高科技产业、大数据信息产业等，对于高污染类产业如煤矿、钢铁、水泥制造等重工业，应限制性或禁止进入。

二是引入高技术民营企业，优化产业集群布局。以产业园区为载体，引入掌握以绿色低碳循环全产业链各环节核心、关键技术的民营企业，打造绿色低碳循环的产业集群，推进一二三产业融合与绿色发展。如广东粤旺集团投资建设的种养基地、长顺县的广东省天农食品有限公司打造现代化养殖基地、广东新供销社天成公司合作建设的都匀市毛尖茶叶深加工产业园、广东新农人科技公司合作建设的墨冲农业科技产业园、正大餐饮公司合作建设的学生营养餐中央厨房项目、广州奇旺数码打造的贵州大数据信息港项目等，广州市各帮扶单位都要进一步总结经验，引入有意愿、有能力的民营企业进驻，可谋划"一企帮一村"、"一企扶一业"等行动，根据被帮扶地区的土地、人力等资源要素禀赋，适度引入项目和资金、技术，组建行业集聚性的绿色生态产业集群、大数据产业集群等。

5. 建立健全供需匹配的长效化市场机制

要突出对口帮扶的社会性、广泛性和互补性，以广州市和黔南、毕节、梅州和清远的政府部门为主导，以企业合作为主体，以社会力量为辅助，以产业优化布局、资源合理配置为主线，整合各类资源，构建帮扶双方优势互补、供需清晰、目标明确、利益共享的帮扶工作良好格局。一是结合供给侧结构性改革，帮扶双方通过购买政府服务的方式，邀请第三方科研评估机构，调查分析产品、产业、人才、资源等供给侧以及市场、消费者等需求侧的经济行为，摸清帮扶双方优势和需求。二是帮扶双方政府部门在政策、机制等方面给予相应的支持，如支持帮扶地区举办博览会、展销会；支持"一村一品"、"一镇一业"形成的品牌特色产品优先推向广州市场；支持帮扶地区优势特色产品通过各种媒体免费广告宣传等。三是帮扶双方要建立健全沟通机制，利用电商、超市、批发市场等销售流通主体渠道，积极搭建平台和消费市场。如江南批发市场、阳山一家帮电商、广州市百果园、广州百佳超市等，需要进一步扩大影响，引入更多上规模、成品牌的电商平台和商超、批发市场对接。在黔南、毕节地区，广州市各帮扶单位可以借鉴沪遵模式，大力推进实施农特产品产销对接、黔女入穗、黔茶入穗和农贸市场改善等扶贫协作项目。

6. 创新帮扶资金投入持续增长机制和管理机制

（1）持续稳定加大各级帮扶资金投入。一是加大对薄弱项目的投入。如山区县贫困户的产业帮扶、贫困村的水电路网等方面的建设。二是加大对深度贫困地区的投入。重点加大对该类地区产业扶贫、基础设施扶贫、民生扶贫方面的资金与人力投入，补足短板。三是加大对劳动密集型产业带动性企业引进的力度。加强贫困村的产业建设尤其是引进生态友好型劳动密集型企业，特别是农业龙头企业或农旅结合产业。建议广州市可借鉴浙黔模式中宁波帮扶黔西南的做法，通过引入符合当地发展意愿的产业项目的帮扶方式，在做好产业帮扶基础上，大力扶持清远和梅州地区新农村建设和现代农业发展。四是加大产业园项目建设力度。产业园区帮扶是对口帮扶中的核心，产业园区的项目后续投入、企业引进、产业基础设施管护，均需要继续加大投入，以保证帮扶成效。五是加大财税补贴类的投入。优先加大民生扶贫的补贴投入，其次加大对生态环境开发保护、劳动力转移就业、医疗教育扶贫的补贴投入，很有必要。如医疗帮扶项目，可以在考虑2020年这一轮对口帮扶工作完成后，继续由广州市财政局投入适当比例补贴，对愿意来黔南、毕节、梅州、清远等地工作的志愿者，给予地区工作津贴；对于继续在当地医疗机构、企业和单位的运营项目所产生的税息，由广州市财政局给予补贴或贷款贴息，以保证双方合作的持续性。

（2）探索创新帮扶资金管理机制。应建议分类监管办法，一方面，如财政专项引导奖金、省扶贫开发帮扶对象财政专项资金、各单位自筹资金等，应严格按照省市财政资金开支；另一方面，社会捐赠资金和行业扶贫资金或其他社会资本，可以根据帮扶工作实际和项目实施实际，在管理制度上可以参考财政资金，但管理机制可相对灵活，如帮扶单位工作人员的接待、差旅，当地项目由于用途临时变更需要变更部分资金用途等，可以从中列支，但需要请第三方财务机构进行指导和监管。健全帮扶项目资金公告公示制度，省、市、县对口帮扶扶贫资金分配与使用结果要形成常态化公开机制，贫困村贫困户扶贫项目和资金使用情况要形成动态化公开监管机制。

7. 创新对口帮扶考评机制

一是"对标"要突出重点，"对表"要把握关键。首先，要保证国家指标任务逐项逐条按照标准完成；其次，除了对照任务指标，还要对照帮扶脱贫的时间表，不能仅是为了完成年度考核任务，还要注重效率和效能。

二是不仅要完成规定动作，还要因地制宜完成自选动作。广东清远、梅州在完成国定对口帮扶目标的基础上，提出省定贫困村要完成新农村示范村建设，要推进"后队变前队"的目标，这对帮扶工作队的"自选动作"提出了新的要求。建议帮扶单位在"自选动作"上给予政策、资金、项目、人才、技术等保障，打造为双方合作共赢的"示范工程"。

三是要探索帮扶双方互利互促的激励机制。要在帮扶双方工作人员的职称职务晋升上、精神奖励上、物质奖励上都要有充分的体现，通过帮扶工作，来促进帮扶工作人员的成长。

第四部分
精勤农民

2017 年广东农民收入水平在全国排名持续下降，由 1984 年以前的在全国各省（不包括直辖市）中一直位居第一，到 1984 年被浙江超越，2001 年被江苏超越，2013 年被福建超越，且差距呈进一步拉大态势。截至 2016 年，广东省位居第七，落后于上海、浙江、北京、天津、江苏、福建。可见，广东农民增收缓慢已成为广东率先全面建成小康社会的一大短板。

目前，农民收入问题性质发生了显著变化，这不仅体现在各种收入的非均衡增长使得农民收入增长的源泉发生了"质"的变化，而且还表现在农民收入问题日益复杂化，因为它不再是一个单纯的农业问题，也不仅仅是农民自身的问题，更是一个与农村制度创新、区域经济发展、非农就业等关联性日益密切的问题。因此，从农民收入结构视角对农民增收问题进行研究有助于认识农民收入的来源，更有利于揭示农民收入增长的深层次原因，客观反映出农民在自身及外部环境发生变化时农民收入及其结构变化规律特征。

第二十章 广东各地市农民收入现状

一、近五年全省农民收入的总体情况

1. 农民收入稳步增长，城乡差距减小

近 5 年来，广东省农村常住居民的人均可支配收入正以年均 8.51％的增速提高，2017 年农村常住居民的人均可支配收入达到了 15 779.74 元，是全国的 1.17 倍。相较于城镇居民，农村常住居民的人均可支配收入以更高的增速增长，城乡收入差距从 2013 年的 2.67 缩小到 2017 年的 2.60（表 20 - 1）。

表 20 - 1　2013—2017 年广东省城乡居民收入变化情况

年份	城镇居民人均可支配收入（元）	名义增速（％）	农村居民人均可支配收入（元）	名义增速（％）	城乡居民收入比
2013	29 537.29	—	11 067.79	—	2.67
2014	32 148.11	8.84	12 245.56	10.64	2.63
2015	34 757.16	8.12	13 360.44	9.10	2.60
2016	37 684.25	8.42	14 512.15	8.62	2.60
2017	40 975.14	8.73	15 779.74	8.73	2.60

资料来源：《广东农村统计年鉴》。

2. 农民收入结构变化明显

随着传统的城乡二元经济结构被逐渐打破，农民就业渠道拓宽，收入来源也呈现多元化：

（1）近五年来，工资性收入占广东省农村常住居民收入的比重持续第一，保持在 50％以上，说明工资性收入是这一阶段农民收入增长的最主要来源，且增量贡献率达到 46.3％。这也符合经济发展的规律，随着城镇化、工业化进程的加快，农村劳动力不断向二、三产业转移，而打工收入是远高于传统小农的经营收入。

（2）自 2013 年起，经营净收入的比重略降 1.4 个百分点，但连续五年占据广东省农村常住居民人均可支配收入的 1/4，是农民收入的第二大块。经营净收入从 2013 年的 3 047.9 元增长到 2017 年的 4 118.7 元，其增收贡献率达 22.7%。

（3）财产净收入占广东省农村常住居民收入的比重最小，2017 年其占比低至 2.6%。从 2013 年到 2017 年，人均仅增加 22.8 元，对增量贡献率仅为 0.5%。

（4）近五年，转移净收入逐渐成为广东省农村常住居民增收的主要力量，从 2013 年的 1 956.7 元增加到 3 391.7 元，增加 1 435 元，对农民收入增长贡献达 30.5%，高于经营净收入对增收的贡献率（表 20 - 2）。显然，随着强政策的力度不断加大，农民已经享受到这些政策带来的红利。

表 20 - 2　2013—2017 年广东省农村常住居民收入情况

单位：元

指　标	2013 年	2014 年	2015 年	2016 年	2017 年	增量	贡献率
人均可支配收入	11 067.8	12 245.6	13 360.4	14 512.2	15 779.7	4 712.0	100%
工资性收入	5 671.2	6 220.3	6 724.0	7 255.3	7 854.6	2 183.4	46.3%
经营净收入	3 047.9	3 272.4	3 590.1	3 883.6	4 118.7	1 070.8	22.7%
财产净收入	392.0	295.5	337.0	365.8	414.8	22.8	0.5%
转移净收入	1 956.7	2 457.3	2 709.3	3 007.5	3 391.7	1 435.0	30.5%
工资性收入占比	51.2%	50.8%	50.3%	50.0%	49.8%	—	—
经营净收入占比	27.5%	26.7%	26.9%	26.8%	26.1%	—	—
财产净收入占比	3.5%	2.4%	2.5%	2.5%	2.6%	—	—
转移净收入占比	17.7%	20.1%	20.3%	20.7%	21.5%	—	—

资料来源：《广东统计年鉴》。

3. 全省农民收入增加放缓，经营净收入增速受限

观察 2014—2016 年全省结构性收入数据[1]，人均可支配收入增速放缓，由 2015 年的 9.10% 降为 8.73%（图 20 - 1）。其主要原因是因为经营净收入的增速受限，这归因于生产成本不断升高和价格天花板的双重挤压，农业收益提

---

　　[1]　横向比较数据仅比较 2014—2016 年是因为 2013 年及以前年份农民人均收入统计指标为农村居民人均纯收入，2014 年起为农村常住居民可支配收入，两者及其各项构成的统计口径和统计样本均有变化，因此不具可比性。

升和农民增收空间有限。且工资性收入增长幅度缓慢，也是农民收入增长缓慢的另一原因。另外，财产净收入的增长波动大，主要跟其基数过小有关，多增长 20 元，就有较大的增幅。

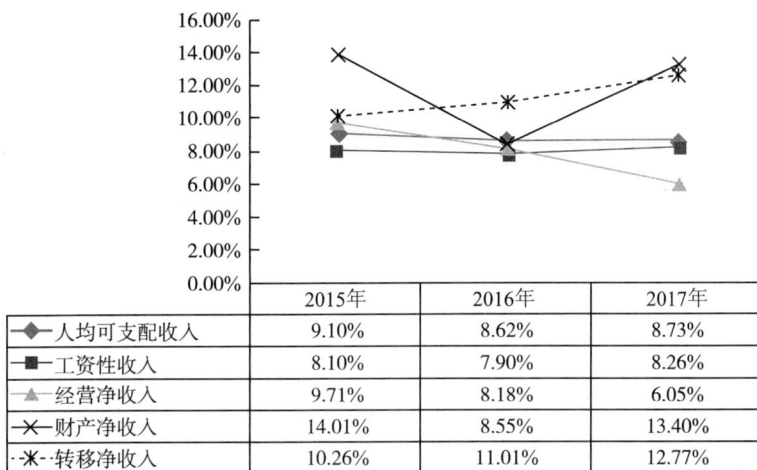

	2015年	2016年	2017年
◆ 人均可支配收入	9.10%	8.62%	8.73%
■ 工资性收入	8.10%	7.90%	8.26%
▲ 经营净收入	9.71%	8.18%	6.05%
× 财产净收入	14.01%	8.55%	13.40%
⋇ 转移净收入	10.26%	11.01%	12.77%

图 20 - 1　2015—2017 年广东省农村常住居民结构性收入增速变化情况

二、广东各地市收入结构现状

1. 模型选择——聚类分析

聚类分析就是将个体或对象进行分类，使得同一类中的对象之间的相似性比其他类的对象的相似性更强，其目的在于使类间对象的同质性最大化和类与类间对象的异质性最大化。本课题采用系统聚类分析方法，其原理是先将所有的 n 个变量看成是不同的 n 类，然后将性质最接近（距离最近）的两类合并为一类；再从这 n−1 类中找到最接近的两类加以合并，依此类推，直到所有的变量被合并为一类。得到分析结果后，再根据具体的问题和聚类结果决定应当分为几类。本课题利用聚类分析方法把广东省各地区根据收入结构的相似性进行分类，研究不同类别的差异特征，有利于更好地把握现代农业演进的规律性、更好地发挥评比性和导向性功能。

2. 各地市聚类结果

根据 2016 年广东省各地市农民收入来源结构的数据，利用 SPSS 22.0 统计软件对广东省农民收入区域差异特征进行分析。分析结果按区域大致可以分为四类（图 20-2、表 20-3），需要说明的是，深圳市是无农村的城市，故深圳无农村常住居民的收入情况。

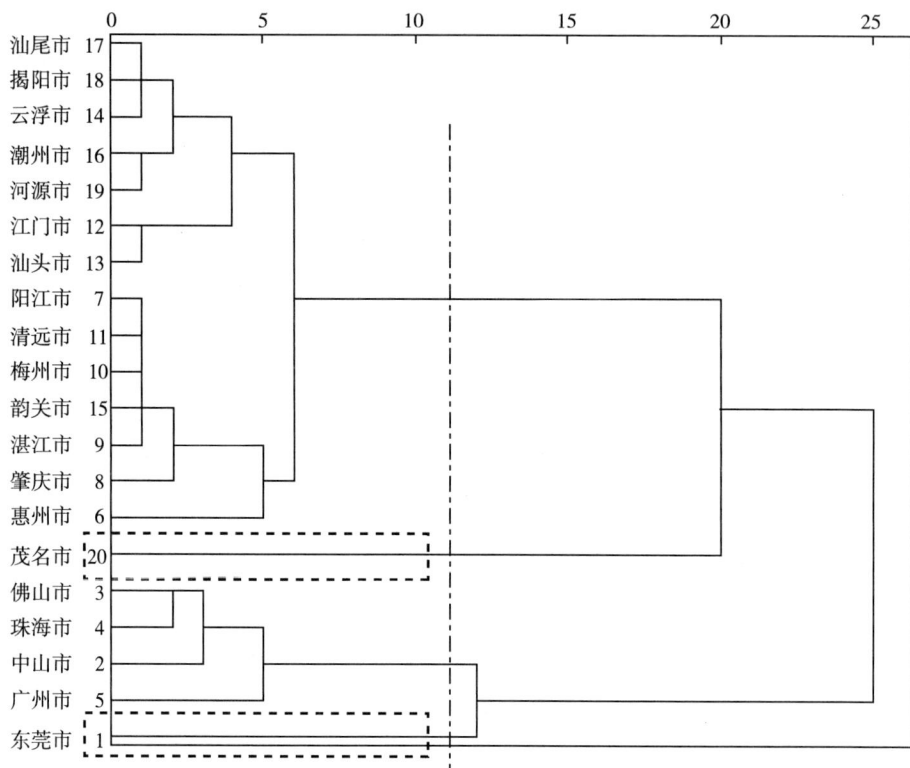

图 20-2　聚类分析谱系

表 20-3　聚类分析结果

第一类	第二类	第三类	第四类
东莞市	中山市、佛山市、珠海市、广州市	茂名市	惠州市、阳江市、肇庆市、湛江市、梅州市、清远市、江门市、汕头市、云浮市、韶关市、潮州市、汕尾市、揭阳市、河源市

　　第一类只有东莞市。该市农民收入基本特征为工资性收入的绝对值和占比最高，其工资性收入为 23 113.15 元，是湛江市工资性收入的 3.87 倍，其占人均可支配收入绝对比重高达 87%；经营净收入占人均可支配收入的比重不足 10%，是全省唯一一个比重低于 10% 的地区；转移净收入占人均可支配收入的比重竟为负值，说明还存在转移支出给其他区域的情况。可以看出，工资

性收入已经成为促进东莞市农民增收的绝对力量。

第二类是中山市、佛山市、珠海市、广州市。该四个地市农民收入基本特征为人均可支配收入普遍较高,平均为 24 000 元左右;其工资性收入虽略低于东莞市,但仍以工资性收入为主,占人均可支配收入绝对比重平均达到70%左右,其中广州市较高,占其人均可支配收入的 74% 左右,其次是中山市,占其人均可支配收入的 70% 左右;经营净收入占人均可支配收入比重的10% 以上,其中佛山的经营净收入是四市中最高的,是东莞市经营净收入的1.83 倍;四市的财产净收入占比情况相对较高,均在 9% 以上,绝对值平均在2 600 元左右;转移净收入普遍较低,比重均不足 10%(图 20 - 3)。因此,该类地区的农民增收仍是依靠工资性收入。

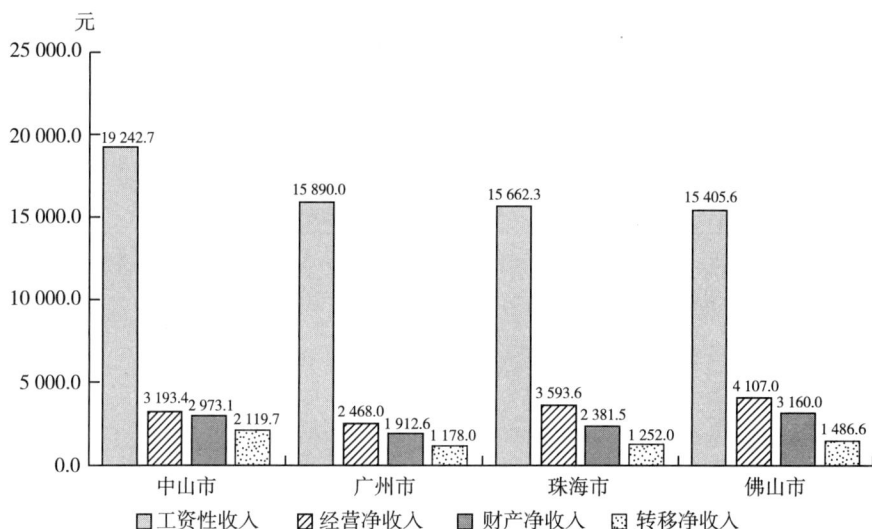

图 20 - 3 中山、广州、珠海、佛山四市农村常住居民结构性收入情况

第三类是茂名市。该市农民收入基本特征为农民增收以工资性收入和转移净收入双轮驱动,其 2016 年工资性收入和转移净收入分别为 6 433.95 元和5 767.96元,占人均可支配收入绝对比重分别为 44% 和 40%,尤其是其转移净收入,不论是绝对值还是比重值,均远远高于省内其他地区,其绝对值是广州市转移净收入的 4.9 倍。而经营净收入仅占 10.38%,虽稍高于东莞市,但因基数小,其绝对值是省内最低的,仅为 1 507.2 元。

剩余的地市都属于第四类,该类地区农民收入基本特征为工资性收入和经营净收入双轮驱动,其 2016 年工资性收入和转移净收入平均占比分别为 57%

和 25% 左右。其中，惠州市、湛江市、韶关市、肇庆市和阳江市的经营净收入都超过 4 000 元，高于省内其他地市的经营净收入绝对值。该类转移净收入的平均占比为 15.5% 左右，但财产净收入的平均占比仅为 2.5%。因此，该类地区的农民增收主要依靠工资性收入和经营净收入双轮驱动，而财产净收入是该类地区农民收入的短板。

3. 广东各地市收入存在差距

近年来，广东省不同地区的农民收入都保持着良好的增长态势，但各地市收入存在差距，从表 20 - 4 可以看出，第一类和第二类地区的农民收入明显高于第三类和第四类地区。且不同地区间农民收入的差距正在加速扩大，观察 2014 年至 2016 年各地市数据，从 12 443 元的差距扩大为 15 483 元的差距，区域间的农民收入差距明显。从各区域收入增速看，人均可支配收入最高的中山市，其 2015 年和 2016 年的名义增速分别为 10.10% 和 12.80%，人均可支配收入最低的河源市，其 2015 年和 2016 年的名义增速分别为 9.3% 和 11.50%，可见区域间农民收入呈现出逐渐扩大的趋势。

表 20 - 4　2014—2016 年广东省内农村常住居民收入对比

单位：元

地市	2014 年	2015 年	2016 年	地市	2014 年	2015 年	2016 年
中山	22 166.3	24 405.1	27 528.9	汕头	11 190.3	12 454.8	13 662.9
东莞	22 327.1	24 224.9	26 526.3	湛江	11 381.1	12 405.4	13 335.8
佛山	20 094.0	22 063.2	24 159.2	云浮	11 066.8	12 007.5	13 016.1
珠海	18 394.8	20 510.2	22 889.4	梅州	10 785.6	11 799.4	12 991.2
广州	17 662.8	19 323.1	21 448.6	清市	10 600.3	11 681.5	12 873.0
惠州	14 364.4	15 829.6	17 602.5	韶关	10 532.2	11 606.5	12 790.3
江门	12 746.3	13 817.0	15 226.3	潮州	10 551.1	11 458.5	12 558.5
肇庆	12 642.3	13 982.4	15 115.0	汕尾	10 415.3	11 290.2	12 441.8
茂名	11 913.5	13 224.0	14 519.9	揭阳	10 145.6	11 332.6	12 250.6
阳江	11 488.5	12 543.2	13 960.5	河源	9 884.0	10 803.2	12 045.6

三、广东各县农民收入现状

由表 20 - 5 可知，各市内县域农民的收入差距也不一样，揭阳和广州的基尼系数超过 0.2，说明相对于其他市，这两个县域之间的贫富差距更大些。

表 20 - 5　2016 年广东各地市的基尼系数

地市	基尼系数	地市	基尼系数
茂名	0.003	潮州	0.108
汕尾	0.025	湛江	0.125
珠海	0.029	佛山	0.133
清远	0.040	江门	0.139
云浮	0.045	梅州	0.159
阳江	0.052	河源	0.169
惠州	0.055	肇庆	0.169
汕头	0.067	广州	0.222
韶关	0.084	揭阳	0.240

空间统计分析是近年来兴起的一种空间分析方法，可用于分析具有空间坐标变量的空间特征，而且能够应用空间分析模型进行空间过程模拟、空间自相关分析及空间结构特征等的计算。本课题选用空间自相关系数——Moran's I 指数，空间关联——G 统计分析各县域的空间分布特征。

（1）空间自相关——Moran's I。表示全局空间自相关最常用的指标是 Moran's I，其公式为：

$$I(d) = \frac{\sum_{i}^{n}\sum_{j \neq i}^{n} w_{ij}(x_i - \bar{x})(x_j - \bar{x})}{S^2 \sum_{i}^{n}\sum_{j \neq i}^{n} w_{ij}}$$

式中，x_i 为区域 i 的观测值，w_{ij} 为空间权重矩阵。

借助局部 Moran 指数分析广东省县域 2013 年、2016 年空间相关程度变化，总体上珠三角地区县域农民收入在空间上较为聚集，其中，2013 年高—高聚集地区（高收入地区与高收入地区聚集）为广州市增城、萝岗、番禺、花都、白云、天河，佛山市顺德、南海、三水、禅城，以及江门市蓬江，低—低聚集（低收入地区与低收入地区聚集）则集中在深圳市辖区。2016 年高—高聚集地区是广州市南沙和中山市，而深圳市各辖区及广州市天河、荔湾则是低—低聚集地区。总体上，农民收入高—高聚集区域从珠三角北部向珠三角南部拓展。

（2）空间关联——G 统计。Ord 和 Getis 研究了用于空间关联的 G 统计（Ord 等，1994），其计算公式为：

$$G_i(d) \frac{\sum\limits_{i,j \neq i}^{n} w_{ij} x_j}{\sum\limits_{j,j \neq i}^{n} x_j}$$

式中，n 为观测值的个数，x_i 为位置 i 的观测值，$\{w_{ij}\}$ 为空间权矩阵。

利用 $G(d)$ 关联分析广东省各县域 2013 年和 2016 年农民收入的空间变化，总体上，仍然是珠三角的核心区域以热点区域居多，如广州南沙、佛山顺德、东莞、中山等，而冷点区域在珠三角较少分布，在粤东、粤西和粤北区域则冷点区域分布很多。2013 年热点区域集中在广州市增城、萝岗、番禺、花都、白云、天河，佛山市顺德、南海、三水、禅城、高明，次热区域分布在中山市、江门市蓬江、鹤山及肇庆市鼎湖。2016 年热点区域增加了东莞和中山。总体上，农民收入的热点区域由珠三角的北部向南部拓展。

借助空间相关指数 Moran 和空间关联指数 $G(d)$ 分析广东省县域 2013 年和 2016 年农民收入的空间演变情况，近几年农民高收入区域与热点区域基本变化类似，主要集中在珠三角的广州、佛山、东莞、中山等核心城市，珠三角其他城市以及粤东西北农民收入的空间聚集程度不高。从宏观经济发展上看，珠三角的 GDP 占全省八成多，这也说明经济高速发展对农民的收入拉动作用很大。

四、广东区域发展特征形成的原因分析

1. 区域经济发展情况

农民增收水平与区域经济发展水平紧密相关，农民收入较高的中山市、东莞市、佛山市、珠海市和广州市，长期以来都是经济最活跃的地区，该类型地区生产总值都快于其他地区，对非农劳动力需求旺盛，而这恰好为以工资性收入为主要推动力量的这两类区域创造了条件。对离珠三角地区较远的东西翼地区带动作用有限，加之地区经济发展条件差，工业化水平低，农民收入自然不高。因此，第一类和第二类地区的人均可支配收入普遍较高，尤其是工资性收入。

从城乡来看，城区往往地势平坦、区位条件要远远优于农村地区。从全省

区域来看，粤北处于山区，粤东粤西虽然也有大量平坦地带，但地理区位条件远不如珠三角地区。良好的地理区位为发展第二三产业提供了很大的便利，带动了城市和珠三角地区的经济发展。

2. 区域资源禀赋

农业生产活动结合了自身生产活动和经济再生产两个活动，因此会受到自然因素的制约。在大环境相同的情况下，如果一个地区的自然资源富足，那么能在农业生产活动中获得更多的经营性收益。综合查看广东省各市资源总量（耕地资源面积、林地面积、养殖面积），第三、四类地区的资源总量相对较高，农业基础相对较好，其经营净收入自然就高。

但茂名市的经营净收入为全省最低。根据通常的经验，如果一个农民收入低，那么往往会被认为他不够勤快，或者是科技没有跟上，不够精耕细作，导致产出量低。但是茂名市的农业数据显示情况却恰恰不是如此，2016年茂名市粮食播种面积为 249 585 公顷，占全省粮食播种面积的 9.95%，而粮食产量占全省的 10.74%，肉类产量占全省的 14.7%。横向比较人均农作物产量值（表 20 - 6），茂名市不论是人均粮食产量、肉类产量、水产产量都是高于全省及广州市的人均水平。另外，茂名市各级农业龙头企业已达 169 家，其中国家重点农业龙头企业 1 家，省重点农业龙头企业 9 家，市重点农业龙头企业 45 家，说明农业产业化水平也较高。因此，茂名市人均经营净收入偏低有可能是统计口径、手段的不同等导致统计数据与其他区域的可比性较差；也有可能是由于企业与当地农户的利益联结机制较弱，该市农业产业化经营的推进，并没有很好地带动农民增收；还有可能是其他深层次的原因。

表 20 - 6　2016 年茂名市与广州市、全省的各项农业数据对比情况

项　　目	全省	广州	茂名
人均粮食产量（吨）	0.20	0.08	0.27
人均蔬菜产量（吨）	0.52	0.68	0.54
人均肉类产量（吨）	0.06	0.04	0.11
人均水产产量（吨）	0.13	0.09	0.16
人均粮食播种面积（公顷）	0.04	0.02	0.05
人均经营净收入（万元）	0.45	0.25	0.15

3. 发展历史遗留

长期以来，广东省乃至我国的发展都是重城市轻农村，城乡、工农之间的"剪刀差"一直存在，农村、农民始终是"剪刀差"的"被剪"对象。从新中国成立初到改革开放前，国家通过两种形式形成了对农民利益的剥夺。一是通过计划体制下的定价权，定价定量收购农业产品，以低价将大部分农产品作为"公粮"上缴，以农民的利益牺牲来支撑城镇和工业的发展。二是通过户籍制度把农民限制在土地上，农民向往城镇好日子的理想被割断。改革开放以来，农民获得了自由迁徙的权利，随着工业化进程推进和城市不断扩张，规模越来越大的农民工队伍进城务工，成为城市产业工人的主体。导致农村大量人才和劳动力流失，农村凋敝和空心化问题日益严重，进一步加剧了城乡和区域差距。

4. 发展定位不平衡

长期以来，珠三角地区是广东省经济发展的重点与核心，在定位上也呈现出明显的不同。无论是在广东省现代农业"四区两带"的功能分区上，还是在当前的"一核一带一区"区域发展战略上，珠三角地区始终是发展的核心，对粤北地区的定位都是以生态保护任务为主的生态农业/发展区，这就注定了其将为全省生态保护作出牺牲，不能去大量发展经济附加值高的二三产业，在引入项目时也将面临更严格的环境评估挑战。在当前广东省环境补偿机制尚未十分健全和落实的情况下，必然导致粤北地区经济的滞后。

5. 地方保护主义还存在

粤东西北地区经济发展落后不仅源自地理环境、历史基础等方面的客观原因，也有发展模式方面的主观原因。与珠三角发达地区相比，粤东西北地区地处偏僻，经济发展环境市场化程度低，政府对市场和企业的干预程度较高，政府与企业之间的关系仍有待进一步规范，某些地区还存在一定程度的地方保护主义。地方保护主义破坏了公平、公正的市场经济秩序，将很多优秀的外地企业拒之门外，不利于本地区经济的发展。

6. 基础设施建设不平衡

由于广东地形地貌的特点，粤东西北地区基础交通建设往往投资大且回报周期很长，欠发达地区的山路修建预期收益不好，这就为融资问题带来了极大的挑战。应该说城乡和区域发展的不平衡是长期的恶性循环所致：即区位的劣势和政策的劣势共同导致经济发展的滞后，而经济发展的滞后导致投入的不足，加剧了基础设施建设的滞后，基础设施建设的滞后又进一步导致经济发展的滞后。

五、广东城乡、区域协调发展的对策建议

1. 落实以功能为引领的区域发展新战略

落实以功能为引领的区域发展新战略，分类指导、精准施策，引导资源优化配置、产业合理布局，推动全省各区域优势互补、差异化协调发展，并在交通设施建设、重大产业布局、城市格局、政策机制保障等方面相应作出安排。

（1）做优做强珠三角核心区。推动珠三角核心区产业、营商环境、生态环境、基本公共服务等深度一体化，加快跨珠江口通道建设，促进珠江口东西两岸融合互动发展，携手港澳建设世界级城市群。推动广州实现老城市新活力，在综合城市功能、城市文化综合实力、现代服务业和现代化国际化营商环境方面出新出彩。支持深圳当好新时代改革开放尖兵、建设中国特色社会主义先行示范区、创建社会主义现代化强国的城市范例。加快珠海经济特区发展，打造珠江口西岸核心城市，打造国际知名会展、赛事、论坛品牌，提升城市影响力。以"绣花"功夫加强城市精细化管理，推进城市老旧社区微改造，促进城市文明传承和人居环境改善。深入推进广佛同城化。强化珠三角核心区引领带动作用，优化区域对口帮扶协作机制，加快广清一体化和深汕特别合作区等建设，促进产业转移园提质增效。

（2）支持东西两翼沿海经济带建设。推进汕头、湛江两个省域副中心城市建设，推动汕头进一步焕发特区活力，促进湛江对接海南自由贸易港建设。培育壮大汕潮揭城市群和湛茂阳都市区，与珠三角沿海地区串联成链。在粤东粤西沿海集中布局一批重大产业项目，大力发展临港化工、海工装备、海洋生物、海上风电等产业，推进南海油气开采。支持汕头临港经济区、汕尾高新区、阳江滨海新区、湛江东海岛、茂名石化基地、潮州港经济开发区、揭阳大南海石化工业区等建设。建设一批现代渔港和远洋渔业基地。发展滨海旅游、海岛旅游。

（3）建设北部生态发展区。坚持生态优先，严控开发强度和产业准入门槛，加强生态保护和修复，筑牢全省绿色生态屏障。加强自然保护区建设管理，在韶关和清远北部试点打造集中连片的生态特别保护区，开展粤北南岭山区生态修复，积极创建国家公园。改造撤并一批"小而散"的低效园区。因地制宜发展绿色低碳新型工业、现代农林业、健康医养等生态产业，支持云浮等地建设南药基地。规划南岭生态旅游公路，挖掘特色旅游资源，打造服务粤港

澳大湾区旅游休闲区。支持中心城区优化城市功能。完善区域生态补偿机制，加大对生态发展区财政转移支付力度。

2. 加快推进城乡基本公共服务均等化

以习近平新时代中国特色社会主义思想为指导，贯彻落实总书记视察广东重要指示精神，按照《中共中央 国务院关于建立健全城乡融合发展体制机制和政策体系的意见》要求，坚持以人民为中心的发展思想，坚持新发展理念，坚持农业农村优先发展，以教育、医疗卫生和社会保障为突破口，抓重点、补短板、强弱项，加快推进基本公共服务均等化再上新台阶，在破解城乡发展二元结构上率先突破。

（1）建立健全城乡义务教育资源均衡配置机制。一是科学布局乡村教学点，加强寄宿学校建设，推广校车接送。二是坚持城市对乡村的"教育反哺"，加强优质教育资源城乡共建共享。促进城镇名校与乡村学校结对帮扶，建设城乡教育联合体，推动市域范围优质基础教育实体资源共建共享；完善城市高水平教师定期到乡村支教制度，定期选派乡村教师到城市接受各种培训以及跟班学习；加强农村网络多媒体教室建设和应用，完善教育信息化发展机制，建设互联互通的视频网络课程平台，加快各类优质视频网络课程建设，实现优质数字教育资源共享。三是省级财政加大转移支付力度，经费使用进一步向困难地区和薄弱环节倾斜。各地加大统筹力度，切实落实乡村教育经费和教师工资待遇，进一步推进落实中小学教师工资收入"两相当"，推动教师资源向乡村倾斜，降低区域、城乡差异对教师质量和稳定性的影响。四是完善教师编制标准和相关管理制度。全面推进"县管校聘"改革，促进合理流动，提升教师编制使用效率。参考选调生制度，探索建立全省统筹规划、统一选拔的乡村教师补充机制和管理模式。加快建立健全省、市、县（区）三级教师周转编制制度，根据实际需求动态调整区域间教师编制指标。五是统筹临聘教师管理，落实同工同酬。落实好"统一标准、统一招聘、统筹调配临聘教师，确保临聘教师与公办教师同工同酬"相关规定，考虑政府统一购买服务，对临聘教师收入水平和职业地位给予制度性保障，突破编制问题对各地基础教育的严重制约。

（2）加快推进镇村卫生服务一体化。一是加快推进镇村卫生服务一体化，完善农村卫生站建设和管理。按照适度集中原则，根据群众的实际需求，分批改造建设较高标准村卫生站，选拔目前村站医生中的优秀人员充实到镇卫生院并与镇卫生院医生返派周边新村站，实现镇村共建、村站人员职业化和全日制；通过保留余下村站的医保授权，在市场机制下，继续充分发挥现有村站和村医生的作用。二是加强乡村医疗卫生人才队伍建设。将职称评定、福利待遇与服务基层贡献挂钩，增强乡村基层医务人员岗位吸引力，确保医疗人才引得来、留得住、有作为。支持乡村医疗人员的学历教育和技能培训，继续加强以全科医生为重点的基层卫生人才培养。三是继续完善分级诊疗制度。完善双向转诊制度，重点畅通向下转诊通道，明确转诊标准和转诊流程，引导优质医疗资源向基层下沉。四是加强优质医疗资源共建共享。健全城乡医疗机构对口互助制度，进一步完善省、市、县医联体建设，推动县镇医院建立县域医共体；健全网络化服务运行机制，有条件地区探索构建涵盖会诊、病理、影像、教育等功能为一体的省、市、县、镇、村五级远程医疗系统。

（3）深化社会保障制度改革。一是完善大病保险制度。适度调整筹资标准，拓宽公益慈善等筹资渠道，规范商保承办，提高基金管理水平，调整扩充特殊药品范围，增强大病保险保障能力。在打赢"医保扶贫攻坚战"的同时，探索建立与农民年人均纯收入增长合理反向对冲的起付标准机制，逐步提高支付比例，避免"因病致贫、因病返贫"。二是加强医保信息化建设，提高便民服务水平。加大财政投入，打通公卫信息系统在村卫生站的"最后瓶颈"，确保镇村卫生服务一体化，实现村卫生站直接医保报销；加快完善医疗保障"一站式"结算系统，实现医疗救助与基本医疗保险、大病保险异地就医无缝对接。三是合理提高医疗保障待遇。按照"保基本、可持续"原则，继续完善医保政策体系，合理提高医保待遇水平，确保保障范围和保障能力相匹配。四是加强医疗保障政策宣传辅导。印制发放宣传手册，完善热线、门户网站咨询，各级部门定期深入农村释疑解惑并帮助群众解决实际困难，规范村卫生站张贴经办流程、知识问答、报销费用公示。五是改革城乡基本养老保险制度。完善城乡居民基本养老保险缴费调整机制和激励补贴政策，适时提高缴费标准。积极向国家相关部门反映，进一步完善城乡基本养老保险制度衔接政策，理顺转移接续关系，更好地保障参保人养老保险权益；加快完善统一的信息平台，实现养老保险关系在大数据下的自然流动。六是久久为功，稳步推进最低生活保障城乡一体化。广东省城乡区域经济发展不平衡，人均财力有限，低保城乡一体化需久久为功，量力渐次加大对第四类地区农村低保补差帮扶力度，逐步缩小城乡差距。

（4）增强城乡基本公共服务供给能力。一是把提升教育、医疗卫生和社会保障水平作为改善农村基本公共服务、实施乡村振兴战略的优先选项，予以重点安排。在财力还不足以支持全方位"扩面提质"的现实下，应集中财力，解决农民群众最关心最直接最现实的农村基本公共服务具体问题。二是健全农村基本公共服务稳定投入保障机制。加大投入力度优先保证农业农村领域支出，确保财政对农业农村投入只增不减，建立健全将大部分土地出让金用于支持乡村振兴的分配导向和机制。三是改革财政转移支付制度。按照省委、省政府关于构建"一核一带一区"区域发展新格局的决策部署，研究完善省级转移支付体制，加强托底保障，增强市县"保工资、保运转和保基本民生"能力。在落实好 2018 年基本公共服务领域共同财政事权和支出责任划分改革方案的基础上，在财力许可范围内，进一步加大对市辖区的帮扶力度。改革专项转移支付管理模式，以业务主管部门为单位清理整合县区专项转移支付项目，实施项目清单管理模式，下放具体项目审批权限，提高资金利用效率。四是发挥市场作用，进一步健全多元投入机制。积极创新基本公共服务供给机制，广泛引入社会力量，形成政府主导、多元供给新格局。五是深化农村综合改革，大力发展乡村经济。围绕实施乡村振兴战略，着力盘活乡村土地、资源、资金要素资源，破除妨碍城乡要素自由流动和平等交换的体制机制壁垒，大力发展镇域经济，壮大农村集体经济，促进农民持续增收，为实现城乡基本公共服务均等化奠定经济基础。

3. 做强现代农业产业园，发展粤东西北地方特色农业产业

现代农业产业园是广东省实施乡村振兴战略的重要抓手，也是推动城乡融合发展的重要平台。2018—2019 年省财政安排 50 亿元，扶持粤东西北地区建设 100 个省级现代农业产业园，2020 年省财政计划再安排 25 亿元建设新一批省级现代农业产业园，珠三角地区自筹资金建设若干个省级现代农业产业园。目前，广东省已创建 10 个国家级、119 个省级（含珠江三角洲地区自筹资金自行建设的 19 个）、55 个市级现代农业产业园，基本实现了省级现代农业产业园覆盖主要农业县，形成了国家级、省级、市级现代农业产业园梯次发展格局。总的来说，现代农业产业园启动实施以来，经过各地各部门的努力，建设工作推进顺利，在乡村产业振兴上跑出了"加速度"，带动了 123 万农民就业增收，已经取得阶段性成果。建议后期不断总结前面的经验教训，完善产业园相关政策措施。

在产业园用地保障方面，一是从用地保障上优先安排农业产业园用地指标，在年度新增建设用地指标中保障农业产业园项目建设用地需求，并做到应保尽保；二是采取"点状供地"模式支持省级现代农业产业园建设；三是对利用存量建设用地建设农业产业园农副产品加工、食品饮料制造、农产品冷链、物流仓储、产地批发市场和小微企业、休闲农业、农村电商等项目的，省级将按照"三旧"改造政策标准予以建设用地指标奖励。并将保障用地供应列入省委省政府对地方党委政府乡村振兴战略的考核内容。

在产业园财政金融保障方面，一是农业产业园内农业民营企业上市融资、股权融资等政策；二是中小企业信用担保政策；三是整合资源推动政策性农业保险全覆盖；四是完善财政资金管理使用方式，做好涉农财政资金的统筹使用。

在产业园人才保障方面，一是制订高新人才进入产业园激励计划，对入园的优秀人才给予资金、住房等方面的奖励，保障产业园人才需求。二是组织高等院校、科研院所的科技力量和农村科技特派员服务农业产业园建设。

在基础设施保障方面，一是优先升级改造通达农业产业园的农村公路；二是支持农业产业园建设农村饮水、生产用水、防洪排涝等配套设施；三是提升农业产业园信息通信水平；四是将配电网规划覆盖农业产业园核心区，保障农业产业园客户用电。

此外，实行入园企业的鲜活农产品运输车辆享受绿色通道政策，农产品品牌宣传和展销推广享受绿色通道，产业园建设项目环评纳入绿色通道，多项途径加快产业园项目建设进程。

4. 营造良好的营商环境

地方保护主义是阻碍和干扰建立社会主义市场经济体制的重要障碍，有效地打击和清除地方保护主义是推动建立公平、竞争、开放、统一的社会主义大市场的重要内容，也是当前粤东西北地区整顿和规范市场经济秩序工作的一项重要任务。因此，粤东西北地区应当借鉴珠三角发达地区的管理模式，积极贯彻落实简政放权，减少政府对企业的干预，提高政府管理与服务的质量与效率，进一步规范政商关系，破除地方保护主义，公平、公正地进行执法、司法，营造良好的营商环境，吸引适合本地区发展的企业安家落户，为经济发展注入活力。

5. 吸引人才和资本回乡发展

粤东西北地区尽管经济发展并不发达，但是却为国家经济建设培养了大批人才。然而，由于粤东西北地区就业机会较少，该地区走出去的大部分大学生都不愿意回到家乡工作，而是留在了珠三角等发达地区，因此粤东西北地区是人才净流出的大户地区，振兴离不开人力资本的投入，粤东西北地区应当根据本地区情况，制定诸如人才发展基金、住房补贴、住房优惠等方面的优惠政策，吸引人才回乡发展。同时，应该积极响应国家"大众创业、万众创新"的号召，制定和完善支持大学生回乡创业的政策，吸引大学生回乡创业，从而为发展地区特色产业提高智力支持。此外，尽管粤东西北地区经济发展落后，但是粤东西北籍的商人及企业家却遍布全国甚至全世界，该地区应当积极营造良好的营商环境，由政府或者社会团体牵头搭建本地籍贯的商界人士进行交流与合作的平台，吸引本地籍贯的在外商人回乡投资，为地区的经济发展提供资金支持，同时也可以加强区域之间的经济联系与沟通。总而言之，粤东西北地区应当积极团结一切可以团结的力量，为家乡的经济建设添砖加瓦。

第二十一章　广东与浙江农民收入比较

一、农民收入省域间对比

1. 农民收入总量和增速对比

自 2013 年来，浙江省在各省农民收入总量排位中稳居第一位。从图 21-1 可以看出，虽然广东省农民收入高于全国农民收入，且差距在逐渐拉大，但是广东省跟浙江省农民收入的差距也在扩大，从 2013 年的 6 426.1 元扩大到 2017 年的 9 176.3 元。

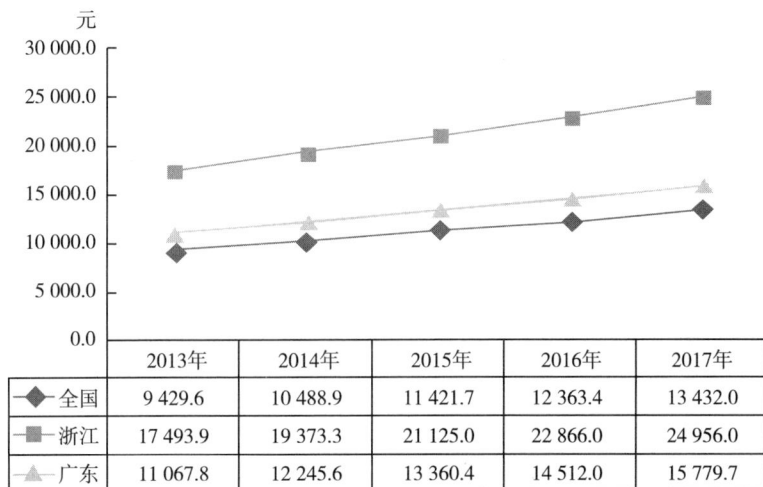

元	2013年	2014年	2015年	2016年	2017年
全国	9 429.6	10 488.9	11 421.7	12 363.4	13 432.0
浙江	17 493.9	19 373.3	21 125.0	22 866.0	24 956.0
广东	11 067.8	12 245.6	13 360.4	14 512.0	15 779.7

图 21-1　广东省与浙江省、全国农村常住居民收入对比情况

从农民收入增速看，浙江、广东、全国的农民收入增速都在 2016 年有所下滑，2017 年又有所回升。且在 2017 年，浙江省农民收入增速反超广东省，农民增收劲头猛进（图 21-2）。

此外，2016 年广东省内各区域农民收入标准差大于浙江省内各区域农民收入标准差，可见浙江省各区域农民收入发展更均衡，各区域间的收入差距较小。

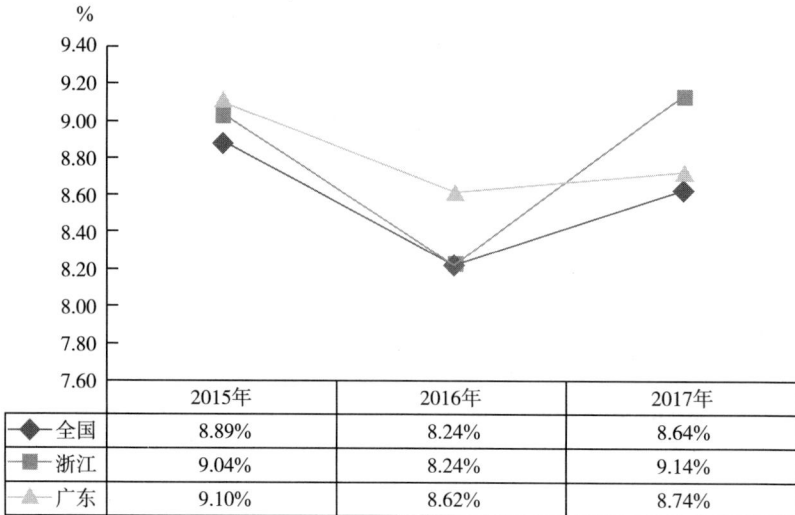

	2015年	2016年	2017年
全国	8.89%	8.24%	8.64%
浙江	9.04%	8.24%	9.14%
广东	9.10%	8.62%	8.74%

图 21-2 广东省与浙江省、全国农村常住居民收入增速对比

2. 农民收入结构对比

相较于浙江省近五年农村常住居民的结构性收入变化，发现：

（1）自 2014 年以来，浙江省农民工资性收入占其农村常住居民收入的比重持续超过 60%，从 2013 年的 8 577 元提高到 2017 年的 15 457 元，农民工资性收入增长 80%。而广东省农民工资性收入比例维持在 50% 左右，比浙江省低 10 个百分点。其工资性收入从 2013 年的 5 671.2 元提高到 2017 年的 7 854.6 元，不及 2013 年浙江省农民的工资性收入。

（2）两省的经营净收入比例相差不大，均在 25% 左右，但两省经营净收入绝对值仍是有不小的差距。自 2013 年起，两省的经营净收入差距逐渐缩小，但在 2017 年差距又扩大至 1 993 元（表 21-1）。

表 21-1 浙江省与广东省经营净收入变化

单位：元

省份	2013 年	2014 年	2015 年	2016 年	2017 年
浙江	5 757	5 237	5 364	5 622	6 112
广东	3 048	3 272	3 590	3 884	4 119
差值	2 709	1 965	1 774	1 738	1 993

（3）自 2014 年改变统计口径之后，两省的财产净收入比例均不足 3%，

主要来源为红利收入、出租房屋收入、转让土地承包经营权、利息净收入等（表 21 - 2）。其中，浙江省的财产净收入增长主要是由红利收入带动，2016 年其占比已达 46.1%，出租房屋净收入是浙江省财产净收入的第二大来源，目前占比超过 30%，其次是利息净收入，占比 10% 左右。

表 21 - 2　浙江省与广东省农民结构性收入占比变化

单位:%

省份	指标	2013 年	2014 年	2015 年	2016 年	2017 年
浙江	工资性收入占比	53.25	60.77	61.95	62.12	61.94
	经营净收入占比	35.74	27.03	25.39	24.59	24.49
	财产净收入占比	4.01	2.80	2.88	2.72	2.88
	转移净收入占比	6.99	9.40	9.78	10.40	10.69
广东	工资性收入占比	51.20	50.80	50.30	50.00	49.80
	经营净收入占比	27.50	26.70	26.90	26.80	26.10
	财产净收入占比	3.50	2.40	2.50	2.50	2.60
	转移净收入占比	17.70	20.10	20.30	20.70	21.50

（4）浙江省农民的转移净收入较低，截至 2017 年其收入为 2 669 元，占浙江省农村常住居民人均可支配收入的 10% 左右。而 2017 年广东省农民转移净收入已达 3 392 元，其比例为 21.50%。纵向比较，2016 年以来两省的转移净收入提升较快，其比例也上升较快，说明 2016 年以来各项惠农政策推动转移净收入较快增长，政策效应显现：一是医保城乡统筹的实施使广东农村居民保障水平得到提升；二是低保补助标准不断提高。加上外出农民工寄回带回收入增长较快，以上因素共同推动人均转移净收入的提高。

3. 农民收入差异对比

基尼系数由意大利经济学家基尼于 1912 年提出，用于刻画收入分配差异程度的指标，其值介于 0~1 之间，其值为 0 表明分配完全平均，其值为 1 表明分配极不平衡，通过对样本排序使 $y_1 \leqslant y_2 \leqslant \cdots \leqslant y_n$，根据协方差法可把基尼系数表示为：

$$G = [2/(n^2 \times \mu_y)] \times \sum_{i=1}^{n} i \times y_i - (n+1)/n$$

式中，G 为基尼系数；n 是区域数量；y_i 为 i 区域农民人均可支配收入；μ_y 为各县域单元农民人均可支配收入的平均；i 为农民人均可支配收入从小到大的序号。

近几年，浙江省各市农民收入分配差异不大，基尼系数基本在 0.18 左右。而广东省的基尼系数虽低于 0.4 的分界线，但其波动态势较为显著，从 2013年的 0.381 降至 2014 年的 0.277，再回升至 2016 年的 0.308（表 21-3）。可见，相较于广东省，浙江各区域的收入水平相差不大，贫富差距较不明显。

表 21-3　浙江省与广东省基尼系数变化情况

年份	广东	浙江
2013	0.381	0.181
2014	0.277	0.181
2015	0.286	0.181
2016	0.308	0.183

二、广东省农民增收缓慢的主要问题

（1）农民收入增速放缓，跟浙江的收入差距较大，且存在扩大的趋势。相较于浙江省，广东省内各区域发展较不平衡，基尼系数较高。

（2）广东省农民工资净收入占农村常住居民人均可支配收入的比重比浙江省低 10 个百分点，其绝对值更是大大落后于浙江省农民工资净收入的绝对值。

（3）作为农民增收关键渠道之一的经营净收入，两省的经营净收入占农村常住居民人均可支配收入的比重接近，为 27% 左右，但绝对值仍存在不少差距，且广东省经营净收入增速受限，近三年增速持续下降。

（4）财产净收入偏低，随着农业经营收入和农民外出务工收入增长的潜力趋于耗尽，农民增收渠道不多的矛盾凸显。应当看到，在这种形势下，全省各市亟须通过深化改革增加农民财产性收入，成为促进农民稳定增收的有效举措。

（5）农民与企业的利益共享联结机制薄弱，农业龙头企业对农民增收的带动作用不够。

三、新时代下浙江省农民的创收渠道

1. 新产业容纳"上班农民"

目前，浙江"农创客"已有 1 600 余人，其中 80 后、90 后占 88%，本科及以上学历占 56%，包括北大、清华、浙大等名校高才生 65 人。"农创客"正成为浙江乡村产业发展的一支"生力军"，他们注重以精细、生态、科学的生产过程强化农产品的绿色安全，不仅影响和改变农村传统生产方式，也让更多农民分享二三产业利润，带领农民走上增收致富路。以德清莫干山脚下的绿色阳光农业生态有限公司为例，主营业务从事温室花卉种植，一盆"红掌"出厂价为 25 元，亩产值将近 40 万元，远非传统农业可比。该企业还吸纳当地 60 多位农民稳定就业，季节性用工超过百人。在浙江，农民放下锄头、就近上班已较为普遍。德清县农村劳动人口超过 20 万，而随着土地全面流转该县从事传统农耕的农民仅约 2 万人，绝大部分成为"上班农民"。

2. 美丽乡村兴起"农户经济"

2003 年全省开始实施"千村示范、万村整治"工程，拉开了美丽乡村建设序幕。从"千万工程"到"五水共治""小城镇环境综合治理行动"，乡村环境治理行动接续发力。接下来，浙江将致力于综合治理电力改造，通过架空线路梳理、"上改下"改造等手段，发力改变镇村电力"空中蜘蛛网"的普遍现象。

截至 2017 年底，浙江已有约 2.7 万个建制村完成村庄环境综合整治，占建制村总数的 97% 左右。同时，积极打造"一户一处景、一村一幅画、一线一风景、一县一品牌"，已培育特色精品村 300 个，美丽乡村先进县 58 个。"全景式"美丽乡村盛得下乡愁、拢得住人心，"农户经济"兴起水到渠成，民宿旅游、生态种植养殖等成为浙江农民增收的第二大渠道。2017 年，浙江农民人均经营净收入 6 112 元，占人均可支配收入的 1/4。

3. 土地改革激活"农地金库"

以改革激活农民"沉睡资产"，打造土地确权、赋权、活权的市场化闭环，给农民带来稳定的财产性收入。目前，杭州市临安区《农村土地流转经营权证》也陆续发放，租金、分红成为农民的财产性收入。在土地确权基础上，2017 年下半年临安区流转土地 5 766 亩，年租金收入达到 474 万元，农民人均增收 411 元。根据目前临安区每年每亩 822 元的授信抵押额度，按 40 年计算，农户 1 亩土地新版农村土地流转经营权证就有 3.28 万元资产价值，临安区近 28 万亩确权发证土地资产值达 91.6 亿元，按银行抵押六折贷款计算可贷款 55 亿，成为 10 万农户的"农地金库"。

另外，2015 年 3 月，义乌市被列为全国农村土地制度改革试点地区，重点探索农村宅基地制度改革。随后，义乌市确立宅基地所有权、资格权、使用权"三权分置"，在落实宅基地所有权和保障集体经济组织成员资格权的前提下，允许使用权通过合法方式有条件转让。以宅基地"三权分置"为基础，义乌农村土地制度改革给农民带来红利。2017 年义乌市 732 个村集体经济年收入全部达到 10 万元以上，农民人均收入从 2.60 万元增加到 3.32 万元，新增各类经济主体 20 余万户。

第二十二章　提升农民收入的决策机制

农民不同种结构性收入的形成，其实质是农民的分化。目前，农民根据自身的比较优势分化为以下四种类型：第一类是农转非，即将户口从村里迁入城镇，成为真正意义上的城里人；第二类是户口不迁，但去城镇务工，实现非农转移了；第三类是原地不动，在本地发展，但不自主经营第一产业；第四类是以农为本，单纯经营农业的自耕农户。因为从户籍制度角度看，第一类已不属于农民，而第二、三、四类则仍是农民。由此第二、三、四类农户是本课题所要考察的对象，并分别命名为打工型农户、经营型农户、自耕型农户。

一、提升工资性收入——农内打工

工资性收入主要是打工型农户进城后，靠打工赚取。然而当前工业转型和机器换人导致了一般的农村劳动力需求减少和农村劳动力素质难以适应新就业岗位的矛盾，就业存在"总量过剩、结构短缺"的新态势，尤其是广东、浙江这些沿海地区，面临传统产业饱和，产业结构需优化升级，对劳动力素质提出了更高的要求，使得依靠出城打工提升工资性收入的空间受限。2016 年，广东的外出务工劳动力人均月工资水平达到 3 410.2 元，同比增长 8.2%，其外出务工的农民工增速仅为 1.5%①。随着规模化生产、农村一二三产业融合的推进，非农转移户完全可以通过农内打工来实现其工资性收入的提升。农业生产经营包含多种农事活动，需要通过经验来处理生产经营中的复杂且多样的问题，而这就必须要求雇佣有农事经验的农户。

因此，推进规模化生产、农村一二三产融合，创造农内雇工市场雇佣农民进行农内打工，是新时代实现工资性收入提升的重要渠道。

---

① 数据来源：广东调查总队农民工监测调查数据。

二、提升经营净收入——新产业新业态

传统的经营净收入主要是由自耕型农户经营第一产业获取的。而经营净收入目前遇到瓶颈来自两方面的压力：一方面是农作物生产成本逐年攀升。以三大主粮为例，2010 年亩均生产总成本为 672.67 元，2015 年为 1 090.04 元，累计增长 62.05%（表 22-1），其中种子、化肥、租赁作业、人工等 4 种主要成本分别累计增长 49.55%、19.01%、49.60%、97.10%。从中可以看出，人工成本和租赁作业成本是推动种粮成本增加的主要推手。租赁作业成本和人工成本本应是相互替代关系，却在我国出现齐升的现象，深层次的原因还是人工成本快速上升，即使机械替代了部分人工，也未能降低人工成本。二是农产品尤其粮食价格持续低迷。成本的逐年攀升和农产品价格的持续低迷，从上下两个方向夹击了农民的家庭经营收入。此外，农产品价格国内外市场倒挂严重，继续托高农产品价格已经变得不可能。因此，在成本刚性的情况下农民依靠纯粹的农业经营增收这条道路已经走到了尽头。

表 22-1 2010—2015 年我国三大主粮成本收益情况

年份	总成本（元/亩）	种子成本（元/亩）	化肥成本（元/亩）	租赁作业成本（元/亩）	人工成本（元/亩）	净利润（元/亩）	成本收益率
2010	672.67	39.74	110.94	113.19	226.9	227.17	33.77%
2011	791.16	46.45	128.27	131.53	283.05	250.76	31.7%
2012	936.42	52.05	143.40	144.66	371.95	168.4	17.98%
2013	1 026.19	55.37	143.31	155.42	429.71	72.94	7.11%
2014	1 068.57	57.82	132.42	166.21	446.75	124.78	11.68%
2015	1 090.04	59.43	132.03	169.33	447.21	19.55	1.79%

而家庭经营收入是指农民经营一二三产业获得的收入，纵观浙江的经营净收入组成情况，第三产业净收入已然成为主力军，占比 40% 以上，其次是第一产业净收入和第二产业净收入，分别占比 30% 和 20% 以上。目前，浙江累计建成现代农业园区 818 个，总面积 516 万亩。其中，现代农业综合区 107 个，主导产业示范区 200 个，特色农业精品园 511 个。农业产业化组织 5.5 万家，农业龙头企业 7 600 多家，销售收入 3 500 多亿元。

另外，"互联网＋"农业，正以几何级增长能量，提升农民收入和农业

产业升级。丽水作为全国第一个农村电商全域覆盖的地级市，也是浙江省唯一一个农村电商创新发展示范区。截至目前，全市共建立村级电商服务站4 305个，全年销售额65.88亿元，同比增长181.4%。帮助农户把原生态农产品卖出去。

由此，推进一二三产业融合，发展农村新产业新业态，是提升农民经营净收入的重要方向。

三、提升财产净收入——盘活宅基地

根据国际经验，财产性收入一般占居民当年纯收入当中的30%左右。美国农业从业人口财产收入占纯收入中的比例接近40%。而我国农民财产性收入水平普遍较低，在农民收入中所占份额远远低于发达国家。随着农村土地三权分置，确权颁证的推行，农村土地的流转率也大大提升。全年新增土地流转面积50万亩，土地流转总量1 005万亩，占承包耕地面积比重为53.0%。已有研究表明，农户土地流入面积每增加10%，家庭年人均收入将增加0.6%，年人均消费将增加0.16%。未来将继续盘活土地资源，增加财产净收入。

此外，近年来不少学生考入了大中专学校离开了农村，大量的农民外出打工，很多农村最后剩下老人、妇女和儿童，有的甚至出现了"空心村"，农民的房屋使用率较低。这些房屋大都远离城市，难以出租或出售。《土地管理法》规定："宅基地和自留地、自留山，属于农民集体所有"；"农村居民集体所有的土地使用权不得出让、转让或出租于非农业建设"。这就大大限制了农村房屋租赁和出售行为的发生。另外，与城镇居民房子质量好占地少情况不同的是，农村房子质量差占地大。农村宅基地的潜力一直未开发。

十二届全国人民第十八次常务委员会会议决定，授权59个县（市、区）为农民住房财产权（含宅基地使用权）抵押试点，浙江省乐清市、青田县、义乌市和瑞安市4个县（市）入选。另外，浙江省安吉县横山坞村目莲坞自然村在吸引民营资本经营时，村集体以美丽乡村建设形成的公共资源参股，两个村民小组81户农户将住房统一交付给社会民营资本入股经营，带动了集体经济与群众收入共同增长；浙江省浦江县马岭民宿点，群众改造自家房屋开展民宿接待，村集体统一管理分配客流，既避免了无序竞争的局面，村集体也通过管理获得了总收入8%的提成。据介绍，每户农户仅民宿接待一年收入就有5万元，而只有31户112人的马岭行政村，民宿服务提成和村委会大楼出租年收入就达 10 余万元。2016 年浙江省财产净收入中，房屋出租净收入的占比已达 30%。

就在 2018 年 1 月 15 日的全国国土资源工作会议上，时任国土资源部部长姜大明表示将实施农村宅基地所有权、资格权、使用权"三权分置"改革，赋予农民更多财产权利，激活农村沉睡资产，为农村发展提供新动能。

由此，盘活宅基地、土地等资本，鼓励农户依法以其承包经营权等价入股参与农村产业开发项目，将是未来提升财产净收入的重要渠道。

四、提升转移净收入——政策倾斜

转移净收入的提高无疑是通过公共财政提高涉农资金投入，对各种涉农资金归并整合，扩大农业直接补贴（农机、农业生产资料、种植农作物等）的范围，提升社保水平，扩大社保的覆盖面，加强医疗、教育等方面的投入，提高财政资金使用效率，提高新农合筹资标准，增加农民的转移性收入。近年来国家先后出台的粮食直补、良种补贴、农机具购置补贴和农资综合直补（四补贴）等一系列优惠政策，对农民增收的带动作用显现，尤其是收入较低的农户（表 22 - 2），在 20% 低收入农户中转移净收入占比 32.65%，在高收入户中转移净收入占比为 15.18%。

表 22 - 2   2016 年按收入五等份分组的转移净收入情况

转移净收入	低收入户（20%）	中等偏下户	中等收入户	中等偏上户	高收入户
绝对值（元）	1 780.45	2 626.19	3 085.79	3 562.25	4 585.69
占比	32.65%	25.72%	22.68%	19.25%	15.18%

但是永远靠政府补贴，来实现农民收入的可持续增加是不现实的，需要培养农民创收的能力，不论是工资性收入、经营净收入还是财产净收入。

五、问题归纳

综上发现，新时代下农民增收的渠道发生了变化。不论是工资性收入、经营净收入、财产净收入，农民要增收必须要推进一二三产业融合，发展农村新产业新业态。只有推进一二三产业融合，才能创造农内雇佣市场，实现农内打工创收的新局面；只有推进一二三产业融合，经营净收入才会告别低收益的纯农业生产，实现几何级增长的创收；只有推进一二三产业融合，才能更好地盘活土地、房屋等财产，提升农民的财政净收入，如图 22-1 所示。

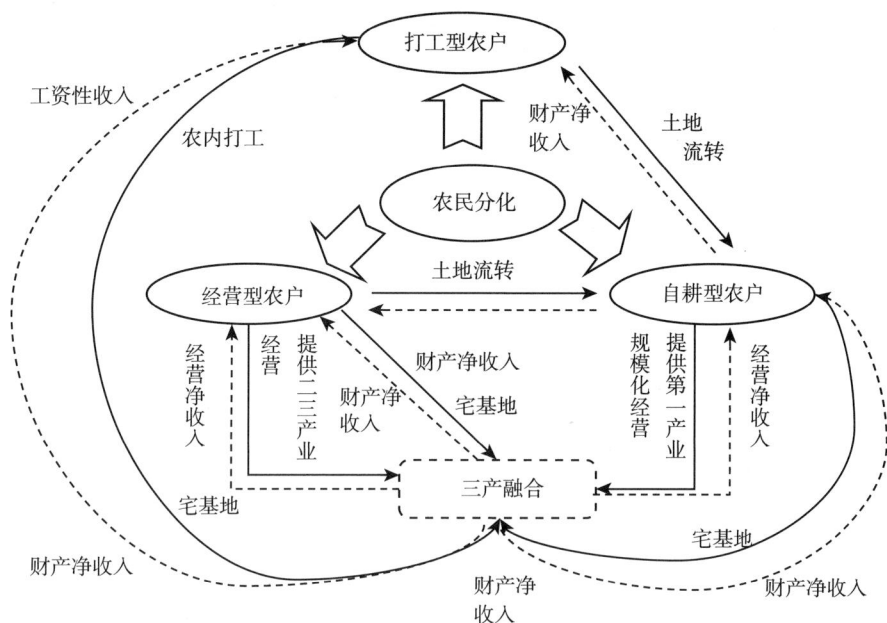

图 22-1　一二三产业融合发展模式

第二十三章　提升农民收入的发展建议

一、因地制宜，发展新产业新业态

农业产业化是在一定区域或范围内由农业生产经营者的多元主体参加并自由联合形成的利益共同体，其特点在于不受部门、地区和所有制的限制，在发展上突破了多重界限。根据与农户发生联系的机构的特性，农业产业化模式分为"龙头企业带动型"（公司＋农户，公司＋基地＋农户）、"中介组织带动型"（专业协会＋农户，合作社＋农户），"市场带动型"（专业市场＋农户）几种基本模式。我们可根据区县发展特点，确定农业产业化模式。

以"互联网＋"现代农业行动为抓手，创新现代农业新业态，打造生态农业、休闲观光农业、高新科技农业和智慧农业等农业产业新业态。在城镇郊区发展休闲农业、观光农业，通过农业与城镇化融合，催生出特色小镇、田园综合体等产城融合类型；在发达地区发展设施化农业、信息化农业，通过农业与信息产业融合，催生出在线农业、智慧农业、农业众筹等新技术渗透类型；在农产品主产区发展高端增值农业，建立直销地、打造农产品电商，通过农业与商贸物流融合，催生了储藏保鲜、中央厨房、直供直销、个人定制等产业延伸类型，走"农产品进城"的淘宝之路。

二、发展特色农业，打造区域品牌

立足产业发展，着力培育区域特色农产品品牌，积极推进标准化生产和品牌认证管理工作。通过搭建宣传推介平台，每年组织举办和参加全国有影响力的大型农业展，如蔬菜博览会、全省名优农产品精品展、全国农交会、全省农交会等，努力提升农产品品牌形象，提高农产品的市场占有率；继续鼓励全省农业生产经营主体积极培育品牌、争创品牌，推动全省区域品牌、产品品牌及企业品牌的协同发展，做大做强广东农业品牌，并发挥引领作用，进一步做优做强品牌，力争取得更大的成绩，积极发挥带动作用，拓宽农民增收渠道。

三、发展农产品深加工，提升附加值

壮大生产经营主体，大力培育农产品加工流通品牌，鼓励农村内部的新型农业经营主体（如农民专业合作社、家庭农场、专业大户）延长农业产业链，将农产品进行深加工，把农业附加值留在农村内部；丰富农副产品加工品种，增加科技含量，不断提高农产品加工的档次。重点扶持一批科技含量高、市场前景广阔、能够扩大出口和提高农副产品深加工水平的工业项目；定期组织农产品加工业主体参加各种学习、研讨、参观、考察活动，开阔眼界和培养创新意识。还可为其搭建平台，让科研单位通过技术指导或者技术合作的方式提供技术支持，以提高农副产品附加值，实现农民增收；另外，大力发展"一村一品"专业村镇，奠定品牌发展的产业基础。

县区应立足资源禀赋、因地制宜，突出特色产业，科学规划，做强富民兴村产业，助推乡村振兴。还应进一步推进全区农业专业化、规模化、市场化和品牌化建设，以特色种养＋产业发展为重点，引导农业龙头企业加强联农带农、扶贫帮困，推动农业产业转型升级，打造一批新型农业特色村镇，促进农民持续增收，推动乡村全面振兴。

四、完善机制，联结利益共享

要建立健全农民与其资本的利益长效联结机制，通过多种形式让农民获得全产业链的增值收益。可建立农民与企业的企业化型联结模式，农业龙头企业把农户的生产经营活动完全纳入自己的产业链中，农户利用自己的生产资料，按照企业的设计进行某个环节的生产管理活动，获得劳务费、生产资料租金或占用费、效益工资和红利等；还可建立农民与企业的股份制型联结模式，农户以土地、资金等生产要素向企业入股，由纯粹的农业生产者变为投资者，使农户与企业结成真正的利益共同体，农户不仅可以获得生产环节的利润，而且作为股东可以分享加工和流通环节的利润。

五、深化产权制度改革，盘活资产

深化集体产权制度改革，把集体的经营性资产确权到户，实现农民对集体资产的占有使用和收益分配的权利，推进农村集体资产股份合作制改革试点，推动农村集体资源变资产、资金变股金、农民变股东。在集体经营性资产股份合作制改革中，要完善农民集体资产股份权能，赋予农民对集体资产股份占有、收益、有偿退出以及抵押、担保和继承的权利。

继续推进农村土地确权，包括耕地、宅基地等，落实农村土地的抵押融资权，破解土地承包权、使用权抵押贷款问题，并积极开展土地流转、土地入股、土地托管等多种形式适度规模经营，培育壮大规模经营主体、农业服务主体和新型职业农民，推进农民增收。

第二十四章　乡村振兴战略背景下农村创新创业人才培育研究

一、发展现状

1. 国内农村创新创业人才培育情况

（1）农业农村人才队伍总规模不断扩大。在各类政策指导、扶持和推动下，农村财政投入持续增加，新型人才培育的力度不断加大，各类农业农村人才数量不断增长。据不完全统计，全国现有包括新型职业农民在内的农村实用人才总量在 1 500 万人左右，农业技术推广人才总量超过 115 万人，返乡下乡创业人数超过 700 万人，在岗大学生村官约 10 万人，乡村教师约 330 万人，乡村医生约 140 万人。全国 23 个省建立了 213 个地方现代农业产业技术体系，形成了 5 万多人的区域核心农业科技人才队伍。但农村基层干部和各类人才数量不足、结构不优、素质不高等状况并没有根本扭转，乡村人才队伍建设依然是实施乡村振兴战略的一块短板。

（2）农业农村人才培养体系逐步健全。构建了政府统筹下"专门机构＋多方资源＋市场主体"的农业农村人才培养体系，打造了农业院校、科研院所、推广机构等多方资源积极参与的专业化师资队伍，培训教育由课堂走向田间，培养体系延伸至产业，覆盖到基层。目前，全国有农业广播电视学校 2 452 所、农业职业院校 541 所、农技推广机构 15.1 万个、农业人才实训基地 5 268 个、农民田间学校 2 008 个、创业孵化基地 207 个、综合类基地 1 364 个。由重大项目、工程、计划带动的农业农村人才多层次培养模式不断完善，转基因新品种培育、现代农业产业技术体系建设等重大科研项目成为培育创新型科研人才的重要渠道。基层农机人员按指示更新培训计划，完成了对 800 个示范县8 万名基层农技推广人员的培训。新型职业农民培育工程、现代青年农场主培养计划每年培育新型职业农民超过 100 万人。

2. 广东省农村创新创业人才培育情况

（1）农业科研人员培育现状。从科技特派员制度推行以来，广东省共投入经费 1.43 亿元，选派科技特派员 1.4 万余名，组建科技特派员团队 1 000 余个，科技特派员队伍不断壮大，组织架构基本完善。目前，科技特派员覆盖了广东省 1 300 多个乡村产业，面向全省 2 277 个贫困村征集乡村振兴技术需求，培训农村基层技术人员和农民约 63 万人次，有力推动了农业科技成果转化和应用，为农业产业兴旺、农村经济发展和农民脱贫致富做出了重要贡献。

（2）基层农技推广人才培育现状。广东省 90% 以上的县（市、区）出台了基层农技推广体系改革与建设方案，已建立起以县、镇两级公益性农业技术推广机构为主导，民间组织及涉农企业共同参与的较为完善的多元化新型基层农业技术推广体系。全省已建立起比较稳定的基层农技推广队伍。截至 2018 年底，基层农技推广人员共有 13 780 人，年龄结构方面，35 岁以下占 18%，35 岁至 50 岁占 51%，50 岁以上占 31%，中青年是基层农技推广人员的主要组成部分。在学历方面，大专及以上学历人员有 9 013 人，占比达 65%，整体学历水平较高。为了加强基层农技推广工作，一些县农业农村局面向专业大户招聘特聘农技员，负责本镇本行业的农业技术推广工作，取得了很好的成效。

（3）新型职业农民培育现状。广东省从 2013 年开始，在阳江阳春、梅州梅县和肇庆高要 3 个县（市、区）实施新型职业农民培育工程示范项目，并逐年扩大示范县范围，2015 年扩大到 11 个示范县，2016 年发展到 43 个示范县，并在佛山、韶关、梅州、河源 4 个地级市实施了新型职业农民培育整市推进。2017 年，为进一步加快新型职业农民培育进程，广东启动实施整省推进计划，在 105 个农业县区全面推进新型职业农民培育，加快构建新型职业农民队伍。在全省上下各部门的共同努力下，广东省新型职业农民培育工作取得了良好成效。目前，建立了一批培训机构库和师资库，开展名师、精品课程遴选等，精心推介了 20 个名师、20 门精品课程，采用"专门机构（管理机构）＋多方资源（培训机构）＋市场主体"的组织方式，联合高校和社会办学机构，大力开展新型职业农民培育工作，为粤东、粤西和粤北等欠发达地区培育了大批基层农业人才，为推动广东省农业现代化发展打下了坚实的基础。2018 年，广东省农业农村厅公布了 265 个广东省新型职业农民培育示范基地名单，其中包括综合类 100 个、实训类 80 个、田间学校类 50 个、创业孵化类 35 个，基本形成了从乡镇到市县，从中等职业教育到高等教育特别培训班的新型职业农民培训体系，目前整个体系已积累了几年的成功运营经验，为广东省现阶段实施新型职业农民整省推进计划发挥着中流砥柱的作用。初步估计，截至 2019 年，广东省新型职业农民总量达 79 万人。新型职业农民培育项目的实施初步形成了一支知识化、年轻化、专业化的新型职业农民队伍，提高了广东省新型职业农民数量，提升了广东省农民专业知识水平及整体素质，带动了一批进城打工的农业劳动者重返乡村创业就业，返乡下乡创业队伍呈逐年增大趋势。

（4）农村自主创业人才现状。为推进新型城镇化建设和精准扶贫精准脱贫，吸引更多外出打工的农民工回乡就业创业，省委、省政府、各地级市政府出台促进外出务工人员返乡创业就业的相关政策。据统计，广东省累计有23万农民工返乡从事创业，各地农民工通过返乡创业，获得了较好的收益。

为推动乡村手艺人培育工作，2019年3月广东省人力资源和社会保障厅印发了《广东省人力资源和社会保障厅　广东省住房和城乡建设厅关于乡村工匠培训和评价的试行办法》，对自愿参加乡村工匠培训者进行培训及考核评价，考核合格者，将核发《乡村工匠培训合格证书》。该项政策可提高乡村工匠市场竞争力，让农村留得住人才。2019年5月广东省人力资源和社会保障厅联合广东省财政厅印发了《广东省劳动力职业技能提升补贴申领管理办法》，对包括粤菜师傅、乡村工匠、南粤家政等获得相应职业技能等级证书的劳动者给予相应补贴。这将推动广东省各地对乡村劳动者的培训规划和管理，扩大乡村自主创业人才的数量。

3. 广东省创新创业人才培育模式现状

（1）政府为主导的培养模式。以各级政府结合当地实际农业情况开展针对性的培训项目，如由各级农业科研和推广机构具体承担农业人才培训的任务。但在实际培训工作中存在着较多问题：基层农技推广人才培训资源欠缺，在培训硬件、师资、技术等方面存在较大不足；农技推广人员整体素质参差不齐；接受培训时间较短，难以在短时间内掌握先进的农业理论与技术，培训效果不理想；培训内容陈旧，不够符合实际需求；培训方式单一，没有结合农业人才的学习特点，互动性较差，吸引力不强。

（2）农业企业为主导的培养模式。在"公司＋合作社＋农户"、"公司＋农户"、"合作社＋农户"等经营组织形式下，企业、合作社与农户建立起利益共同体，在购销合同中明确规定企业或合作社要向农户或相关农技推广人才提供生产管理技术指导服务。但由于企业自身规模、地域等限制，难以实现资源共享，导致培养效率低、培养成本高等问题。

（3）以教育培训机构为主导的培养模式。目前，面向农业人才的教育主要有学历教育、职业教育和继续教育。在该模式下，主要以传授理论知识为主，与实际农业生产脱节，缺乏实践的农业实用技能的培训。广东省在读涉农专业的研究生、本专科的学生数量占比较低，高素质的农业人才储备不足，这为今后的农业产业化发展留下隐患。教育培训机构还承担了农业科研的功能，但由于农业科技成果转化机制不完善，农业成果转化率仍较低。

（4）"订单式"农业人才培养模式。"订单式"人才培养模式是指学校根据农业服务机构对人才种类、岗位职业能力的需求，双方签订人才培养协议，共同制订人才培养计划。农业服务机构参与人才质量评估并按照协议约定安排学生就业，以及在师资、技术、办学条件等方面互相合作。"订单式"培养的基本出发点是以就业为导向，为农业服务机构培养急需的高技能应用型人才，它在一定程度上解决了学校的人才培养与用人单位需求不相匹配的矛盾。

（5）"校市合作"式农业人才培养模式。"校市合作"的农业人才培养模式指的是在政府的领导下，各地方院校与市政府展开合作，针对当地农业经济的发展现状，为当地农业经济的发展提供人才支撑，推动当地的农业经济发展。采用"校市合作"的农业人才培养模式，由本市的农业部门与当地的农业院校展开合作，根据市场需求，培养专门针对各类需求的农业人才。

（6）"短期培训班"式的培养模式。"短期培训班"式的培养模式主要针对有一定农业实践经验，而工作重、生活忙、时间紧的农业从业人员。他们往往有多年的农业实践经验，接受培训的能力往往比较强，但很难抽出大量的时间来进行长时间、高强度的系统学习，因此对他们主要采取"短期培训班"式的培训方式，集中进行某一方面的学习，提高农业技术水平。国家目前加大了对农业人员的培训力度，可以借助农业职业经理人等培训项目开展各类短期培训班。

二、存在问题

1. 农业科研人员考核机制尚不完善，科技成果转化率低

广东省农业科技创新依然存在激励机制不完善的问题。高等院校和科研机构对科研人员的考核更注重专利、论文发表量、课题等指标，指标是否能完成直接影响科研人员的职称评定、经济收入和工作绩效。在这种机制下，农业科研人员的研究动力基本集中在发表论文、申请专利、申报课题等工作上，而对成果转化、农业生产、技术服务等工作淡化。此外，科研人员的选题主要依据项目申报指南，导致科研人员只注重选题的先进性和前沿性，忽视选题的产业需求和成果转化的市场前景，多数科技成果适用性和实用性不高。因此导致科

研人员有理论知识，但与农业实际生产脱节；有科技成果，但与农业产业需求脱节。由此可见，进一步完善农业科研人员评价考核机制，是提升科研成果质量，提高科技成果转化的关键环节。

2. 基层农技人员身兼数职，知识老化，农业社会化服务水平相对滞后

基层农技推广人员的主要工作为推广普及农业新技术，提高农业生产效率。由于机构不顺、管理不畅等原因，广东省基层农技推广人员出现"在编不在岗"、"在岗不在位"的现象。2018年，广东省"在编不在岗"的人员有505人，占基层农技人员总数量的3.66%。部分地区基层农技推广人员的主业变副业，忙于非农工作的行政事务，无法做到专人专事。还有一部分基层农技人员身兼数职，承担工作类别多，导致工作效率下降。此外，广东省基层农技推广人员多数是学传统种养专业，学历起点低，知识单一，知识面不广，只懂专业生产不懂市场销售，盲目指导农民种植，造成某些产业丰产不丰收。在当前急需的特色种植、高效养殖、农产品加工、精准农业、质量检测以及信息化、智能化、休闲农业、生态旅游、企业管理、市场营销等人才较为缺乏，难以适应现代农业发展和产业结构调整新形势的要求。当前基层农技人员培训工作主要以短期培训为主，培训形式以专家讲座和观摩示范为主，学员学习主动性不强，形式主义较强，造成农技推广人员学习成效一般。农技推广社会化服务水平除了农技推广社会化服务体系中存在的问题，还有农机社会化服务水平不均衡的问题。2018年全省机耕面积达到361.485万公顷，机播面积为36.828万公顷，机播率为8.6%，机收面积为174.770万公顷，机收率为40.8%，机播率较机收率水平低，说明农机社会化服务水平不均衡，部分农机社会化服务水平相对滞后。

3. 新型职业农民数量不足，培训针对性不强，缺乏培训后续跟踪

广东省新型职业农民培育存在以下几个问题。首先是培训针对性不强。虽然项目县会根据当地农民需求制定培育实施方案，但是培训基本是由现代农业发展历程、发展模式、新产业新业态等方面组成，所有的参训者一起接受培训，然而从事不同产业的农民、不同类型的农民对培训的方式及内容需求有所不同。目前的培训方式没有根据农民的需求分开进行培训，大部分培训不是针对某个产业进行专业教学，且课程针对农民来说实用性不高，影响了培训的效果质量。在此方面可以借鉴福建省的做法，按照农村经济管理专业、园艺技术、畜牧兽医专业、林业、园林花卉及水产养殖等6大专业分专业进行培训，让学员根据自身需求参加培训。其次，培训周期较短，培训机构与学员应付式完成任务居多。新型职业农民培训一般分为两到三期，每期为一周左右，在一周内会有理论课程授课、基地观摩、现场教学等课程，较短的培训期对农民的技能提升显然作用不是很大。参加培训的学员多半是为了完成任务，而不是想要提高自身的经营管理水平或获取更多技能。而承担新型职业农民培训的机构水平参差不齐，存在一些培训机构不从学员角度考虑，只是为了业务量及订单的完成，培训质量可想而知，影响了整体培训的效果。此外，培训无后续跟踪服务。广东省新型职业农民培育随着培训期的结束而结束，学员在培训期后基本没有提供跟踪服务，导致学员无法与授课教师有更多的交流沟通，无法获得更多的新技术与新知识，这样的新型职业农民培训只实现了培训而没有实现培育。

3. 农民自主创业主动性不强，参与创业培训积极性不高

为了鼓励返乡农民和大学生自主创业，广东省强化创业培训，尤其为返乡农民工提供创业培训，虽然农民内心渴望创业、渴望获得专业技术，但是他们实际愿意参与培训的积极性很低，他们渴望提升自己的专业知识、创新能力，但是却不愿意参加培训或坚持不下去。这种矛盾的想法和现实状况背后深层次的原因其实是他们落后的职业观念。对于自身的发展，他们普遍缺乏科学合理的规划，只看见眼前利益。面对新的困难新的挑战，他们往往会退缩打退堂鼓。他们认为与其耗费大量时间精力参加培训学习，不如抓紧时间赚钱，因此他们更愿意把时间花在打工上而不是培训上。也有不少农民工认为培训是过于高大上的事情，是专门针对高层次人才的培训，不适合自己，这种观念也在一定程度上影响了农民工的求学积极性。农民工不愿意通过培训来提高自我的素质，这种低下的创业与生存素养与当前市场经济条件下企业生存需求更高的生存素养的要求相互矛盾。总的来说，农民意识不到要利用现有的培训资源快速提高自身的创业能力和素养，实现自身职业更高层次的发展。

三、农民自主创业主动性不强，参与创业培训积极性不高

1. 制定实施人才培养计划

为统筹乡村人才各项工作，结合广东全省农业发展实际，制定实施人才需求计划和培养计划，对乡村人才进行科学分类或梳理，明确乡村人才的总量供给、结构需求和培训计划。第一，要加强农业科技人才的培育力度，为发展现代农业负责农业新品种、新技术的研究与引进、试验、示范、推广科研工作提

供农业科技人才；第二，根据广东省目前大力发展的主导产业的需要，培育优秀的产业发展科技人才，为全省主导产业发展提供人才支撑；第三，根据当前全省农业产业发展形势，出台相关培育农村实用人才的方案和要求，着手大力培育有较强时间操作能力的，有丰富农村工作经验的，有专业农业科技知识的复合型农村实用人才，切实解决农村实用人才短缺的问题；第四，要制定实施乡村规划人才培养计划，明确培养目标、原则、方式、主要学习课程、教育培训机构等内容，并设立专项，推动落实。鼓励有学术、师资基础的大中专院校强化乡村规划专业和高素质专业化人才培养。此外，还应打造广东乡村振兴人才库，更大范围集纳全省乡村振兴各领域人才，为广东省乡村振兴工作提供强有力的"智力支撑"。

2. 建立人才培育体系

以政府为主导，综合利用教育培训资源，依托农业大学、职业院校、科研院所、现代远程教育系统、农业技术推广机构以及各类农民教育培训项目，建立"层次分明、结构合理、布局科学、规模适度、开放有序"的人才培育体系。第一，进一步完善乡村人才培养管理机制。目前，全省的乡村人才划分种类较多，不同类型的乡村人才由组织、人事、科教、农业、教育等不同管理部门进行组织培训，而各分类之间存在重复、鉴定难以及多头管理的问题，造成培训资源条块分割、各自为政、资源浪费的局面，更导致培训工作的低水平和重复性。因此，要进一步细分乡村人才划分类型以及相应的培训组织管理部门，明确各类人才建设的责任主体，完善乡村人才培养管理机制；第二，发挥全省高校、科研机构的力量，选派专家教授、科研人员到生产第一线开展短期的理论和实践相结合的技术指导和培训；第三，根据不同类别、不同级别乡村人才的不同需求，构建省级、市级、县区级三级差异化培养体系，省级层面要抓好高层次农业科研人员的培训和引进，市级要依托自身资源优势，围绕市内重点工作、重大项目，组织开展自主创业者培训，县级层面要重点抓好基层农技推广人员和新型职业农民培训；第四，充分合理引入社会培训机构，增加培训资源供给，丰富培训市场选择。采取政府购买服务方式，委托社会专业性培训机构提供培训教材编撰、培训课题研究、培训需求调研、培训政策咨询等服务。加强政府对社会专业性培训机构的教育质量、招生方式、师资来源等方面的监管，督导培训规范化管理。

3. 完善人才激励政策

良好的激励机制是促进乡村人才培训快速推进的有效途径，因此，要找准乡村人才的真正需要，建立一套行之有效的激励机制，对各类型乡村人才实施倾向性政策扶持，将物质激励、目标激励、精深激励等激励措施与人才工作目标结合起来。对于农业科研人员，可以将培训与职称评定相结合，通过课题申报、项目实施等方式给予政策倾斜；对于基层农技推广人员可以从职称评定、待遇提高、职位晋升等方面给予政策和资金倾斜，鼓励各地设立政府特殊津贴制度，奖励各地优秀基层专业技术人才；对于新型职业农民和自主创新创业者可以从政策、资金、技术、信息等多方面给予政策支持，重点解决贷款、融资、担保、农业保险、税收优惠等重点难题。对有重大突出贡献的乡村人才，要建立起评选表彰的长效机制，积极开展"广东省最美农技员"、"广东百佳新型职业农民"、粤菜师傅、乡村工匠、南粤家政各类评选表彰活动，加大宣传和表彰力度，引导社会各界关心和尊重乡村人才，激发他们的干事创业热情。

4. 创新人才培育模式

根据人才培育需求的调查结果分析，受访者普遍认为现有培训存在的问题是培训内容不符合实际需求，内容重复，培训模式不够灵活，因此，打破传统的培训模式的限制，不断地进行培训模式的创新是目前亟待解决的问题。第一，根据学员对培训的认识不同、自身对培训的要求不同、年龄、接受的培训方式不同等，将学员进行分班培训；第二，按照学员的实际需求开设课程，使培训更加贴合实际需求，注重因材施教，着重解决生产、经营中遇到的实际难题，积极探索采用网络媒体的教学方式；第三，在培训的过程中，通过多种培训形式共同应用的方式进行，如田间的实践培训与理论培训相结合等方式进行，并且促进学员之间、学员与老师之间的技术交流，使人才培育工作取得更好的效果。

第五部分
经验总结

第二十五章　国外农业农村
工作启示

一、国外乡村治理的经验做法

1. 伙伴协作型模式：加拿大农村治理计划

伙伴协作型模式是指在互相交流和充分沟通的基础上，通过跨部门的协商合作形成战略伙伴关系，共同致力于乡村善治目标的实现，以加拿大的农村治理计划最为典型。

加拿大作为世界上最发达的国家之一，也存在城乡贫富分化的情况。加拿大政府于1998年颁布实施了《加拿大农村协作伙伴计划》，加强对农村基础设施建设、公共事务治理及村民就业教育问题的解决力度。伙伴型的乡村治理模式主要体现在五个方面：第一，建立跨部门的农村工作小组，提高工作效率，降低行政成本，解决乡村问题；第二，建立农村对话机制，定期举办农村会议、交流学习、在线讨论等活动，及时掌握社情民意，为民众排忧解难；第三，构建农村透镜机制；第四，推动和组织不同主题的农村项目，激发企业和个人到农村创业的激情；第五，在欠发达的农村地区建立信息服务系统和电子政务网站，为村民提供信息咨询服务和专家指导建议。通过农村协作计划的实行，政府成为维护村民利益、提高农民生活水平的好伙伴，极大地推动了乡村地区的发展和社会的繁荣。

2. 自主协同型模式：韩国新村运动

自主协同型模式是在城乡差距十分大的国家或地区非常实用的一种乡村治理模式。一方面，政府为了维护自身的合法地位，塑造良好的政府形象，需要对农村进行整治和改造；另一方面，长期处于贫困处境的农民，也非常愿意通过自身的努力改变落后的现状，改善生活质量和增加经济收入。以韩国的新村运动为代表。

韩国新村运动是在国内重点发展工业经济、壮大城市发展及由此导致的城乡两极分化、农村人口大量外流、贫富差距悬殊的情形下开展的。20世纪70

年代，韩国政府决定在全国实行"勤勉、自助、协同"的新村运动。自主协同型的韩国新村运动模式具有科学的发展策略。第一，针对农村基础设施破旧的现状，积极兴建公共道路、地下水管道、乡村交通、河道桥梁，改善农村生活环境。第二，改变现有农业生产方式，推广水稻新品种，增种经济类作物，建设专业化农产品生产基地，提升村民的经济收入。"农户副业企业"计划、"新村工厂"计划、"农村工业园区"计划也是政府优化农业产业结构、增加农民收入的重要举措。第三，培育和发展互助合作型的农协，对各类农户提供专业服务和生产指导，促进城乡实现共赢。第四，在各个乡镇和农村建立村民会馆，开展各类文化活动，激发农民的参与性和积极性。第五，在农村开展国民精神教育活动，提高乡民的知识文化，创造性地让农民自己管理乡村和建设农村。新村运动的实施改变了韩国落后的农业国面貌，重新焕发了乡村活力，实现了农业现代化的目标。

3. 循序渐进型模式：德国村庄更新模式

在循序渐进型的乡村治理模式下，政府通过宏观的规划制定和综合管理，依靠制度文本和法律框架促进农村社会的有序发展。

德国的乡村治理起步于 20 世纪初期，其中村庄更新是政府改善农村社会的主要方式。1936 年，政府实施《帝国土地改革法》，由此开始了对乡村农地建设、生产用地及荒废地的合理规划。1954 年，村庄更新的概念被正式提出，《土地整理法》将乡村建设和农村公共基础设施完善作为村庄更新的重要任务。此后，巴登威滕堡州、巴伐利亚州陆续出台了村庄更新的发展计划。1976 年，德国首次将村庄更新写入《土地整理法》，并试图对村庄的地方特色和独具优势进行保持。20 世纪 90 年代，村庄更新融入了更多的科学生态发展元素，乡村的文化价值、休闲价值和生态价值被提升到与经济价值同等的重要地位，实现了村庄的可持续发展。德国村庄更新的周期虽然漫长，但是所发挥的价值和影响都是深远的，也更能使农村保持活力和特色。

4. 主要启示

以加拿大、德国、韩国等的乡村治理模式来看，对广东省乡村治理主要有以下几方面的共性启示：

（1）政府作为乡村治理的主体，提供法律支持和资金保障。首先，通过制定相关法律法规、出台各类政策章程，从制度层面对乡村治理进行宏观指导与整体调控，如加拿大《农村协作伙伴计划》等，都规定了农村发展的长远目标、具体方式与实现途径，规范了政府在乡村治理中的行为。其次，在物力和财力上支持农村现代化建设，如日本的农产品价格风险基金、韩国的新村建设基金、德国政府的边远欠发达乡村专项经济补助等。

（2）农民协会是农村自治组织，改善村民的弱势地位。农民协会指农民在自愿平等的基础上成立的互利合作的自治组织，是新时期农民提高组织化程度、改变自身在市场经济中弱势地位的重要途径。农民协会类型多样，但在本国乡村治理中均扮演着关键角色，如日本农协在造村运动中承担提升农民素质和文化知识的功能；韩国农协金融机构吸引大量的村民存款，共同发展乡村经济；瑞士农协针对市场需求状况，及时反馈信息给政府和村民，以便正确做出判断，维护农民权益；法国农协提高农业与工业的对接能力，为新农村建设提供承接平台。

（3）城市、企业和学校作为农村发展的支持者，推动乡村的发展与繁荣。发达城市通过建立城乡互利合作模式、大型企业通过开拓农村市场、高等科研院校通过提供农业培训指导，实现繁荣农村的目的。如目前日本已经有 8 668 个村庄与城市建立了姊妹关系，协同支持农村社会发展；法国许多大型国有企业通过投资项目下乡，实现了工农商三大产业的真正联合，极大地推动了农业发展和农村建设；荷兰的科研院校通过制定科学的教学计划、个性化的培训方案、灵活的上课形式，在开展农民技能培训、提升农村劳动者素质的工作中发挥重要作用。

（4）村民尤其是乡村精英作为乡村建设的带动者，加快农村改革的进程。日本造村运动的提倡者平松守彦为了向乡民传达"造村运动"的理念，通过走访 58 个村庄，直接与农民对话，以唤起他们对于建设自己家乡的热情和干劲。在美国的乡村治理中，农村的每部法律法规都需要公民的积极参与，只有在广泛邀请村民积极参与的基础上所形成的法律和政策才有效。在德国，村民的积极参与对村庄更新项目的完成起决定作用。村民尤其是乡村精英在乡村治理中作用的发挥，极大地加快了乡村改革的进程。

（5）农村金融机构是乡村治理的助推者，承担着农村可持续发展的重担。纵观国外发达国家的乡村治理经验可以发现，健全的农村金融机构在吸引农民存款、加大基层公共产品投入、帮助降低农民生产风险、提供村民信贷资金支持等方面都起着重要作用。日本的农村金融体系对农产品改良、乡村道路维修、农村居民活动场所兴建等生产性基础设施建设以及维持和稳定农林渔业经营、改善农林渔业条件提供贷款方面，极大地增强了本国农产品的竞争能力。法国农村金融机构除了一直向村民提供基本公共服务外，还提供一些称之为

"绿点"的服务。农村金融机构是加拿大三大融资机构之一，帮助处理加拿大农民的信贷、借款业务，改善农村的经济状况。

二、国外乡村建设的经验做法

新农村建设是美丽中国建设的重要组成部分，建设美丽中国的重点和难点在乡村地区。而建设美丽乡村是世界上所有国家由传统社会向现代社会转型的必经阶段，发达国家已经经历了这个转型阶段，积累了一些经验和教训。尽管国外与我国的国情不同、社会制度不同，农业发展的自然禀赋和发展水平也大不一样，但是他山之石可以攻玉，在市场经济条件下，基于生产力发展的美丽乡村建设还是存在一定相似性的。在美丽乡村的建设方面，北美、西欧、日韩等国的经验和教训值得我国深入研究和借鉴，可以为我国美丽乡村建设提供新思路。

1. 荷兰乡村建设先进经验做法

荷兰的国土面积仅为 4 万多平方公里，却成为仅次于美国的世界第二大农业出口国，这样的成就与荷兰乡村实行的精简集约型的农地整理模式密切相关。早在 20 世纪 50 年代，荷兰政府就颁布实行了《土地整理法》，明确了政府在乡村治理中的各项职责和乡村发展的基本策略。在此之后通过的《空间规划法》对乡村社会的农地整理进行了详细的规定，明确乡村的每一块土地使用都必须符合法案条文。1970 年以后，荷兰政府改变了过去单方面只强调农业发展的单一路径，而转向多目标体系的乡村建设，如推进可持续发展农业，提高自然环境景观质量；合法规划农地利用，推进乡村旅游和服务业发展；改变乡村生活质量，满足地方需求等。且通过更加科学合理地规划和管理，避免和减少农地利用的碎片化现象，实现农地经营的规模化和完整性。通过农地整理，荷兰的乡村不仅环境良好、景观美丽，且农业经济发达，农民生活条件日益优越。

2. 瑞士乡村建设先进经验做法

随着社会化和城市化的发展，瑞士的农村和农民不断减少，但是瑞士政府依旧将乡村发展作为推动国家前进的重要组成部分，努力实现乡村社会的繁荣。瑞士政府十分重视自然环境的美化和乡村基础设施的完善，通过制定相关激励政策，对农业发放资金补助，向农民提供商业贷款，帮助其改善农村环境。通过国家财政拨款和民间自筹资金的方式，政府为乡村增加学校、医院、活动场所、天然气管道、乡村交通等基础设施，完善农村公共服务体系，缩小城乡差距。对乡村的持续性改造使得村庄风景优美、生机盎然、环境舒适、设施完善、交通便利。现阶段，农村与周边自然环境的协调使瑞士乡村独具特色，成了人们休闲娱乐和户外旅行的好去处。

3. 美国乡村建设先进经验做法

美国是世界上城市化水平最高的国家，非常推崇通过小城镇建设来实现农村社会的发展。20世纪初，美国城市人口不断增加，城市中心过度拥挤，导致许多中产阶级向城市郊区迁移，极大地推动了小城镇的成长。汽车等交通工具的普及、小城镇功能设施的齐全及自然环境的优越，进一步助推了小城镇的发展。

美国小城镇的发展与政府推行的小城镇建设政策有着密不可分的关系。1960年，美国"示范城市"试验计划的实质就是通过对大城市人口的分流来推进中小城镇的发展。在小城镇的建设上，美国政府非常强调个性化功能的打造，结合区位优势和地区特色，注重生活环境和休闲旅游等多重目标。小城镇拥有良好的管理体制和规章制度，可保证小城镇的有序发展。由于美国城乡一体化已经基本形成，因此，小城镇建设能够很好地带动乡村发展。

4. 德国乡村建设先进经验做法

德国最吸引人的不是慕尼黑这样的大城市，而是安静古朴的田园风光和风景独好的广大乡村地区。德国在二战后实施的促进乡村发展和转型升级的政策和规划值得学习和参考。20世纪70年代，德国开始实行"我们的乡村应该更加美丽"的计划。计划主要包括3个方面：第一，提高农产品质量和种类；第二，开发农业房地产和乡村旅游；第三，初步实现传统乡村和农业向现代化和生态化的转变。德国政府还颁布了《土地整治法》，积极采纳当地居民的意见，对村镇进行详细规划，划定自然保护区，避免乡村自然风光遭到破坏，有效改善了农民生活和农村生态环境。

德国农业有很多重要的战略功能，例如保护自然资源，尤其是保护物种多样性、地下水、气候和土壤；提供良好的生产、生活和休憩场所；为工商业和能源部门提供原材料和能源。正因为农业和农村的重要地位，德国各级政府实行许多经济、法律措施来保护和发展农业、农村。一是多方位的帮扶政策和财税补贴。如成立专门的政策性银行——德国农业养老金银行，为农业企业提供融资渠道。如果企业因为扩大规模、降低成本或者引进环保设备而进行投资，政府要给予补助和贴息贷款。二是全面而广泛的税收优惠。如涉农企业免交营业税、机动车辆税。虽然农业税收在全国税收中所占的百分比不高，但是农业投资占国家预算的百分比却高于农业税收在全国税收中所占的百分比，这从侧面反映了农业的重要性。

5. 法国乡村建设先进经验做法

在欧盟各国中，法国农业经济在国民经济中所占的比重是最高的。农业、农村的平稳快速可持续发展对于法国的社会稳定具有重要作用。二战之前，法国农产品主要依赖进口；二战之后，法国用20多年的时间实现了农业现代化。法国农业现代化得益于两方面：一是法国工业化的发展，工农业互为动力，互相促进；二是及时采取适宜的农业发展政策和进行农村改革。农村改革的主要内容是"一体化农业"和"开展领土整治"。"一体化农业"是通过与农场主和工商业资本家订立合同等形式，利用现代科技和科学的企业管理方式，把农业、工业、商业等综合经营起来组成利益共同体。法国生物、电子、化学等产业为农业提供先进的农用设备、制种技术和原料，有利于农业机械化水平的提高和生物科技的现代化，这样就促进了农工商之间的联系，形成利益一体化机制。农业一体化是法国社会生产力高度发达的写照。具体做法如下：

第一，政府设立"地区发展奖金""农村特别救济金"鼓励在农村、山区开办工厂，有意开辟一些新的工业区以此来改变经济不平衡的情况。第二，国家设立"手工业企业装备奖金"，鼓励在农村和乡镇及新兴城市附近发展手工业企业，以此发挥手工业在增加收入和就业机会方面的积极作用。第三，大力发展畜牧业。畜牧业是法国农业收入的主要来源，占比50％以上，因此要发挥畜牧业的优势作用以提高农民收入，改变不平衡局面。

6. 日本乡村建设先进经验做法

日本在乡村治理中，以挖掘本地资源、尊重地方特色为典型特点，通过因地制宜地利用乡村资源来发展和推动农村建设，最终实现乡村的可持续性繁荣。

在政府的大力倡导与扶持下，日本政府各地区根据自身的实际情况，因地制宜地培育富有地方特色的农村发展模式，形成了为世人称道和效仿的"一村一品"。

首先，日本政府根据本国的地形特点、自然条件状况，培育了独具特色的农产品生产基地，如水产品产业基地、香菇产业基地、牛产业基地等。其次，为了提升农产品的附加值，政府采取对农、林、牧、副、鱼产品实行一次性深加工的策略。再次，充分发挥日本综合农协的作用，在农产品的生产、加工、流通和销售环节建立产业链，促进产品的顺利交易。接着，通过完善教育指导模式，开设各类农业培训班、建立符合农民需求的补习中心，提高农民的综合素质和农业知识。最后，政府对农业生产给予大量补贴和投入，支持农村发展。造村运动振兴了日本农村经济，促进了日本农业现代化的实现。主要有3个方面值得学习借鉴：

第一是"自下而上"的特点。居民是运动的主体，起到主导作用；政府只是在政策上帮扶、在技术上支持。国家不下发行政命令，不财政包办，充分发挥农民的自主性。

第二是培育人才是造村运动的终极目标。由于主要依靠群众的自我奋斗，这对群众的能力及意愿要求极高，不仅需要高瞻远瞩的"领头羊"，也需要踏实团结的广大群众。因此，造村运动不仅是物质性的"造物"，还是精神性的"造人"。

第三是"一村一品"运动。在造村运动中，"一村一品"运动的影响最为深远、传播最为广泛，经常被其他国家及地区模仿借鉴。"一村一品"是在政府指导下，充分挖掘地方特色，开发特色产品，振兴产业的区域经济发展模式。特色产品不仅包含特色农产品，还有特色旅游、文化资产等。经过20多年的造村运动，日本基本消灭了城乡差距，增加了农民收入，刺激了农村消费的多元化。

7. 简要启示

纵观美国、西欧、日韩等国的农村建设经验，可以得出如下启示：①改善农村基础设施是每个国家乡村建设必不可少的环节，但仅仅改善基础设施是不够的，还应该注意环境保护和生态建设；②美丽乡村建设的经济基础是农村经济发展，农村经济又以农业为主，因此要完善农业政策和法律，加大对农业金融保险等方面的补贴；③美丽乡村建设应注重发挥农民群众的主体作用，政府起到帮扶和引导作用；④授人以鱼不如授人以渔，美丽乡村建设的关键在于提高农民自身的"造血功能"，培养会思考的农民。

第二十六章　省外农业农村工作启示

一、国内乡村综合治理的典型经验做法与启示

1. 浙江乐清农村基层社会"多网合一"网格化治理经验

浙江省乐清市 2014 年农村作风巡查中有 85% 涉及投诉村干部。乐清市按照中央和省委加强基层党组织建设和农村基层政权建设的要求，着力打好"组合拳"，构建基层治理新格局。如开展"村级干部回头看"，劝退、罢免村干部；推进农村作风巡查，解决基层问题；对基层治理进行"多网合一"；推行"三法一公约"等。2015 年乐清市被列为全国农村基层党建工作座谈会考察点。现将农村基层治理"乐清经验"总结如下：

（1）严把干部"出入口"，畅通干部上下渠道。结合中央和省相关文件，乐清市出台了《村干部职务退出办法》，制定了十条红线："拒不执行上级政策；恶意阻挠重大工程推进；拉帮结派、制造矛盾致使村务瘫痪；长期在外务工、经商，不能正常履职半年以上……"刚性铁律试行一年来，186 名村官被劝退或罢免，其中村主职干部 63 人，在乐清 911 个行政村里引起很大震动。

同时，乐清市制订干部薪酬管理新办法，切实提高基层干部待遇。2015 年安排 7 631.4 万元保障村"两委"主职干部基本报酬，人均基本报酬提高到 4.2 万元/年。其中 2.6 万元作为绩效报酬，凡完成年初制订的任务者，可足额拿到绩效报酬。

（2）营造干部清廉氛围，巩固基层治理生态。针对乐清市大荆镇蔗湖村原村党支部书记干某侵吞移民款、操纵村级财务不清的情况，乐清市委、市政府将蔗湖村纳入农村基层作风巡查"红色旋风·百日攻坚"行动，成立专项小组查办。专项小组巡查后及时严抓了村级组织建设、村管理建设，处理了干某、村"两委"及其他村委成员等违法违纪问题，积极化解和解决了该村的矛盾纠纷和信访积案。

为巩固清查成果，乐清陆续开展了作风巡查、除恶治霸和信访积案清查专

项活动。在作风巡查中，实行"一案一组一策"深入整治；整合公安部门力量，开展除恶治霸专项行动；开展信访积案清查行动解决群众信访问题。通过深入开展这 3 个专项行动，深入化解了当地基层矛盾，农村政治生态显著好转。

（3）细化基层网格管理，激活农村治理机制。乐清市政法委牵头，全市 911 个行政村被划分为 1 501 个网格，实现"一张网"管理。以村"两委"干部为主成立网格长，实现党建、综治、计生、消防安全、流动人口管理等基层网格的"多网合一"，使信息更加畅通，全面提升了基层社会治理的信息化水平。

（4）执行"三法一公约"规范，提高村"两委"运行效率。因历史遗留问题复杂、村"两委"不团结等原因，乐清柳市镇、朝阳村多次被列为软弱涣散基层党组织。近年来，乐清推行基层"三法一公约"体系，成效明显。"三法一公约"由"5·15"学习工作法、"五议两公开一报备"工作法、村主职干部考绩法和村民公约组成，对村级组织的开会、学习、议事、表决、运行等进行全面规定。由于该实施体系结合实际、可操作性强，极大地推动了当地村级组织工作。

2. 党建引领下的上海闵行平安小区协同治理新模式

（1）建设古美平南居邻里中心。2015 年，上海闵行区秉承"邻里驿家，幸福同行"的理念，以一公里为服务半径，探索邻里中心建设。其主要做法是在街镇与居村之间的片区层面搭建党建服务、凝聚和引领居民群众的综合性社区服务治理平台，让社区居民就近享受各类便民服务和公共服务。

闵行区古美街道在街道、社区管理方面主要采取了四个具体措施：一是在小区建立业委会；二是确保视频监控设备等小区设施 100％完好；三是确保住宅小区、公共场所的消防设施 100％完好；四是确保违法建筑全部拆除完毕。在此基础上，古美街道推动居民自治的"基础版""提高版""特色版"等 3 种模式，已全覆盖、分层次地逐步深化于社区共治自治中。

（2）实现党建引领下的平安小区协同治理。自 2015 年起，闵行区委、政法委在全区推广平安小区协同治理模式，即以社区党建为引领，以小区平安为抓手，搭建公安、房管、司法等政府部门依法行政，物业服务企业等行业主体充分履职，居民群众广泛参与的社区合作平台。康城是全市知名的"老大难"小区，通过推进平安小区协同治理模式，康城社区治安环境得到明显改善。2017 年上半年，康城接报入室盗窃案同比 2016 年下降 76％，比 2015 年下降88%。曾经的"老大难"小区焕然一新，发生了翻天覆地的变化。

3. 浙江安吉多元主体共建共治新农村经验模式

近年来，浙江省湖州市安吉县获得省级美丽乡村建设示范县、浙江省社会治安综合治理暨平安建设先进县等多项荣誉称号，成绩的取得与其推行多元主体共建共治的新农村治理模式密不开分。

（1）坚持党建引领、政府负责的原则开展农村社区建设。近年来，安吉县积极探索符合自身特点的农村社区建设之路，形成了可学习、可借鉴的经验。一是重视规划，以规划为向导，有序推进农村社区建设；二是重视一体化，以美丽乡村建设为载体一体化推进农村社区建设；三是重视融合，将农村经济转型升级与农村社区建设融为一体，走特色发展之路；四是重视整合当地各方力量。通过以奖代补等形式，引导、开发、整合各方面力量，形成共建共享的农村社区发展模式。

（2）"三规协同"提升农村社区治理水平。荷花塘村在社区治理示范点基础上，坚持依法治村，摸索出了"法规、村规、家规"三者有效协同的治理模式，营造出了浓厚的社区治理氛围。一是发挥党员的示范带动作用，全村开展法律法规宣传。采取多渠道、多形式宣传法律法规知识，提高村民的法律意识。二是充分发挥村规民约的自治作用。2015年全村结合社区实际，修订村规民约，并成立执法小组，使村规民约弥补法与情之间的短板与不足。三是重视家规的作用。在全社区开展"立家规""树家风""传家训"系列活动。面向全社会征集和搜集好家规，并由村里统一制作、装裱成匾额，在村中广场展示、在家中悬挂。

（3）重视文化的治理作用。昌硕街道双一村一直重视文化在社区治理中的作用。其具体做法如下：把美丽乡村建设作为弘扬传承历史文化的纽带，每年集中开展1次社会主义核心价值观的宣传教育活动；开展"文明村""文明家庭""最美双一人"等群众性精神文明评选活动；开展传承弘扬好家风好家训等主题实践活动；组建了文化体育活动指导员和社会体育指导员专兼职队伍；引导村民养成爱护环境、节约资源的生活习惯。

4. 四川成都温江区农村社区"大党建多单元"基层微治理模式的探索

近年来，成都市温江区深刻把握"基层治理要强，基层党建必须强"的理念，从强化政治引领、组织引领、能力引领、机制引领等方面突出党组织的核心领导力，探索形成了"大党建大格局、多单元微治理"的社区治理模式。

（1）强化基层党组织领导核心和政治引领地位。一是搭建"党组织＋兼职委员"区域化组织架构。吸纳驻区单位、新兴领域党组织负责人进入街道社区党组织班子，构建区域化党组织架构。

二是强化党组织的覆盖。在商圈、楼宇、专业市场、社会组织等新兴领域，采取单建、联建、党建组团、双圈双创等形式，把党组织建设深入到城乡社区各角落。

三是发挥街道社区党组织统筹功能。通过压实党建责任，赋予街道社区党组织综合管理权、资源调度权等，配套建立党建联席会制度，促使街道社区党组织聚焦主责主业。

（2）微治理模式中强化组织作用，保障基层治理良序运行。

一是搭建"1＋9＋N"多单元治理模式。以社区党组织为核心，以议事会（监委会）、居委会、社区服务站、社会组织指导站、党群志愿服务站、环境和物业管委会、业委会（自管会）、驻区单位和帮扶共建单位等9个治理主体为支撑，以城乡社区N个"小单元"为支点，构建党组织引领、各司其职、各尽其能的多单元"微治理"模式。

二是建立多元共治运行机制。将社区事务划分为自上而下的行政事务和自下而上的群众诉求，以社区党组织集体研究为前置程序，按照分类提交、分别处置的原则，组织动员各治理主体、驻区单位和帮扶共建单位积极参与到城乡社区治理工作中来。

三是发挥党组织在基层治理中的主心骨作用。通过掌握提名社区党组织书记、议事会召集人、推荐居委会成员等人事主导权以及社区发展治理议题的把关权、各类组织治理事项的监督权等，发挥党组织的主心骨作用。

（3）强化能力引领，夯实基层治理人才支撑。

一是重视培养干部的履职能力。组建了一支老中青梯次搭配、政治素质强、业务能力强的社区带头人队伍；开展履职培训，组织干部到发达地区进行专业培训，遴选少数社区干部就地跟岗学习，全面提高社区干部的个人能力。

二是以"四个合格"为目标建设党员队伍，突出政治学习和党性锻炼。建立支部暨党员"1799"（"1"是基层党委的主体责任，"7"是党务干部的七项操作指南，"9"是基层支部的九项组织规范，"9"是普通党员的九项行为准则）制度体系，严肃党内政治生活；依托线上线下"微党校"，整合资源、多屏传播、精准推送培训课程；组建"鱼凫先锋"讲师团，送党课到田地头；打造新华家园等32个党员教育实训基地拓展体验项目，推动建设一支党性强、能力强的党员队伍。

三是以专业素养为重点培育社工人才队伍。对社区工作者提高准入门槛,健全考核机制,实行资格认定、统一招考、持证上岗,培育规范化、专业化的社工人才。

(4)强化制度引领,推动基层共建共治。

一是建立"全区型—片区型—社区型—家居型"为一体的四级联动政务服务体系。采用引进与孵化相结合的方式,通过形成公益品牌,建立完善的社工服务机制;建立常态化的志愿服务机制,机关在职党员带头带动志愿服务团队下沉一线,成为服务群众主力军。

二是建立人财物保障机制。强化阵地保障,全面提升社区活动阵地等级;强化经费保障,把党建项目纳入村公积金优先项目,配套建立议事会、监事会工作经费;强化平台保障,运用"互联网+"技术,将党建与社区治理中的信息化、数据化、智能化深度融合、有机结合。

5. 安徽天长市农村集体产权制度改革的经验做法

天长市是安徽省农村集体资产股份权能改革的唯一试点县(市),其创新集体经济发展机制,建立健全集体经济组织,为推动全国农村集体资产股份权能改革提供了宝贵经验。

(1)制定农村集体资产股份权能改革实施方案,积极总结改革经验。天长市把农村集体资产股份权能改革试点经验总结为"18步工作法",其中最关键的三步为:严把清产核资关、严把成员确认关、严把股权设置关。

(2)因地制宜实施财政补助和人才保障政策。农村集体资产股份权能改革后,天长市政府实施"五七九"财政资助办法,小村资助 5 万元、中等规模村资助 7 万元、大村资助 9 万元;以乡镇规模配备专业治理人员,按"每五万人一名"的标准,全县共配备 11 名,各乡镇按"每万人一名"的标准,每乡镇配备 4～6 人。

6. 山东东平精细化产权治理经验

山东省东平县通过设置集体配置股、个人自愿股、定向扶持股,探索出一条以"分类设股"方式推进农村集体资产股份合作制改革的有效途径。

(1)设立集体配置股,资产变股权,实现有序经营。东平县的荒山、荒坡、荒坑等资源丰富,前期由于缺乏规划、管理无力,低价发包、乱占乱用现象比较严重,导致村集体资产、资源收益分配不公,使得村庄内部矛盾重重。

一是探索保障农民收益的同时托底集体收入机制。经过深入调研后,东平县委、县政府规定:将集体所有的资产按金额折股量化、资源按面积折股量化，分别设置资产股和资源股。集体配置的股份实行"三七开"，同时保障农民收益和集体收入。

二是采取福利性方式分配集体收入。如通过村民用水用电不要钱，耕地播种不要钱，过年过节给老年人发"红包"等福利措施保障农民收入，并实施村集体政经分离，精减管理人员，节省村非生产性开支。

（2）设立个人自愿股，分散变集中，实现规模经营。东平县"一户四五亩、种地五六块"的现象比较普遍，随着青壮年劳动力外出务工，家庭土地经营出现困难。对此，东平县进行了土地确权，将土地承包经营权证书颁发到户，确保农民的承包权益。

一是合理设置资源股权。在资源股权设置上，实行 A、B 两类股：A 股为集体配置股，即集体"四荒"地、机动地等；B 股为个人自愿股，即由成员以家庭承包地自愿有偿加入，实行"租金保底＋分红"，确保成员家庭承包地的收益权。

二是创新经营模式。通过引入外部资金、技术和管理，打造新型经营主体的合作经营型；土地整合租赁，实现规模种植，获取稳定租赁收入的内股外租型；自主培育产业的产业经营型，实现了"土地租金＋务工收入＋合作分红"三级收入。

7. 浙江桐乡高桥镇自治、法治、德治治理体系构建经验

（1）建立乡贤参事会，协同村"两委"参与治理。2013 年，桐乡以"三治"（德治、法治、自治）合一为手段开展社会治理创新实践；2017 年，各镇、村的"乡贤参事会"作为一种新型农村社会组织陆续诞生，并参与村内的社会治理和公共服务。

实例：屠甸镇荣星村乡贤参事会于 2017 年 11 月 30 日注册成立。其乡贤参事会理事和成员均采取"自下而上"的方式产生：先由村民小组长广泛搜集村民意见，推举一两名乡贤；再由村民代表大会统一投票，选举产生理事和成员；最终产生了一支由退休村支书、当地企业家、走出去的社会精英等组成的乡贤队伍。2016 年，村委会鼓励村民对垃圾进行分类回收，但村民不配合，无法推进落实。乡贤参事会董事长在员工微信群里动员村民（员工）配合村委工作，一周内，大部分村民配合村委会推行垃圾分类政策，并落实到每家每户。

（2）探索建立"百姓参政团"、"法律服务团"、"道德评判团"三团法治机制。高桥镇的村级法律服务团一般服务 2～3 个村，服务团成员尽量覆盖了公检法系统的不同角色。如越丰村法律服务团团长是桐乡市司法局法管科科长，另四名成员分别在市检察院、派出所和律师事务所工作。每月 15 日，法律服务团会派两名成员值班服务。

（3）法治框架下的德治机制探索。桐乡的"德治"已形成三种形式：一是道德评判团，针对日常道德争议事件进行规劝；二是曝光台，揭露违法失德现象；三是好人好事评比。每村都有一个道德评判团，由道德模范、退休老党员干部等组成。村里大小事务都先经过百姓参政团讨论，再找法律服务团做专业咨询，最后由道德评判团发挥作用。

8. 四川资阳安岳县"三治"建设文明新农村经验做法

安岳县鸳大镇五凤村让依法治村贴近实际、贴近生活、贴近群众，坚持以"三治"衔接与统筹，不断丰富法治建设内涵，提升村民道德素质、法治意识和自治水平，推动法治建设与经济社会同步健康发展。

（1）用法治服务民生，解民难化民忧。鸳大镇五凤村坚持办事依法、遇事找法，用法解决生产生活问题、依法化解矛盾纠纷，让村民切实感受到法治惠民成果。

一是完善依法治村网络。成立依法治村领导小组，聘请镇司法所所长任村法律顾问、驻村干部兼任法治宣传辅导员；设立依法治村工作站、法律咨询室；配备法治信息联络员，及时有效解决有人干事、干得成事的问题。

二是依法解决矛盾纠纷。坚持一户一张法律咨询便民卡、一组一名法治信息联络员、一站一室坐班受理，有效畅通法律咨询和疑难纠纷信息上报渠道，确保村干部和村法律顾问第一时间介入矛盾纠纷，依法调解办结。

三是用法助民增收致富。对五凤村庭院生态养鸡专业合作社的组建实行全程指导和服务，指导其依法签订合伙协议、办理登记手续和建立章程等，向养殖户定期开展家禽防疫、产品质量安全相关法律法规宣传，促进该合作者依法、高效发展。

四是法治教育持久常态。建成村法治文化农家大院 1 个，覆盖 29 户 97 人，配备负责人 1 名、法治宣传员 2 名，设立法治橱窗 4 个，在地处大院的住户堂屋置放法制书籍 50 册、报纸架 1 个，全天对外开放。建立村干部每月学法制度、村民季度学法制度，开展村干部、党员与法治后进户"二帮一"活动，带动后进户学法、用法、守法。

（2）用德治引领群众，形成良好风尚。鸳大镇五凤村大力开展社会公德、家庭美德、个人品德教育，形成崇德向善、诚信友爱的社会风尚，为依法治村培育丰厚的道德土壤。

一是坚持以评立德。成立公民道德协会，开展道德之星、十佳婆媳、五好文明家庭户等评选活动，并通过村民大会、春节茶话会等大力宣传，用身边事教育身边人，传递道德正能量，切实弘扬社会正气。

二是坚持以文养德。采取县文艺队巡回演出、村民上台演、村远程教育中心电影轮流看等方式，为村民放送具有教育意义、接地气的影片，使村民在寓教于乐和潜移默化中接受传统文化、传统道德和社会主义核心价值观教育，引导人们讲道德、尊道德、守道德。

三是坚持以规促德。制定村民文明"十不准"等行为准则和"道德之星"等评选标准，用准则规范村民言行，用标准激励村民崇德守德，形成村民相互提醒、彼此监督、道德自律的良好局面。

（3）用自治凝心聚力，全民主动参与。鸳大镇五凤村不断完善村民自治建设，凝聚民心、群策群力，做到策由民定、事由民理、权由民用。

一是注重自我管理。突出群众主体地位和首创精神，切实保障村民参与管理村级事务的权利。通过召开村民大会，制定《五凤村村规民约》（共4章25条)、《五凤村村民文明行为"十不准"》，让村民自己管理自己、自己约束自己、自己参与并处理自己的事务。

二是注重自我服务。积极搭建村民自我服务平台，在全县行政村中率先设立村级助学基金，对考上重点大学的学生发放助学奖励。村干部带头与贫困户"结对子"，鼓励致富能手与贫困户"结对子"，全村共结成帮扶对子15对。

三是注重自我监督。建立村级党务、政务、财务公开制度，实现每月公开栏定期公开、特殊事项及时公开，切实保障村民的知情权、监督权。

9. 国内经验对广东农村基层治理的启示

（1）强化基层党组织领导核心作用。一是借鉴浙江乐清党员干部"红十条"的做法经验，强化党基层组织领导的核心作用。浙江乐清建立了农村基层干部"能上能下"、"能进能出"的机制，出台了《村干部职务退出办法》，规定了"红十条"，对于发力整治广东农村基层党组织领导核心作用不强是一剂"猛药"。

二是借鉴浙江安吉坚持党建引领、政府负责的原则开展农村社区建设的做法。近年来安吉县以党建引领、政府为主导，通过以奖代补等形式，引导、开发、整合各方面力量，形成共建共享的农村社区发展模式。

三是借鉴成都市温江区"大党建大格局、多单元微治理"的社区治理模式。温江区着重强化政治引领、组织引领、能力引领、机制引领着力，发挥党组织在基层治理中的主心骨作用。其通过提名社区党组织书记、议事会召集人、推荐居委会成员等行使人事主导权；同时，强化社区发展治理议题的把关权以及各组织治理事项的领导管理监督权，把组织的意图演变为群众自觉、自治。

（2）坚持多元主体共治机制。一是借鉴浙江安吉多元主体共同治理机制。浙江安吉昌硕街道双一村村委会建立了多元主体共同治理的治理格局，党总支领导核心作用得到充分发挥，村民自治机制充满活力，村民会议、村民代表会议制度健全，民主协商形式多样、程序规范、落实有力，村公共事务和公益事业均逐年得到有效解决。

二是借鉴四川成都温江区农村社区搭建"1＋9＋N"多单元治理模式。以社区党组织为核心，以议事会（监委会）、居委会、社区服务站、社会组织指导站、党群志愿服务站、环境和物业管委会、业委会（自管会）、驻区单位和帮扶共建单位等9个治理主体为支撑，以城乡社区N个"小单元"为支点，构建党组织引领、各司其职、各尽其能的"微治理"模式。

三是借鉴四川成都农村社区事业建立多元共治运行机制。以围绕落实上级安排部署和提升群众满意度为中心，将社区事务划分为自上而下的行政事务和自下而上的群众诉求；以社区党组织集体研究为前置程序，按照分类提交、分别处置的原则，组织动员各类治理主体、驻区单位和帮扶共建单位积极参与城乡社区治理工作。

（3）以产权改革促农村基层治理。产权改革本身是一个治理的过程，不少地方以产权为核心对农村进行治理。广东可借鉴山东东平县分类设股的思路，通过设置集体配置股、个人自愿股、定向扶持股，探索出以"分类设股"方式推进农村集体资产股份合作制改革的有效途径。如山东东平考虑年龄因素，实施"年龄配股法"；安徽省天长和余江利用土地经营权和集体股权进行抵押贷款，这些经验做法都可以在珠三角地区集体经济相对发达或者粤东西北地区农村集体经济改革试点试行。

在保障治理制度化方面，安徽天长市走在了全国前列。农村集体资产股份权能改革后，市政府实施"五七九"财政资助办法，小村资助5万元、中等规模村资助7万元、大村资助9万元。在制度化方面，以人口规模确定治理规模，配备人员数量。

天长市在集体资产改革后，对村庄给予公共财政的规范化补贴。股权量化后还配套了完善的股权流转制度、分家后股权分配制度、股权人去世的继承制度等。同时还切实考虑了妇女的权益保障，如女性可否继承的问题，有些地方实行"村内分配，户内解决"，但是"户内解决"主体是谁，用什么方法解决等仍未确定。

（4）妥善处理自治、法治、德治的关系。桐乡市推动"三治"建设始于2013年，时任桐乡市委书记和桐乡市市长商量了一种新型社会治理模式——"三治"合一，并在2013年5月迎来推进机会。时任浙江省委副书记王辉忠同意了该市提出的"三治"的初步想法。随后，"三治"模式分别在桐乡推行开展："德治"在高桥镇试点，"法治"在濮院镇试点，"自治"的试点地则在梧桐镇。1个多月后，桐乡党委认为"三治"分离不合适：如果把自治放在最前面，会有人存在基层组织都"自治"了，把党委、政府置于何地的想法。因此，当时桐乡市委、市政府决定把"德治"放在了第一位，认为"德治"是基础。2014年中共十八届四中全会召开，首次讨论了"依法治国"话题。浙江随后在全省推广桐乡"三治"建设时，把"法治"摆在了第一位。直到2017年十九大报告提出了"健全自治、法治、德治相结合的乡村治理体系"后，桐乡市又依照中央的提法，将"三治"顺序调整为：自治、法治、德治。

从桐乡市实践的角度可知，自治放在第一位是最科学的，只有村民有了主人翁意识和自主参与公共事务的意识，才会自觉遵循"法治"，"三治"精神才有可能深入基层。此经验适合优先在民风较好的粤北和粤东农村地区推广。

安岳县乡村治理是遵循"法治、德治、自治"的次序，与浙江省桐乡市的理念有较大差异。本课题组认真分析后认为，此做法也并无不妥。安岳县一直社会治安较差，"盗抢骗"、社会治安、道路交通安全等问题比较突出，也是毒品交易、邪教渗透的黑点地区。该县常年外出务工人员超过50万人，有2.8万名留守儿童，而对留守儿童的司法保护工作比较薄弱；据统计，2008—2010年，安岳县人民检察院批准逮捕未成年犯罪74人，提起公诉137人，分别占全院批捕、起诉总人数的4.7%和7.4%，未成年人的司法保护问题形势严峻。基于以上情况，安岳县在开展农村基层治理时，优先选择法治作为"三治"之首。在法治框架下开展德治工作，也是提升乡风家风和精神文明两手抓的好契机。此经验值得广东治安形势相对严峻的部分珠三角农村社区和粤西社区借鉴，如东莞、佛山和湛江、阳江等地。

二、国内新农村建设的典型模式

对于美丽乡村建设，目前尚没有统一界定。一些地方根据本地实际，基于对美丽乡村建设概念的不同理解，探索形成了风格各异的实践模式，国内较为认可的主要在江浙地区，本课题组主要以浙江安吉、浙江永嘉、江苏高淳、江苏江宁四地的模式为例，基本代表了国内新农村建设的先进模式。

1. 浙江安吉模式

安吉县美丽乡村建设的最大特点是，以经营乡村的理念，推进美丽乡村建设。安吉立足本地生态环境资源优势，大力发展竹茶产业、生态乡村休闲旅游业和生物医药、绿色食品、新能源新材料等新兴产业。竹产业每年为农民创造收入 6 500 元，占农民收入的 60% 左右；农民每年白茶收入 2 000 多元，因休闲旅游每年人均增收 2 000 多元，各占农民收入的 13.5% 左右。

美丽乡村建设是浙江省安吉县社会主义新农村建设的成功探索。2003 年，安吉县结合浙江省委"千村示范、万村整治"的"千万工程"，在全县实施以"双十村示范、双百村整治"为内容的"两双工程"，以多种形式推进农村环境整治，集中攻坚工业污染、违章建筑、生活垃圾、污水处理等突出问题，着重实施畜禽养殖污染治理、生活污水处理、垃圾固废处理、化肥农药污染治理、河沟池塘污染治理，提高农村生态文明创建水平，极大地改善了农村人居环境。在此基础上，安吉县于 2008 年在全省率先提出"中国美丽乡村"建设，将其作为新一轮发展的重要载体。

2. 浙江永嘉模式

浙江省永嘉县以"环境综合整治、村落保护利用、生态旅游开发、城乡统筹改革"为主要内容开展美丽乡村建设。永嘉县美丽乡村建设的主要特点是通过人文资源开发，促进城乡要素自由流动，实现城乡资源、人口和土地的最优化配置和利用。

一是以"千万工程"为抓手，进行环境综合整治。全县通过推进垃圾处理、污水处理、卫生改厕、村道硬化、村庄绿化等基础设施建设，大力实施立面改造、广告牌治理、田园风光打造、高速路口景观提升等重点工程，着力改善农村人居环境。

二是以古村落保护利用为重点，优化乡村空间布局。对境内 200 多个历史文化、自然生态、民俗风情村落进行梳理、保护和利用。对分散的农村居民进行农房集聚、新社区建设，推进中心村培育建设，从而实现乡村空间的优化布局。

三是以生态旅游开发为主线，推进农村产业发展。积极挖掘本地人文自然资源，精心打造美丽乡村生态旅游；大力发展现代农业、养生保健产业，加快农村产业发展。

四是以城乡统筹改革为途径，促进城乡一体发展。通过"三分三改"（即政经分开、资地分开、户产分开和股改、地改、户改），积极推进农村产权制度改革，着力破除城乡二元结构，加快推进新型城镇化建设以及农村公共服务体系建设，促进城乡一体化发展。

3. 江苏高淳模式

江苏省南京市高淳区以"村容整洁环境美、村强民富生活美、村风文明和谐美"为内容建设美丽乡村。其以生态家园建设为主题、以休闲旅游和现代农业为支撑、以国际慢城为品牌，集中连片营造欧陆风情式美丽乡村，形成独特的美丽乡村建设模式。

一是改善农村环境面貌，达成村容整洁环境美。按照"绿色、生态、人文、宜居"的基调，自 2010 年以来，高淳区集中开展"靓村、清水、丰田、畅路、绿林"五位一体的美丽乡村建设：对 250 多个自然村的污水处理设施、垃圾收运处理设施、道路、河道、桥梁、路灯、当家塘等进行了提升改造，共新建改造农村道路 190 公里，建成农村分散式生活污水处理设施 112 套，铺设污水管网超过 540 公里，新增污水处理能力 3 770 吨/天，形成 COD 减排能力 480 吨/年、氨氮 47 吨/年，城镇生活污水集中处理率达到 63%，农村生活污水集中处理率达到 30%以上。建立健全"组保洁、村收集、镇转运、区处理"的农村生活垃圾收运体系，新增垃圾中转站 34 座、垃圾分类收集桶 6 600 个，农村生活垃圾无害化处理率达 85%以上。同时，结合美丽乡村建设，扎实开展动迁拆违治乱整破专项行动，累计动迁村庄 180 万平方米、拆除以小楼房等为主的违建 20 万平方米，搬迁企业 20 家，城乡环境面貌得到优化。

二是发展农村特色产业，达成村强、民富、生活美。以"一村一品、一村一业、一村一景"的思路对村庄产业和生活环境进行个性化塑造和特色化提升，因地制宜形成山水风光型、生态田园型、古村保护型、休闲旅游型等多形态、多特色的美丽乡村建设，基本实现村庄公园化。通过整合土地资源、跨区域联合开发、以股份制形式合作开发等多种方法，大力实施产供销共建、种养植一体、深加工联营等产业化项目；深入开展"情系故里，共建家园"、企村结对等活动，通过村企共建、城乡互联实施一批特色旅游业、商贸服务业、高效农业项目，让更多的农民实现就地就近创业就业。

三是健全农村公共服务，达成村风文明和谐美。着力完善公共服务体系建设，深入推进集党员活动、就业社保、卫生计生、教育文体、综合管理、民政事务于一体的农村社区服务中心和综合用房建设；健全以公共服务设施为主体、以专项服务设施为配套、以服务站点为补充的服务设施网络，加快农村通信、宽带覆盖和信息综合服务平台建设，不断提高公共服务水平。采取切合农村实际、贴近农民群众和群众喜闻乐见的形式，深入开展形式多样的乡风文明创建活动。

4. 江苏江宁模式

江宁区美丽乡村建设的主要特色是积极鼓励交建集团等国企参与美丽乡村建设，以市场化机制开发乡村生态资源，吸引社会资本打造乡村生态休闲旅游，形成都市休闲型美丽乡村建设模式。江宁区为南京近郊，提出了"农民生活方式城市化、农业生产方式现代化、农村生态环境田园化和山青水碧生态美、科学规划形态美、乡风文明素质美、村强民富生活美、管理民主和谐美"的"三化五美"的美丽乡村建设目标。为推进美丽乡村建设，江宁区着力抓好了以下七大工程：

一是生态环境改善巩固工程。强化自然环境的生态保护、村庄环境整治和农村生态治理，实现永续发展。

二是土地综合整治利用工程。通过土地整治和集约高效利用，实现资源高效配置，显化农村土地价值。

三是基础设施优化提升工程。以路网、水利、供水供气和农村信息化为重点，全面建立城乡一体的基础设施系统。

四是公共服务完善并轨工程。全面提升农村教育、文化、卫生、社会保障等公共服务领域的发展水平，推进城乡缩差并轨，增强农民幸福感和归属感。

五是核心产业集聚发展工程。通过现代农业和都市生态休闲农业的培育，推动生态优势向竞争优势转化，为农民增收提供有力支撑。

六是农村综合改革深化工程。创新农业经营机制，深化农村产权管理机制改革，激发农村活力。

七是农村社会管理创新工程。进一步优化社区管理机制，提升社区公共服务能力，加强治安综合治理，推进精神文明和乡土文化融合发展，夯实农村基层党组织建设。

三、国内对口帮扶扶贫开发工作的典型模式总结

1. 闽宁模式

自 1996 年，福建省和宁夏回族自治区结成对口帮扶对子。至 2016 年，福建累计无偿援助资金 13.43 亿元，先后以 30 多个条件最好的县（市、区）轮流与 9 个宁夏贫困县（区）结对，引入项目、技能培训、产业配套等帮扶内容不断拓展，做到"宁夏所需、福建所能"；两省区持续推动经济协作和产业对接，有 5 600 多家福建企业、商户入驻宁夏，总投资达 800 亿元，每年解决 3 万多人就业，4 万多名贫困山区农民稳定在福建各地从事劳务，年均收入超过 10 亿元。福建省采取以生态移民搬迁的方式，把闽宁建设成为现代化生态移民示范镇。通过搬迁扶贫、社会扶贫、产业扶贫、旅游扶贫等多项措施，使素有"贫瘠甲天下"之称的西海固成为宁夏增长最快的地区：GDP 增长 21.3 倍，地方财政收入增长 67 倍，农民人均纯收入增长 11 倍。

2. 沪遵模式

自 2013 年开始，上海市与遵义市结成帮扶对子。上海市先后开展新农村建设、产业发展、社会事业和人力资源开发等领域对口帮扶项目 122 个，累计资金 19 232 万元，使遵义市 6 万多户、16 万贫困人口直接受益。2015 年全面小康实现程度达 86.5%。实现国家扶贫开发工作重点县、26 个贫困乡镇"减贫摘帽"，减少农村贫困人口 21.56 万人。2016 年，沪遵两地签订了《共同推进沪遵商务领域扶贫协作项目协议（2017—2020）》，确定将主要实施农特产品产销对接、黔女入沪、黔茶入沪和农贸市场改善等四大扶贫协作项目。

3. 浙黔模式

1996—2015 年，宁波市通过资金和项目帮扶的方式，扶持贵州省黔西南州新农村建设和现代农业发展。累计在贵州完成帮扶项目 3 730 余个，无偿帮扶资金与物资共计 10.51 亿元，其中政府财政资金 5.72 亿元，社会捐赠资金 4.79 亿元。共建设了 100 多个新农村示范点和 30 多个扶贫示范村，扶持发展了 20 多个高效生态农业示范基地。同时，大力推进当地文教卫条件改善：近 20 年间共计改善了 1 430 余所学校的办学条件和 100 多所医院（卫生院）的医疗条件，资助了 6 万多名贫困学生，培训了 2 万多人次的党政干部、教师、医

生和农村致富带头人。

2013—2016 年，浙江杭州与黔东南州结成帮扶对子，开展项目、资金、人才、文化交流等多种形式帮扶。杭州共安排对口帮扶项目 119 个，投入各类帮扶资金 1.05 亿元，先后选派 14 名干部到黔东南州挂职，开展了形式多样的电商发展、招商引资、旅游推介、农产品展示展销、文化和会展交流等活动，惠及黔东南 5 万贫困户近 20 万贫困人口。

4. 京蒙模式

京蒙之间的对口帮扶合作关系始于 1996 年，由最初单纯的对口帮扶发展为复合型的对口帮扶合作。其模式成效主要体现在三个领域：一是以卫生医疗工作为代表的民生领域。北京重点强化内蒙古当地硬件设施建设和人才队伍开发，使当地人民最早享受到高水平的民生服务；二是以产业合作为代表的经济建设领域。以北京市经济和信息化委员会和赤峰市人民政府产业及园区建设合作协议为例，在长期规划和重点项目建设上都以当地优势产业为帮扶合作基础和发展根本；三是以技术革新为代表的科技领域。北京市通过加强科技引进、院校合作和人才输入的方法，使科技真正推动当地支柱产业的发展，依靠产业园区回哺企业，做到企业需要什么研究什么，通过科技发展与帮扶合作，有效消除贫困。

5. 可借鉴做法及对广东的启示

（1）双方高层领导重视。领导重视是对口帮扶工作得以顺利进行的重要保障。在浙黔对口帮扶中，宁波市委、市政府高度重视，召开常委扩大会议、市长办公会议、全市领导干部会议和对口帮扶动员大会，传达贯彻中央精神，站在政治和全局的高度统一思想认识。从 1996 年开始，主要坚持落实了三项组织领导措施。一是坚持甬黔双方领导互访制度；二是建立对口帮扶工作机构；三是建立县级结对帮扶关系。这三项措施共同形成甬黔对口帮扶的强大推动力量。

闽宁对口扶贫协作的发展和成功也在于高层重视、强力推动。联席会议制度自建立以来从未间断，合作协作领域不断拓宽，内容不断丰富，两省区主要负责同志每年出席，亲自推动落实。

十几年来，京蒙两地高层领导多次互访，就京蒙对口帮扶合作工作进行了深入交流，京蒙两地关系越来越密切，感情越来越深厚，合作越来越广泛。双方领导的高度重视，为京蒙帮扶合作工作取得巨大成绩奠定了基础。

（2）建立通畅高效的工作机制。在开展沪遵产业合作中，明确建立了两地办公室成员单位互访机制、产业合作信息共享机制、重要人才和紧缺人才引进机制等，并支持建立漕河泾开发区遵义分区等相关基地平台以及茶业协会、酒类协会等行业协会对接平台。同时，还广泛建设企业产业对接平台，继续推进并落实市政府及相关县（市、区）、市直部门与上海市电气集团、锦江集团等大型骨干企业及相关机构签署的战略合作框架协议。

在京蒙对口帮扶中，北京和内蒙古两地均成立京蒙区域合作工作协调领导小组，统筹组织协调京蒙对口帮扶和区域合作中的重大事宜。协调小组在京蒙两市区分设办公室，承担对口帮扶合作各项具体工作的组织实施和监督检查。乌兰察布和赤峰两市分别建立了以政府主要领导为组长的领导小组及其办公室。

杭州市认真组织编制了《杭州市对口帮扶贵州省黔东南州工作计划（2013—2015 年)》，设立了杭州市对口帮扶黔东南州联络处。建立了选派干部挂职并承担援黔联络处工作职责机制，每年选派五名优秀干部赴黔东南州挂职；建立了对口帮扶结对机制，将全市的 13 个区、县（市）与黔东南州的 16 个县（市）一对一、一对二分别结对，实现了全市对口帮扶工作的全覆盖。

宁波对口帮扶贵州中坚持"二对一"结对帮扶办法，逐步扩大部门参与结对帮扶范围，积极引导有能力、有愿望的企业和社会名流参与到结对帮扶中来。进一步健全沟通衔接机制，增强帮扶工作的针对性和有效性；进一步健全项目管理机制，确保搞一个成一个；进一步健全绩效评估机制；把握好下步工作方向和资金投向。

（3）完善制度建设，实现工作规范化。宁波市在对口帮扶过程中，十分注重对当地农业产业合作的政策支持，通过优先补助对口地区的西部大开发贴息资金、对口帮扶培训专项资金等政策和人才交流、技术培训等措施，有力地推动了当地产业发展；黔西南州立足本地优势，挖掘和培育优势产业，制定政策，建立机构，配备人员，完善规划，落实项目，广纳贤才，注重人才培养和科技开发，从根本上保障农业产业化的发展壮大，使科技帮扶效果在产业发展中得到很好体现。

京蒙对口帮扶合作中，按照京蒙区域合作框架协议，制定了实施方案，细化为 25 项任务，明确了各部门的工作职责和要求。制定印发并健全完善项目管理、资金使用、人才培训、贷款贴息、挂职干部管理等工作制度和办法，建立了京蒙对口帮扶资金稳定增长机制。

（4）充分发挥挂职干部的重要作用。闽宁对口帮扶中，1996—2012 年，宁夏先后 11 批选送贫困地区 65 名县处级干部、79 名乡镇领导干部、41 名基层团干部到福建挂职学习；选派 2 242 名党政干部、企业管理干部、妇女干部和专业技术人员，到福建接受培训。福建省也以两年为一个轮换周期，先后选派 7 批 98 名优秀干部到宁夏贫困地区挂职。这些挂职干部充分发挥"友好使者"和"项目官员"的作用，给贫困地区带来新思想、新观念的同时也带来了一大批帮扶项目。

京蒙双方之间也以挂职干部为桥梁和纽带，增进感情，沟通情况，推进项目落实。如赤峰市挂职干部积极协调北京市 8 个对口帮扶区县捐赠帮扶资金 1 700万元，捐赠物资折合人民币 690 万元。

第二十七章 清远市"三农"工作分析

一、清远市农村综合改革工作推进情况

清远市积极推进以"三个重心下移"、"三个整合"为重点的农村综合改革，在坚持和巩固农村基本经营制度前提下，着力通过完善村级基层组织建设，提高农村组织化水平，转变和创新农业生产经营方式，推动美丽乡村建设，实现农业繁荣发展、农民福祉增加、农村和谐稳定。

1. 三个重心下移情况

2012 年底以来，清远市出台了《关于完善村级基层组织建设推进农村综合改革的意见（试行）》（清发〔2012〕33 号），2014 年 7 月制定出台了《关于提高农村组织化水平进一步深化农村改革的实施意见》等"1＋7"系列改革配套文件，指导推进清远市农村综合改革。一是推动党组织建设重心下移。由"乡镇党委—村党支部"调整为"乡镇党委—党总支—党支部"，在清远市 1 023 个行政村设立党总支 1 013 个，在村民小组（自然村）通过单独或联合设立党支部 9 383 个。二是推动村民自治重心下移。将"自治沉到村落"，清远市村民小组（自然村）共选举产生了村民理事会 16 806 个、成员 67 623 人。清远市村民理事会累计召开理事会议 17.67 万次，调解矛盾纠纷 4.98 万宗，协调组织开展公益事业建设 4.8 万件。健全集体经济组织，把发展农村集体经济的重心从行政村下移至村民小组，共成立经济合作社 19 589 个。三是试点推进村委会规模调整。选择英德市西牛镇、连州市九陂镇和佛冈县石角镇为试点，探索村委会规模调整，缩小村民自治单位。按照有利于群众自治、经济发展、社会管理"三个有利于"的要求，依据利益相关、地域相近、文化相连、规模适度、群众自愿和能够发挥党组织领导核心作用"六项原则"，以 1 个或若干村民小组（自然村）为单位设立村委会，重构乡村共同体，推动行政与自治分离，产权与治权融合，使村民小组（自然村）成为乡村自治主体。四是推动农村公共服务重心下移。健全县、镇、村三级社会综合服务平台，在县、镇

建立社会综合服务中心，清远市在行政村（社区）建立了 1 092 个社会综合服务站，作为为党和政府提供公共服务、为村民代办公共事务的服务窗口。截至 2017 年 10 月底，各地村级服务站共为群众代办服务 146 万件。

2. 农村土地改革情况

清远市按照《关于农村改革试验区拓展试验任务的批复》（农办政〔2017〕7）要求，认真组织开展深化农村土地制度改革试验工作。一是坚持农村土地集体所有制。发挥村民小组对集体土地所有权、支配权的优势，优化配置农村集体土地资源，拓展农村集体经济发展途径，壮大集体经济实力。按照"八有"（有公章、有牌子、有证书、有章程、有成员界定、有机构代码、有银行账户、有运作）要求，建立和规范集体经济组织 19 602 个，发挥集体经济组织作用。落实农村土地集体所有权，在村民自愿前提下，探索"一村一策"，通过村民之间互换并地等多种方式，稳步推进农村土地整合，清远市实际整合耕地面积 150.19 万亩，占国土二调面积的 39.45%，占二轮承包耕地面积 68.41%。积极探索资金入股、土地入股、物业经营等方式，多渠道发展集体经济，增加集体收入。截至 10 月底，清远市有经营性收入的经济合作社 7 670 个、占总数的 39.1%，实现经营性收入 1.44 亿元；有经营性收入的经济联合社 828 个、占总数的 75.4%，实现经营性收入 1.63 亿元。二是加快推进农村土地确权。各县（市、区）按照"有条件的地方先整合土地再确权，条件不成熟的地方先确权再整合"的工作思路，因地制宜推进确权工作。截至 11 月 24 日，清远市累计完成实测承包地面积 403.21 万亩，占国土二调面积的实测率为 105.86%，清远市累计发证 61.09 万户，发证率 92.49%。三是放活土地经营权。各村完成整合后的土地，需进行流转的，鼓励优先流转给本经济社（经联社）的种养大户、家庭农场，或委托本村的土地股份合作社、专业合作社经营，在满足本集体经济组织成员承包意愿的前提下再对外承包。探索连片流转经营、由村集体托管入股等方式集约土地资源，积极探索"三变"改革，不断提升农村经济活力。

3. 农村"三资"管理情况

依托县、镇、村三级公共服务平台，统筹推进农村服务资源有效整合，健全农业经营服务体系，为推动农业规模经营奠定基础。清远市 8 个县（市、区）均已基本完成了县、镇、村三级农村产权流转管理服务平台建设，2017 年 1—10 月共开展"三资"交易 511 宗、金额 2.35 亿元，其中 87.3% 的交易通过产权流转管理服务平台进行。

4. 工作难点

一是部分村集体缺乏对集体资产、资源的有效利用，经营性收入较少；二是部分村虽开展了土地置换整合，但由于缺乏土地治理的资金，耕作条件没有得到明显改善；三是农村产业仍较为单一，农村二三产业发展相对落后；四是农业生产经营服务体系仍未健全。

二、建立健全乡村治理体系

分别从提升乡村自治能力、健全农村法治体系、推进乡村文明建设三方面，建立健全自治、法治、德治相结合的乡村治理体系。

1. 提升乡村自治能力

一是推进党组织建设重心下移。扩大党的组织和工作在农村基层的有效覆盖，真正"把支部建在连上"。在清远市 1 023 个行政村设立党总支 1 013 个，在村民小组（自然村）一级通过单独或联合设立党支部 9 383 个。二是推进村民自治重心下移。通过建立村民理事会，改变了过去由村干部包揽村政村务的做法，推动更多村民参与村务管理，较好地填补政府在农村社会管理中"管不了、管不到、管不好"的"管理真空"。清远市共成立村民理事会 16 803 个、成员 68 456 人，理事会成员由村民推选。截至 2017 年 7 月底，清远市村民小组（自然村）共选举产生村民理事会 16 803 个、成员 68 456 人。清远市村民理事会累计召开理事会议 18.19 万次，调解矛盾纠纷 5.07 万宗，协调组织开展公益事业建设 4.86 万件。

2. 健全农村法治体系

积极推进农业综合行政执法改革工作，于 2016 年初制定了《清远市农业综合行政执法体制改革实施方案》，其中设立清远市农业综合执法支队，核定行政执法专项编制 12 名，承担原由市动物卫生监督所、市农业安全监督管理所、市植物保护站、市种子站、市农产品质量监督检验测试中心、市土壤肥料站等事业单位所涉及的农业行政执法职责。健全农村法制体系，制定《清远市村庄规划建设管理条例》、《清远市饮用水源水质保护条例》、《清远市农业水价综合改革实施方案》、《清远市基本农田保护补贴暂行办法》、《清远市家庭农场认定管理办法》等系列涉农法规和方案。

3. 推进乡村文明建设

一是推动全域创文、城乡一体化创文，将创文工作向各县（市、区）全面推进。二是加快美丽乡村建设和新农村建设步伐，将自治、法治、德治纳入美丽乡村和新农村建设体系，加强文明乡风建设。三是开展法律进村活动。在各街镇举行"法律进乡村"赠书活动，组建了农村法制宣传志愿者队伍。

三、农村涉农维稳工作成效与做法

1. 基本情况

一是新增矛盾较多。2017年，清远市涉农领域共排查调处矛盾纠纷46宗，其中林业管理15宗、土地确权7宗、扶贫脱贫7宗、涉水纠纷4宗、渔业纠纷1宗、其他12宗；已化解矛盾纠纷30宗，化解率65.2%。二是林权及土地权属矛盾纠纷突出。林业管理、土地确权纠纷所占比重较大，合计29宗，占排查总数的63%。这些矛盾时间跨度大、空间距离长、涉及群众面广、情况相对复杂，调处难度较大。

2. 形势研判

一是村委会换届方面。虽然新一届村委会换届选举工作已步入尾声，但仍需注意因选举程序不规范、部分参选未选上、原任干部落选而不配合工作交接等问题引发新的矛盾纠纷。二是利益分配方面。随着城市进程的加快和农村改革的推进，农民群体权益分配等矛盾纠纷易发多发。特别是中心城区因户口由非农户口转为农业户口、新生儿和新加入安置人员而引发的利益分配问题会有所增加。三是山林土地权属方面。随着林地资源升值，由于一些山林土地边界模糊不清，容易导致矛盾纠纷，甚至有些在权属本已清晰的情况，由于利益驱动，出现一些村民胡搅蛮缠。四是土地确权方面。随着清远市土地确权工作的深入推进，可能会引发一些因历史遗留或者工作简单化造成的矛盾纠纷。五是扶贫脱贫方面。由于新一轮扶贫工作力度大，可能在扶贫项目选定、扶贫资金监管及使用上存在矛盾隐患。六是新政策实施方面。要注重做好新政策落地期间的摸查稳控工作，如生猪养殖场拆迁补偿问题，涉及面较广、人数较多，容易引发集体上访。

3. 主要做法

一是强化涉农矛盾纠纷排查。建立健全涉农矛盾台账，做到底数清、情况明，找准症结，逐一落实化解稳控措施，力求矛盾问题清底为零。二是强化涉农矛盾积案化解。落实"六有"要求，全力化解排查出来的矛盾纠纷，不断探索化解和治理矛盾的长效机制，从长远角度预防和化解涉农矛盾。三是强化督查指导。针对部分县（市、区）、个别单位工作不够重视、排查化解措施不够落实、协调联动机制不够到位、数据对接不够通畅等问题，继续开展涉农维稳专项督导。四是强化沟通协调。切实加强与市委政法委、市信访局、市涉农成员单位及各县（市、区）的沟通协调，做好台账分类与数据对接，确保信息畅通、数据准确。五是强化特防期维稳。成立特别防护期涉农维稳工作协调领导小组，严格值班制度和重大活动和敏感节点期间"一日一报"工作，对重大涉农隐患、涉农突出问题进行稳控，确保特防期间不发生重大涉农群体性事件。六是强化源头治理。把化解涉农矛盾与深化农村改革有机结合起来，通过深化农村综合改革，构建完善的基层治理体系，夯实农村稳定的制度基础，探索从源头预防和化解矛盾纠纷的长效机制。七是不断完善工作机制。建立相关职能部门的沟通协调机制，进一步完善涉农维稳工作机制，严格落实矛盾纠纷逐月滚动排查、定期分析研判、联席会议、工作台账、情况报告等工作制度。

四、创建社会主义新农村示范村的经验性做法

2016 年以来，清远市美丽乡村建设步伐明显加快，截至目前，清远市共创建美丽乡村 1 193 个。其中，2016 年度验收通过 916 个，涉及省定贫困村行政村 133 个、20 户以上的自然村 367 个，占 3 283 个自然村的 11.2%，为全面推进省定贫困村创建新农村示范村奠定了坚实基础。

1. 变"平面推进"为"梯度创建"，提升美丽乡村建设的持续性

首先，把"三农"各项工作融入美丽乡村创建，实施"人居环境、绿色发展、富民强村、基层治理、和谐共享"五大创建工程，丰富美丽乡村建设的内涵。其次，增加美丽乡村创建层级，实行"梯度创建"，坚持村镇同创，分"整洁村、示范村、特色村、生态村、美丽乡镇"五个梯度开展美丽乡村创建工作，并建立系统的创建指标体系。再次，积极引导贫困村根据实际情况，量力而行，在创建新农村示范村完成后，继续申报创建更高层级的美丽乡村，不断提高贫困村发展水平，改变过去创建成功后一劳永逸的现象，提升贫困村持续创建和管护的动力。

2. 变"自上而下"为"自下而上"，提升农民创建美丽乡村的内生动力

在项目安排上，改变过去自上而逐级分解任务的做法，采取自愿申报和指令性计划相结合的办法，由各村根据农民意愿，按程序逐级申报，使美丽乡村建设真正成为农民群众的需求，不再是被动接受安排。通过持续不断的政策宣

传，加上先前成功创建的美丽乡村的典型示范，大大提升了农民群众创建美丽乡村的内生动力。2016 年清远市申报创建美丽乡村的村庄数量为过去三年总和的 3.3 倍，2017 年又有 2 000 多个村主动申报创建，清远市美丽乡村创建已经形成你追我赶的浓厚氛围。

3. 变"大包大揽"为"以奖代补"，使农民从消极被动转为积极主动

一方面，加大市级财政对美丽乡村建设的支持力度。在 2016 年市级财政安排 2 亿元专项资金的基础上，从 2017 年起至 2025 年，市级财政每年安排美丽乡村建设专项资金增加至 3 亿元。同时，各县（市、区）进行差异化配套，切实为贫困村创建新农村示范村乃至更高层级的美丽乡村提供有力的资金保障。另一方面，拓宽建设资金来源。利用清远市作为全国涉农资金整合优化试点市的契机，充分发挥市级财政奖补资金的引导作用，争取金融机构的支持。各县（市、区）以市级预拨付奖补资金作为担保金向金融部门放大进行融资，解决美丽乡村建设前期项目和人居环境综合整治资金不足问题，减轻县（市、区）财政压力。同时，积极争取一批爱心企业支持清远美丽乡村建设创建工作。此外，转变资金投入方式。发挥财政奖补资金引导作用，充分调动农民群众积极性。改变过去政府大包大揽的做法，采取以奖代补，先建后补，对成功创建的"整洁村、示范村、特色村、生态村"，以户籍人口规模 250 人的村庄为标准，分别奖补 32 万、60 万、150 万、400 万元，奖补资金不叠加。成熟一批验收一批，建设完工验收合格后采取以奖代补的方式拨付资金，从而消除农民群众"等、靠、要"的思想。同时，发挥外出乡贤的作用，积极出钱出力支持家乡建设，鼓励村民自主筹工筹劳，自己动手建设家园，减少建设成本。

4. 变"各自为政"为"综合大专项"，形成合力共建美丽乡村

改变过去美丽乡村建设少数几个部门孤军奋战的状况，汇集各职能部门的资源和力量，按照清远市"一盘棋"的思路，以创建村作为项目载体，统筹各职能部门的"任务清单"，强化部门协调配合、共同发力，形成"渠道不乱、用途不变、各负其责、各记其功"的美丽乡村建设机制。

5. 变"重建轻管"为"建管并重"，建立新农村管护长效机制

按照分级负责、以县（市、区）为主和谁受益、谁所有、谁管理的原则，采取政府补一点、社会筹一点、村集体出一点的办法，把建立健全卫生保洁和基础设施长效管护制度作为一项紧迫性任务抓紧抓好。以政府投入为主兴建、规模较大的农村集中供水、乡村公路、污水处理等基础设施，由县级政府相关职能部门负责管理；规模较小的农村供水、村内道路、照明设施、公共服务设施、污水处理、垃圾处理、雨污分流等基础设施，属于非经营性的，由自然村负责管理，避免出现"今年建、明年修、后年坏"的现象。强化群众的主人翁意识，通过开展"卫生示范户"评比、"门前三包"制度等提高群众参与率，引导村民承担一定的日常保洁和维护义务。建立专职保洁队伍，制定卫生保洁和生活垃圾处理制度，实现以制度管理村中事务、以制度服务村民的管理目标。发挥党支部、村民理事会等村级组织作用，支持群众发挥管护主体作用，通过村规民约建立村民参与的村庄基础公共设施管护制度。

6. 变"输血扶贫"为"造血扶贫"，促进贫困群众持续增收

转变贫困地区生产经营和发展方式，优化资源要素配置，强化其"造血"功能。一是整合土地资源发展适度规模经营。引导各贫困村开展土地整合，变承包土地小块分散为连片集中，解决细碎化问题，发展多种形式适度规模经营，提高土地产出效益。二是推进资源变资产、资金变股金、农民变股东"三变"改革。引导贫困村集体经济组织将土地、林地、水域等自然资源要素，通过入股等方式加以盘活；将财政专项扶贫资金和其他涉农资金量化为贫困村和贫困户持有的股金，投入到各类经营主体和项目；农户以承包土地、空闲农房及宅基地等作价入股企业或项目，按股分享经营收益。三是依托生态资源发展休闲农业。结合新农村示范村建设，引导有条件的贫困村发挥生态优势和资源优势，大力发展乡村旅游和休闲农业，拓宽集体和农户增收渠道，实现贫困劳动力就地就近就业创业。

五、清远市党建促脱贫攻坚工作做法与成效

清远市共有省定贫困村261个，中直驻粤单位和省直单位选派第一书记兼驻村工作队长31名，清远市选派驻村第一书记230名，广州选派驻村工作队长230名，全部全脱产驻村。2016年以来清远市不断加强贫困村党组织建设，推动脱贫工作开展。一是选优配强贫困村党组织书记。结合2017年村（社区）"两委"换届工作，按照"好人＋能人"标准，提前物色人选，共调整了105名能力弱、不胜任现职的省定贫困村党组织书记。二是不断提升干部素质。在市委党校举办2期全市261名相对贫困村党组织书记培训班，不断提升他们在加强党组织建设、带动群众致富脱贫、建设新农村示范村等方面的能力。突出党建引领和业务技能提升，举办驻村工作队成员和第一书记培训班5次共培训2063人次，各县（市、区）举办全员培训20次共培训1168人次。三是不断

强化第一书记的管理。出台管理办法，进一步明确第一书记工作职责、日常监管和考核制度，评出了第一批 78 名优秀第一书记；建立不合格第一书记召回制度，坚决召回调整了 18 名不胜任的帮扶干部，有效强化了帮扶干部队伍的担当意识；市、县、镇三级定期召开帮扶干部座谈会，及时掌握第一书记工作和思想动态，帮助解决存在问题；通过整合现有各项补贴文件，明确第一书记各项待遇标准及经费来源，为帮扶干部创造了安心工作、扎根基层创事业的条件。拍摄 8 期"帮扶干部在行动"微视频在各类媒体进行宣传报道，有效发挥了先进典型示范引领作用，营造了脱贫攻坚良好的舆论氛围。四是充分发挥党员在脱贫攻坚中的作用。在全市选定 266 名省定贫困村党员致富带头人，并在市委党校专门举办 1 期培训班进行培养；结合实际落实 2 107 名有劳动能力的党员的致富项目，促进有带动能力的党员结对帮扶贫困户 354 对。五是督促帮扶工作开展。先后开展 2 轮精准扶贫工作督查，督促指导第一书记和驻村工作队认真履职，积极落实帮扶措施，261 个贫困村全部落实"两不愁、三保障、一相当"，全部完成贫困户识别和建档立卡工作，全市通过产业扶贫、金融扶贫、旅游扶贫等落实扶贫项目 1 734 个，助推贫困户增收脱贫。

六、清远农村"空心村"问题及改造案例

1. 基本情况

当前清远市不少地方存在"空心村"现象，有 90％以上村民外出的"空心村"1 135 个、65％～90％村民外出的"次空心村"1 210 个、50％左右村民外出的"半空心村"4 513 个。在这些空心村，社会治理、村庄建设和经济发展等方面面临很大困难。

2. 出现"空心村"的主要原因

一是农村长期外出务工经商的人员多，很多村民进城务工并居住，部分村民为照顾在城市读书的孩子而选择搬迁到城镇居住，造成村庄"空心"化。二是"两不具备"石灰岩地区群众移民搬迁后，部分人户籍仍留在原居住地，从而造成"空心村"。留在村里的人少，因而很多农地撂荒了，村里的房子荒废了。三是当前大部分村庄缺乏足够可供自治的配置性资源，村集体经济空白，无法为村务治理提供有力的经济支撑，没有为共同利益采取集体行动的能力，也难以吸引群众参与的兴趣。治理资源的缺乏，村级组织难以树立权威性，凝聚集体行动的能力弱，农村能人缺少参与兴趣，乡村能人流失，出现村庄治理

有心无力。

3. 典型案例分析

清新区石潭镇率先开展空心村治理试点建设。石潭镇联滘村委会塱仔村，户籍人口 34 户，205 人。塱仔村外出人口多，常住人口不足 20 人，是典型的空心村。2013 年 5 月塱仔村党支部和村民理事会成立后，在党支部的提议下，该村各种组织决定发动村民改变家乡的村容村貌。2014 年 11 月，经由户代表大会通过，发动村民捐资筹资、整合普惠性涉农资金并将征地补偿款约 20 万元全部用于村集体公益事业建设，从此塱仔村开始了如火如荼地进行新农村建设。经过村民代表协商决定，将塱仔建设成有景观围墙特色的社会主义新农村。根据村民的意愿制定出了村庄建设规划图，村庄生活区由景观围墙包围，村民通过两个门楼进出，村内建有文化室、篮球场、休闲公园、景观塘等设施。经过大半年来的施工建设，现已拆除破旧泥砖屋 85 间，巷道硬底化、下水道暗渠化及两座门楼已完成，特色新农村已见形，在进行新农村建设之余，将村中所有土地整合起来，计划种植高效益的香瓜，吸引了村中原来外出经商的两名村级组织成员（塱仔村党支部书记李世雄和村民理事会成员李国强）回乡创业。为进一步盘活空心村塱仔村的资源，李世雄和李国强充分利用塱仔村内的 14 间闲置住宅房屋，并结合塱仔村的自然风光（大面积的风景林、邻近的水西村芦笋种植基地、村内"立体农业"），在塱仔村党支部和村民理事会成员的引导下，村民用 14 间闲置住宅房屋入股，发起人负责将其改装成民宿民居，由李世雄和李国强代管，结合本村的自然风光，大力发展乡村民宿旅游和农家乐。

第二十八章 南雄市"三农"工作分析

一、农村综合改革做法与成效

1. 农村土地承包经营权确权登记颁证工作顺利推进

南雄市制定了《南雄市农村土地承包经营权确权登记颁证工作方案》，印发督查问责办法、签订工作责任书、制定了驻村干部分片包干制度、纠纷调解工作制度等一系列措施，采取年底绩效目标考核、约谈、常委会检讨及纳入领导干部考验性管理中等办法层层压实责任，将各项工作细化到各个时间段时间点，分解落实责任到人，稳妥推进农村土地承包经营权确权登记颁证工作。截至2017年12月底，南雄市18个镇（街道），208个经联社，2 548个经济社全部启动了承包地确权登记颁证工作，工作开展率达100%，全市18个镇（街道）已基本完成成立机构、制定方案、宣传培训、收集资料、摸底调查、制作底图、外业调查、内业处理、张榜公示、审核颁证等工作。确权工作开展以来，各级累计召开土地确权相关培训1 290场，培训工作人员2万人次，发放《致农民朋友的一封信》等宣传资料18万份，完成外业调查的耕地面积64.262 4万亩，实测率为99.94%，确认家庭承包农户数84 598户，占南雄市承包农户总数的95.27%，累计受理土地承包经营纠纷277宗，成功调解245宗，全市确权登记颁证工作稳妥有序开展。

2. 农村集体"三资"管理工作成效明显

按照省、市工作要求，南雄市积极开展农村集体"三资"管理工作，制定了《南雄市农村集体"三资"管理体系建设工作方案》，明确工作要求、基本原则、具体步骤、职责分工等。目前，全市18个镇（街道）、208个经联社、2 536个经济社已全面完成"三资"清理核实工作，清查核实单位数2 741个，全部资产20 632宗，其中资源性资产16 064宗、物业资产2 302宗、实物资产2 253宗、其他资产13宗；合同1 855份，其中土地发包合同1 706份、物业租赁合同149份。清理核实资源性资产287.308 2万亩、物业资产195.394 8

万平方米、货币资金 2 281.107 3 万元、合同年收益 403.763 2 万元。同时完成市、镇两级平台的沟通，全市 18 个镇（街道）、208 个村"三资"平台专用线路已经全面完成安装使用，并联合财政局相关业务人员抽查了珠玑和主田的部分村，抽查结果显示线路符合平台使用要求。南雄市全安镇、界址镇已在韶关市南雄市集体资产交易网发布三条招标信息，全安古塘村顺利成交一宗集体资源招投标。

二、南雄市乡村治理体系情况

1. 注重强化强镇抓村责任

南雄市注重强化镇村责任，将基层治理作为镇（街道）党（工）委书记、村（社区）党组织书记抓基层党建述职、评议、考核的重点内容，牢固树立岗位在村（社区）、阵地在村（社区）的意识，切实把基层治理工作抓在手上、放在心上、扛在肩上。

2. 注重抓好村级"两委"换届工作

南雄市严格按照广东省、韶关市的部署要求，精心组织谋划，依法依规操作，于 6 月 2 日圆满完成了村级"两委"换届选举任务。通过换届，一批公道正派、年轻有为的农村党员、群众走上了村（社区）"两委"工作岗位，主要呈现"三高三优"的特点。"三高"：一是"一肩挑"比例高。新一届村（社区）"两委"换届共选举村（社区）支书、主任 239 人。村（社区）支书、主任"一肩挑"225 人，占 97.0%，比韶关市的 91.2% 高出 5.8 个百分点。二是"交叉任职"比例高。新一届村（社区）"两委"换届共选举村（社区）"两委"成员 1 045 人，其中村"两委"成员 946 人、社区"两委"成员 99 人。村"两委"成员"交叉任职"663 人、占 93.5%，比韶关市的 90.7% 高出 2.8 个百分点。三是民主参选率高。此次村（社区）"两委"换届选举的选民 35 万多人，参选选民 34 万多人，参选率达 97.46%，对比上届增加了 2.1%。"三优"：一是年龄结构得到优化。主要体现为"一升一降"，"一升"：即新一届村（社区）"两委"年轻干部增多，35 岁左右 148 人、占 14.16%，对比上届上升 5%；"一降"：即新一届"两委"成员平均年龄为 45.11 岁，比上届降低 0.3 岁。此外，超龄干部数量大幅减少。60 岁以上的村干部 20 人，占 0.98%，比上届少 5 人。二是文化结构得到优化。高中（含中专、技校）以上文化 654 人，占 63%，比上届增加 3.7%，其中大专、本科学历 136 人、占 13.02％，比上届多 64 人、增加 6.02％。特别是村（社区）党组织书记大专以上学历 45 人、占 19.40％，比上届多 23 人、增加 9.92％。三是性别结构得到优化。新一届村（社区）"两委"女干部 284 名、占 26.99％，比上届多 22 名、增加 1.55％，其中女支书、主任 14 人（社区女支书、主任 8 人），比上届增加 3 人。

3. 注重强化村务监督力量

2017 年，抓好村级"两委"换届选举工作的同时，全市 223 个村（社区）依法依规依程序选出村（居）务监督委员会 657 人，其中村务监督委员会 624 人，居务监督委员会 33 人。并针对村务监督委员会成员进行专题培训，在鼓励他们主动监督的同时，增强业务能力实现有效监督，使他们真正做到"能监督、会监督、善监督、敢监督"。

三、南雄市新农村建设做法与成效

1. "五大片区打造五大风格"连片建设南雄新农村

南雄市以 68 个省定贫困村创建社会主义新农村示范村为突破口，同步打造古驿道、精品路线区域新农村示范片。为避免新农村规划建设中的千村一面，破解"村庄建设没规划没秩序没特色"的现象，南雄市因村制宜，策划差异化设计风格，对全市的五个片区统一规划建设，形成了既各有特点又相对统一的新农村风貌。

（1）乡村田园风格。乡村田园风格以自然为基底，将自然生态融入设计中，展现田园朴实生活的气息。从全安镇的苍石寨到帽子峰森林公园再到百顺镇的黄屋村，均以自然生态环境为景观，该片区的全安镇、帽子峰镇、澜河镇、百顺镇的建筑风格主要以乡村田园风格为主。

（2）泛徽风格。徽式建筑是徽式文化的传承，更是一代代中国人对生活的永恒追求。泛徽派与徽派风格特色基本一致，以黛瓦、粉壁、马头墙为表型特征，以砖雕、木雕、石雕为装饰特色。形成原因：以珠玑镇 323 沿线、黄坑镇四方坑村为典型代表，包括湖口、邓坊镇，早期已经形成了规模的徽式风格建筑，通常以白、青、灰为色彩元素，黛瓦、粉壁、马头墙为装饰元素将其改造为富有徽式风格的美丽乡村。

（3）广府风格。广府民居通常符合通风与阴凉的要求，还大量吸取西方建筑精髓，体现了兼容并蓄的风格。乌迳镇地处粤赣边陲，古来商贸比较频繁，乌迳镇的新田古道更是享有"西晋第一村"美誉。设计团队充分考虑到原有的建筑风格,将乌迳镇、油山镇、坪田镇、界址镇以广府风格为主调建设新农村示范村。

(4)现代新农村。现代新农村风格综合了现代建筑风格与本土农村文化元素,以简洁、明朗、清新、大方为造型特点采用钢材、玻璃等现代材料元素进行构造。雄州街道、古市镇、主田镇均是以现代新农村风格为主调建设新农村示范村。

(5)赣南风格。赣南客家民居建筑特色主要体现在墙身、屋顶、门窗等整体色彩上,营造出朴素、淡雅与自然环境协调一致的色彩,并形成了独特的地域色彩体系。江头镇毗邻江西,浸染了赣南文化,建筑风格也近似赣南风格。故江头镇、水口镇、南亩镇便是以赣南风格为主,建设新农村示范村。

2. 建立南雄市美丽乡村建设模式

南雄市创新采用 EPC 模式实施建设,通过选取有实力、有经验、懂标准的企业,确保在 2018 年底能够高水平、高质量、进度快地完成新农村建设工作。EPC 模式,即采用勘察测量、设计、采购、施工一体化模式。通过公开招投标确定总承包单位,由总承包单位按照合同约定对全市 65 个(不含珠玑镇省级新农村示范片里东、里仁、灵潭三个村)省定贫困村所有自然村建设和产业发展项目的统一规划、设计、采购、施工等实行全过程的承包。经 2017 年的摸底调查与美丽乡村、新农村示范村建设设计方案遴选,南雄市于 2018 年 1 月通过公开招投标方式确定岭南生态文旅股份有限公司(原岭南园林股份有限公司)作为 EPC 总承包单位承包南雄市省定贫困村创建社会主义新农村示范村工作。

3. 建立健全新农村建设奖补机制

南雄市在新农村建设过程中,依照"先申报后补助、不申报不补助,先规划后补助、不规划不补助,先启动先补助、不启动不补助"原则,实行分类奖补。

(1)奖补标准。对达到整洁村标准的,按农民户数 20～40 户(含 40 户)的自然村奖补 20 万元,41～60 户(含 60 户)的自然村奖补 30 万元,61 户以上的自然村奖补 40 万元,分两个阶段奖补。第一阶段:"三清三拆"完成经验收合格后,先奖补整洁村首期资金。按农民户数 20～40 户的自然村奖补 5 万元,41～60 户的自然村奖补 10 万元,61 户以上的自然村奖补 15 万元;第二阶段:整洁村创建完成经验收合格后,奖补整洁村剩余资金。奖补资金由村理事会统筹用于村庄环境整治和公益事业建设。

（2）奖补资金筹集来源。对达到示范村标准的，经验收合格，建设资金总额原则上按财政资金与帮扶单位、群众自筹、乡贤捐助比例为 7：3，奖补资金原则上不超过户均 2 万元。奖补资金由村理事会统筹用于村庄环境整治和公益事业建设。

4. 建立健全村民主体作用机制

（1）成立各行政村及自然村专责小组。成立由驻村镇领导干部、精准扶贫驻村干部及村小组、村民理事会成员、EPC 总承包单位工作人员组成的各行政村及自然村的创建社会主义新农村示范村专责工作小组，负责各村的前期调查、规划、设计、施工、协调、验收等所有工作。

（2）成立得力管用的村民理事会。每个自然村在专责小组指导下，通过民主选举产生由党员、威信较高的村民代表、"说话算数"的乡贤组成的村民理事会。由村民理事会负责召开村民会议，统一思想认识，组织村民开展"三清三拆"工作、配合规划单位做好规划设计、加强与乡贤的联系沟通，使乡贤发挥作用。同时，村民理事会成员也积极发挥表率作用，在拆除危旧房、筹措资金等方面处处带头，带动村民发挥积极性，使"三清三拆"、规划设计、垃圾清运、筹措资金、监督工程质量等工作顺利进行，有力推动了新农村建设。

目前，全安镇杨沥村委会吊基岭、凌华村，湖口镇太和村委会老圩场村，乌迳镇长龙村委会长龙圩，古市镇丰源村委会黄屋新村，江头镇涌溪村委会官田村等五个试点自然村已经开始施工。

专题

粤港澳大湾区现代农业产业协同和共建共管共享机制研究

20世纪末期"湾区经济"概念诞生,如今,湾区已成为推动技术创新、带动全球经济发展的增长极。全球60％的经济总量集中在港口海湾及其直接腹地,世界上75％的大城市、70％的工业资本和人口集中在距海岸100公里的海岸带地区。

李克强总理在2017年《政府工作报告》中提出,要"研究制定粤港澳大湾区城市群发展规划"。这标志着规划和建设粤港澳大湾区城市群已经进入了国家发展战略的序列。粤港澳大湾区城市群由广东珠三角地区的广州、深圳、珠海、佛山、东莞、中山、江门、惠州、肇庆9个城市及香港和澳门组成,简称"9＋2"。粤港澳大湾区是"一带一路"建设中国家对粤港澳区域合作提出的新概念,其发展目的在于突破区域合作的发展瓶颈,更好地发挥粤港澳地区在"一带一路"建设中的功能与作用。

粤港澳大湾区目前在经济规模、人口规模、占地规模等方面已可以与世界级三大湾区相媲美,但从人均产出、地均产出、区域的创新能力以及对全球经济的影响力等方面看,粤港澳大湾区与国际三大湾区相比仍逊一筹。总体而言,粤港澳大湾区与美国旧金山湾、纽约湾、日本东京湾已处于一个量级范畴。在参与世界经济发展竞争、占据经济发展主导地位方面,粤港澳大湾区城市群不仅要在经济总量上超过纽约、旧金山、东京三大湾区,更要在发展竞争力和对世界经济的影响力、带动力方面赶超这三个湾区,力争发展成为主导世界经济格局的又一个大湾区,成为中国参与世界经济发展竞争的主力军和经济"名片"。

推进粤港澳大湾区建设是习近平总书记亲自谋划、亲自部署、亲自推动的重大国家战略。习近平总书记在广东考察时,多次就粤港澳大湾区建设做出重要指示,要把粤港澳大湾区建设作为广东改革开放的大机遇、大文章,抓紧抓实办好。

2019年发布的《粤港澳大湾区发展规划纲要》(以下简称《规划纲要》)第七章"推进生态文明建设"提出"开展粤港澳土壤治理修复技术交流与合作";第八章"建设宜居宜业宜游的优质生活圈"提出"推进马匹运动及相关产业发展"、"加强食品食用农产品安全合作"等,均涉及大湾区农业合作发展问题。因此,本研究在粤港澳大湾区农业合作发展现状和问题的基础上,对其现代农业产业协同和共建共管共享机制进行研究,提出相关的对策建议,以期对促进粤港澳大湾区农业高质量协同发展有所裨益。

研究一　粤港澳大湾区现代农业协同现状

一、农业协同历史悠久

广东尤其是珠三角地区在改革开放进程中取得了举世瞩目的经济发展奇迹。在改革开放初期，珠三角就凭借着改革试点的政策红利、地理区位优势和劳动力及土地等传统生产要素低成本优势，与港澳制造企业建立起"前店后厂"生产模式，粤港澳制造业生产分工体系初步形成。随着中国加入WTO、香港澳门回归，珠江三角洲地区对外贸易经济模式进一步深化。同时，珠三角产业结构调整政策使得粤港澳地区经济与产业发展进一步融合，经济合作领域由简单的制造业拓展到金融、服务业、房地产等第三产业。

多年来，粤港澳人员交往、贸易往来日趋频繁，其中，农业合作和农产品贸易更是从未间断，日趋紧密。根据相关资料显示，港澳市场95%以上的蔬菜，由内地17个省区供应。毗邻港澳的广东省，供应了两地市场七成的食品。深圳海关的数据显示，从该口岸出境的新鲜蔬菜、水果、活禽等占到香港市场的85%以上。其中，惠州是内地最大的供港蔬菜种植基地之一。香港人吃的蔬菜四成产自惠州，香港猪禽及水产品1/3由惠州供应。中山市也是供港澳农产品的重要基地之一，供港活鱼占香港市场70%的份额，供澳活禽、供澳蔬菜出口数量在广东均居首位。

二、协同形式多样

在农业贸易方面，广东省积极推动农业对外合作企业联盟、采购商联盟等的建立，促进广东省与港澳合作企业和基地形成联动机制。2018年广东省与香港农产品进出口贸易总额为43.51亿美元，其中出口农产品总额为40.50亿美元，增长3.6%；与澳门农产品进出口贸易总额为3.18亿美元，增长8.6%，其中，出口农产品总额为3.03亿美元。广东是港澳农产品最坚实、最可靠的供应基地之一，港澳为广东农产品出口提供了良好平台，粤港澳三地的农业经济贸易合作，有力推动了粤港澳三地的社会稳定和经济发展。根据海关总署公布的 2019 年 4 月 12 日更新的《供港澳蔬菜备案种植场名单》，全国供港蔬菜备案种植场名单共 463 个，供澳蔬菜备案种植场名单共 261 个。其中，①广东省有 117 个供港蔬菜种植基地，占全国数量的 25.27%；其中珠三角九市为 64 个（惠州 18 个、广州 13 个、中山 9 个、东莞 7 个、肇庆 6 个、佛山 5 个、深圳 3 个、江门 2 个、珠海 1 个），占广东省数量的 54.7%、全国数量的 13.82%。②广东省有 76 个供澳蔬菜种植基地，占全国数量的 29.12%；其中珠三角九市为 52 个（中山 23 个、佛山 8 个、肇庆 5 个、广州 4 个、惠州 4 个、东莞 3 个、深圳 2 个、珠海 2 个、江门 1 个），占广东省数量的 68.42%、全国数量的 19.92%。广东惠州是内地重要的农产品供港基地，中山市"两岸四地"现代农业合作示范区已成为推进农业交流合作的大平台。肇庆已逐渐成为粤港澳大湾区中成药企业重要的南药供应基地。

在马属无疫区建设方面，与香港共建的从化无疫区自建成后已持续 10 年维持无疫状态，2018 年顺利通过农业农村部年度监督检查。从化无疫区再次获得欧盟委员会认可，列入可短暂出口马匹至欧盟成员国的第三组别地区。香港马匹实现"香港-从化自由行"和入住从化常态化。

在港澳流动渔民管理方面，广东省于 2018 年 12 月修订了《港澳流动渔民雇用内地渔工管理办法》、2019 年 1 月制定出台了《广东省政策性渔业保险实施方案》等，以解决港澳流动渔民面临的生产生活问题，保持港澳流动渔民队伍的稳定。

在农业科技教育方面，广东省多次组织企业与华南农业大学、广东省农业科学院、金融机构等开展专场对接交流活动，举办培训班，为与港澳开展经贸合作的农产品基地和企业代表解读农业对外投资、对外贸易、对外合作等在财政、税收、信贷、金融保险等方面政策措施，推动企业间的交流、抱团合作取得实效。2019 年 2 月，广东省农业科学院与香港中文大学签订合作协议，共建粤港澳大湾区农业与食品研究中心。

三、协作框架的广泛性

粤港澳地区自有产业合作意向以来，签署了一系列产业协作的框架协议。涵盖了从交通、通讯到医疗等多个领域和范围。随着粤港澳协同发展上升为国家战略，三地之间签署的合作框架协议越来越多，涵盖的领域也越来越宽泛，推动着协同发展进程逐渐走向深化。

四、利益纠葛的复杂性

受协同发展战略影响，在多样化协作框架内，粤港澳展开了一系列经济合作与产业转移，带来了一系列积极效果。但需要正视的是，既有的成绩离真正意义上的协同发展，依然还有很大差距。究其原因，根本还在于"触动利益比触动灵魂还难"的利益纠葛。这里的"利益"，既有经济利益，也有生态利益和社会利益。

五、协同机制集成性高

1. 动力机制

从动因角度来看，粤港澳三方是产业协同发展的主体。一方面，三地人缘相通，地缘相近，共处同一生态体系，具有"剪不断理还乱"的历史与现实渊源。因此，借用彼此资源、互相依赖、优势互补，实现共同繁荣是三地协同发展的共同目标。另一方面，随着经济社会发展力量的累积，三地都面临着进一步发展的瓶颈。其中，深圳、香港面临的人口过度膨胀、社会公共服务不堪重负、交通拥堵、房价持续高涨、水资源紧张和生态环境恶化等问题日渐严峻；珠三角7市始终存在着在不同产业领域中的同构与竞争导致的产业布局不合理、产业体系结构性失衡问题深深桎梏着三地发展。

2. 耦合机制

从系统的整体和内部关联两方面出发，粤港澳地区产业协同发展的耦合机制集中表现在两个方面：一是产业系统与其他系统（例如：生态系统、社会系统）的耦合，另一个是粤港澳三地之间基于产业系统的耦合。就粤港澳产业协同系统与生态系统和社会系统之间的耦合而言，粤港澳地区产业体系完备，互补性强，差异性明显，具有相对合理的产业布局。但是由于人口等要素过度密集，产业结构的优化度欠缺，导致自然资源的综合承载力不堪重负，进而使得经济系统与生态系统和社会系统之间的协同度日渐下降。近些年来粤港澳地区日渐恶化的生态环境、拥堵等社会环境带来的低效率和规模不经济现象就是最好说明。因此，实现经济系统与生态系统和社会系统之间的有序协同，是当前粤港澳协同发展的重要目标。

3. 自组织运行机制

对于粤港澳产业协同系统而言，当三地产业发展到一定阶段进入瓶颈期时，积极探索自我调控与自我救赎的新模式，着力拓宽与外部环境交流的新路径，实现外界各种资源对本系统的有序注入，以达到更为有序的自组织结构，进而寻求协同发展的新突破，是其生存与发展压力下的必然选择。这种选择，无论是主动的还是被动的，无论是"自我革命"式的救赎，还是在与外部环境的相互作用、相互关联中实现的新动能的注入，只要是突破了束缚发展的既有约束，改善了自身竞争力，实现了系统从无序到有序的转变，即是形成了系统的自组织运行机制。

研究二 粤港澳大湾区现代农业协同困境分析

一、产品外运背景下湾区广东 9 市主要农产品供应偏紧

1. 粮食——缺口接近 3 000 万吨

广东是我国第一人口大省，粮食承载的消费人口超过 1 亿。2018 年，全省粮食产量 1 193.49 万吨，消费量约 5 400 万吨，自给率仅 22.10%，产需缺口达 4 206.51 万吨。缺口主要是饲料用粮、工业及食品副食业用粮、外来人口口粮和 25% 左右的本省户籍人口口粮。其中，缺口粮食主要来自外省购入和进口，其中进口 2 063 万吨、外省调入 2 000 万吨，粮食外向依存度高、市场调运压力大。

2. 生猪——缺口为 2 500 万头左右

广东是生猪生产和消费大省，年出栏生猪 3 700 万头左右；年生猪需求量在 6 000 万头左右，消费猪肉 400 多万吨，约占全国的 1/10。其中，本省生猪自给率为 60% 左右，每年需从外省调入生猪 2 500 万头左右，是国内生猪调入量最大的省份。广东省毗邻香港、澳门，每年直接供港澳或外省以广东为基地供港澳生猪 300 多万头，占港澳市场份额的 70% 以上。

3. 蔬菜——总量充足，季节性供需不平衡

广东是全国蔬菜生产和消费大省，2019 年蔬菜种植面积 1 875 万亩，产量 3 527 万吨，总量足够供应本省并部分北运。而且广东长期向港澳和东南亚等地区和国家出口蔬菜。但是，广东蔬菜总量虽然供应充足，却往往因季节性供需不平衡导致菜价起伏。

4. 水产品、水果——60% 以上外销

广东渔业产量稳步增长，水产品供给充足。2018 年水产品产量 874.18 万吨左右，养殖产量达 726.52 万吨。水果外销量大。广东省园林水果许多品种产量名列全国前茅，荔枝、龙眼、香蕉、菠萝生产量均居全国第一，约有 60% 以上外销。

5. 家禽基本自给但禽蛋仍有缺口

家禽基本能满足需求。广东是家禽生产和消费大省，也是港澳地区畜禽产品的最主要供应省份。一是家禽基本满足需求。2019 年出栏家禽 12.12 亿只左右，其中黄羽肉鸡、水禽、肉鸽等产量排名全国第一。广东年人均消费禽肉约 15 千克，10 594 万常住人口，消费禽肉 152.56 万吨。禽蛋供需缺口约为 160 万吨。广东禽蛋产量 41.48 万吨左右。广东禽蛋消费量超过 100 万吨，需求量超过 200 万吨，每年从外省流入量约为 160 万吨。

二、港澳农业主要面对本土且实力较小

现时本港约有 2 400 个农场。它们直接雇用了约 4 300 个农民和工人。但本地蔬菜的市场占有率仅为 2%，鲜花占 27%，生猪和活家禽分别占 7% 和 60%。本港的农产品在海外商品几近零关税的冲击下，在价格上毫无竞争力。

1. 港澳地区对广东农产品需求旺盛

在农产品方面，根据香港统计处发布的《香港商品贸易统计（进口）》，发现内地是香港活牛、活羊、活猪、活家禽的唯一提供方。在豆类、番茄、洋葱、黄瓜、生菜、菌类及其他蔬菜方面，中国内地也是最主要的提供方。其中香港 2018 年不同类蔬菜从中国内地的进口比例分别为豆类 62%、番茄 86%、洋葱 29%、黄瓜 95%、生菜 92%、菌类 70%。但是，粤港澳大湾区绿色安全、高质量、高附加值的农产品供给相对不足，品牌影响有限，难以满足大湾区人民日益增长的高质量农产品的需求。

2. 食品食用农产品安全合作困境

（1）港澳与内地食品原产地可追溯制度差异。香港有严格的食品安全监管体系。供港食品有着自己独立的监管体系，主要由出入境检疫部门监管，集中资源和人力检验，出现问题回馈解决效率高。在供港农产品管理方面，内地政府相继出台了 100 多个专项规定，如《关于供应港澳鲜活冷冻商品管理暂行规定》、《供港鲜活冻商品管理暂行办法》、《供港澳蔬菜检验检疫管理办法》、《国家质量监督检验检疫总局关于做好供港食用动物药物残留检验监测工作的通知》等，构建起了一个严密的质量监管体系。

（2）内地食品安全监管信息化水平较低。《中华人民共和国食品安全法》（以下简称《食品安全法》）已于 2015 年 10 月 1 日起施行，其中提到建立食品安全溯源体系，对食品安全具有重要的法律保障作用。尽管如此，在食品的生产、流通、销售等环节仍存在一系列安全隐患。存在的主要问题：一是电子信息化监控不完善。二是农贸市场电子信息化监管力度不够。三是快速筛查检测技术产业化程度低，无法满足群众需求。四是自给自足的生产模式使得食品质量责任的可追溯性差。

（3）食品安全监管机制有待进一步完善。《食品安全法》实施以来，尽管对食品安全监管体制完善做出了重大的贡献，但是与理想型的食品安全监管体制仍然存在一定的差距，一个主要的弊端就是食品安全监管体制行政弊端，二是监管权的分权配置弊端，三是配套法律内容局限性较大。

三、产业结构协同的困境

1. 耕地资源约束大，产业链条短

全省优质耕地资源和人均耕地面积仍面临减少趋势。香港地区的耕地更少，澳门地区几乎没有耕地。

粤港澳大湾区人多地少的现状以及现有的土地政策决定了不可能达到西方发达国家的农业规模化程度，部分产品的规模和产量较小，产业链短，三产融合不够，新产业新业态发展还不充分，总体效益不高，粗放型农业发展方式亟须转变。

2. 农业主导产业布局不合理

粤港澳大湾区一般分为湾区西岸、东岸以及港澳地区。目前，西岸主要为技术密集型产业带，以装备制造业＋农业为主。沿海则为生态保护型产业带。同时，东岸、西岸、沿海城市群加强联系与合作，优势互补，共同构建产业结构。除肇庆外，湾区城市农业占比较低（≤10%），港澳两地农业几无增加值。农业比重从湾区核心城市向外缘逐步增大。湾区南北中心轴核心城市香港、澳门、深圳、广州农业占比低，两侧粤西、粤东农业比例偏高。但是，在农业布局方面，湾区城市并未对自己的产业结构与产业布局有清晰的定位，城市的农业主导产业不突出，同质化严重。

3. 农业多功能性发挥较差，宜居宜游宜业不完善

农业的多功能性所包含的内容主要有经济功能、社会功能、政治功能、生态功能、文化功能。但是，就目前而言，湾区农业多功能性发挥较差，宜居宜游宜业不完善。应依托粤港澳大湾区平台加快农村农业现代化进程，积极探索"农业＋文旅＋地产"的综合发展模式，打造出产业"特而强"，功能"聚而

合",村镇"精而美",制度"活而新"的城乡多元生态。

四、产业协同机制的困境

1. 行政主导的边界过于泛化

粤港澳地区的产业协同进程演变极其缓慢。造成这种局面的首当其冲的原因就在于行政主导区域经济社会事务的边界过于泛化,这既造成了经济主体对行政调控的路径依赖,也导致了市场机制建设的滞后。

2. 市场机制建设滞后

三地的合作自从一开始就非三地的自发组织,而是大多采取了政府主导的模式。虽然这在合作发展的初期作用突出,但到后期却出现了很多弊端,由此导致了三地在协同发展中每遇到瓶颈,不是依靠市场机制的力量来调节,而是惯性下的依赖政府。即便如今,从当前推动三地的产业转移和跨区域布局来看,更多的还是在依赖中央政府顶层方案的设计,湾区开放度高、可操作性强、市场化有效运作的产业协同机制始终没有建立起来。

3. 博弈地位的不对等

产业协同的存在与发展将各协同主体凝聚成了"利益共同体"。在这共同体中,各协同主体作为博弈的利益相关方,彼此之间既存在着联合与合作的动机,也存在着竞争与冲突的动机。在粤港澳地区,正是由于三地作为协同主体所拥有的资源要素体系、决策影响力和话语权的高低悬殊,直接导致了其由非合作博弈向合作博弈转向的艰难,也就直接造成了三地在资源、技术、规模、信息、人才、协调、组织各方面的合作交流的阻滞。既有行政体制下明显不平等的等级特征以及错综复杂、层次不一的行政架构层次,既造成了三地主要领导人政治地位的不对等,也直接影响着三地的利益分配与要素布局,同时还直接决定了三地难以平等的进行磋商和谈判合作,进而也就影响着三地产业的协同进程。

4. 利益协调机制的缺位

产业协同进程涉及不同利益主体的利益再均衡。各个利益主体由于所拥有的资源体系、话语权和经济地位的不同,因此在协同进程中所获取的收益也就不同,进而对待协同的行动策略也就不尽相同。客观而言,无论是历史渊源,还是发展现实,粤港澳地区的利益协调意识与协调机制的培育与成熟程度,与长三角、珠三角地区都存在着明显差距。这里既长期缺乏有效的利益协调机制,市场自发合作的模式又难以壮大,这就直接束缚了三地的产业协同进程。

研究三　机制建设

一、构建高效的湾区各大城市经济政策协同机制

从国际国内区域发展经验来看，"一国两制"的独特性和大湾区内要素自由流动构成张力，这在一定程度上决定着大湾区建设的水平和能级，需要妥善和智慧处理。目前，大湾区内货物、人员、资金、信息、技术等要素跨境流动存在各种障碍。粤港澳三地各类技术和标准差异很大，亟须互认或者协同的机制。以上种种障碍，事实上导致大湾区内港澳与内地城市形成"两个市场"，要素在"两个市场"之间无法自由流动。大湾区具有"一国两制"的特殊性，要素流动最终也涉及粤港澳三地法律、制度、政策等的协同。

二、加快构建湾区各大城市农业产业协同机制

要加快建立湾区现代农业产业协同合作机构，完善协同合作机制，统筹湾区现代农业产业各项问题，实现目标统一、规划统一、标准统一以及法律体系统一。开展湾区现代农业产业顶层规划，建立相对一致、分工更为明确的产业结构分工方案，研究制定跨区域现代农业合作法律法规，完善港澳与内地间的食品原产地可追溯制度，提高大湾区食品安全监管信息化水平，提升区域食品安全保障水平，建立健全食品安全信息通报案件查处和食品安全事故应急联动机制，建立食品安全风险交流与信息发布制度。

三、湾区农业协同发展路径

1. 优化农业产业结构与区域布局，推进农业产业协同

一方面，优化产业结构。粤港澳湾区农业产业协同的基本路径是，切实转变区域内农业发展方式，由"产量优先、质量合格"的基本保障型发展方式转变为"品质优先、质量安全、产量稳定"的绿色、健康、可持续发展方式。另

一方面，优化区域布局。粤港澳湾区之间应按照各自发展定位和比较优势，优化农业产业布局。首先，粤港澳湾区农业布局要"一体规划"，打破既有条块分割，以自然地理和资源禀赋为基础，围绕区域特色主导产业，因地制宜打造成方连片的农业特色区域经济板块，形成规模优势、集群优势，提升区域农业的整体竞争力。其次，粤港澳三地应合理分工与协作。适应加快构建粤港澳大湾区的总体要求，广州、深圳应进一步压缩基本农产品生产，重点发展休闲、观光和生态景观型的都市农业，以及农业技术研发、营销设计等知识密集型农业。其他珠三角城市作为湾区农业生产的纵深腹地，应以承接都市型农业扩散和转移、强化区域农产品供应保障、促进农业转型发展为主要方向，重点发展高效、优质、生态、品牌农业，积极发展现代化的农产品生产、加工和物流产业，积极推动一二三产业融合发展，努力成为高端优质农产品生产基地和供应基地，着力打造引领现代农业发展的示范区。

2. 密切产加销联系，推进农业市场协同

进一步完善农产品流通体系、市场信息体系、农产品质量检测和市场准入体系，实现市场对接，努力构建统一市场。合理布局农产品产地市场与区域农产品集散中心，完善冷链物流、直销配送体系，逐步实施统一的农业标准化体系，构建1小时鲜活农产品物流圈。通过培育产销一体化经营组织，发展产销一体化经营，借助"互联网＋农业"等新型业态，采取订单农业、农超对接等经营形式，真正实现产销对接。建立一体化的农产品质量安全监管机制和统一的农产品质量安全监测体系，完善区域农产品质量安全监管信息共享机制，实现农产品质检手段一致、内容统一、结果互认、处置明确。

3. 加强产学研合作，推进农业科技协同

依托现代农业技术优势，放大农业科技创新、应用、扩散效应。香港、广州、深圳科技创新资源丰富，农业科技协同的基本方向就是促进优势科技资源和要素向其他城市辐射与扩散，科技成果在珠三角其他七市孵化转化。应创新体制机制，推进三地企业、高校和科研院所跨区域联合，组建关联紧密、资源共享、通力合作、利益一体的农业科技创新联盟，并以此为依托加快关键技术研发和技术标准创新。

4. 强化资源保育，推进农业生态协同

粤港澳地区资源环境约束突出，现代农业协同发展必须以区域生态环境保障与改善为前提。应统筹协调农业生产与生态保护关系，强化资源保育，坚持"以水定产"调整农业用地规模，适度增加生态用地规模，稳定和扩大退耕还林还湿范围，建设成片森林和恢复连片湿地。

5. 深化体制机制改革，推进农业政策协同

推进农业协同发展，应最大限度地统筹区域内公共资源均衡配置，努力推进区域内城乡基本公共服务均等化。同步推进三地城乡基础设施建设，加大公共财政向农村特别是落后地区农村的投入力度，加快建设美丽宜居的新家园。统筹发展农村基层综合公共服务平台，推进教育、文化、卫生等公共服务设施的共建共享和综合利用。

2017 年广东省"三农"主要指标表

类别	指　标	数值	类别	指　标	数值
农业农村经济	农林牧渔业总产值	6 215.28 亿元		禽蛋	33.32 万吨
	农业产值	3 232.43 亿元		饲料总产量	2 824.81 万吨
	林业产值	338.2 亿元		农药使用量	11.37 万吨
	牧业产值	1 116.78 亿元		农用化肥施用量	261 万吨
	渔业产值	1 298.17 亿元		农用塑料薄膜使用量	4.55 万吨
	农林牧渔服务业产值	229.7 亿元	农业经营主体	农业龙头企业	3 324 家
	农林牧渔业增加值	3 888.53 亿元		农民合作社	4.03 万家
农业综合生产	耕地面积	3 938.25 万亩		省级以上示范社	1 223 家
	农作物播种面积	7 426.35 万亩		家庭农场	1.33 万家
	粮食播种面积	3 764 万亩	农产品质量安全	无公害产品	1 710 个
	农业节水灌溉面积	452.3 万亩		绿色食品	745 个
	水土流失治理	2 304.3 万亩		有机农产品	87 个
	粮食总产量	1 360.22 万吨		名牌农产品	1 042 个
	蔬菜总产量	3 569.12 万吨	农民增收	农村居民人均可支配收入	15 779.7 元
	油料作物产量	113.29 万吨		实际增长	7.80%
	肉类总产量	415.49 万吨		城乡居民收入差距	2.59∶1
	奶类总产量	12.98 万吨			

附录　广东"三农"大事记（以 2017 年为例）

1月13日，《广东省荔枝产业保护条例》由广东省第十二届人民代表大会常务委员会第三十一次会议通过并予以公布，自 2017 年 5 月 1 日起施行。《条例》对广东省行政区域内荔枝种质资源保护、种植、贮藏、运输、加工、销售、品牌保护，以及为其提供相关服务的活动都做出了相关规定。

1月18日，广东省召开全省农业工作会议，认真贯彻落实中央农村工作会议、全国农业工作会议精神，总结 2016 年广东省农业农村经济工作，部署 2017 年工作任务。副省长邓海光作工作部署。会议强调，各地、各有关部门要认真学习领会中央精神，准确把握广东省农业供给侧结构性改革面临的新形势新要求，坚持问题导向，突出工作重点，全力抓好农业供给侧结构性改革工作，加快培育农业农村发展新动能。

2月16日，全国推进质量兴农工作部署会议在广州召开，农业部部长韩长赋对农产品质量安全工作做出批示，农业部副部长陈晓华主持会议并讲话。会议总结 2016 年农产品质量安全监管成效，部署推进质量兴农工作和 2017 年农产品质量安全重点任务。

3月2日，全省农村工作暨扶贫开发工作会议在广州召开。会议深入贯彻落实习近平总书记对"三农"和扶贫开发工作重要指示精神，总结 2016 年广东省"三农"工作及脱贫攻坚工作，部署 2017 年工作。省委书记胡春华出席会议并讲话，强调要认真学习贯彻习近平总书记系列重要讲话精神，深入推进农业供给侧结构性改革，坚决打赢脱贫攻坚战，不断开创"三农"和扶贫开发工作新局面。三年攻坚、两年巩固，到 2020 年如期完成脱贫攻坚任务。2017 年是三年攻坚的第二年，是承上启下、全面突破的关键一年，要实现 60 万相对贫困人口精准脱贫，要把 2 277 条贫困村建成新农村示范村。省长马兴瑞主持会议。省委常委林少春总结 2016 年全省"三农"工作及脱贫攻坚工作，对 2017 年工作作具体部署。佛山、韶关、清远市分别作交流发言。会议以电视电话会议形式召开，省领导任学锋、许勤、邹铭、黄业斌、邓海光、刘日知等参加会议。

3月14日，经广东省人民政府同意，广东省农业厅、广东省发展改革委联合印发了《广东省农业现代化"十三五"规划》，《规划》提出了广东农业现代化"十三五"的总体要求、发展目标、区域布局、主要任务和重大工程，是广东省农业领域第一个农业现代化发展规划。

3 月 30 日，《中共广东省委　广东省人民政府关于深入推进农业供给侧结构性改革加快培育农业农村发展新动能的实施意见》印发出台，着力深入推进农业供给侧结构性改革，确保农产品有效供给能力不降低、农民增收势头不逆转、农村稳定不出问题，为实现农村全面小康奠定坚实基础。

4 月 19 日，为落实全面建成小康社会要求，促进义务教育事业持续健康发展，根据《国务院关于统筹推进县域内城乡义务教育一体化改革发展的若干意见》（国发〔2016〕40 号），省政府出台《广东省人民政府关于统筹推进县域内城乡义务教育一体化改革发展的实施意见》（粤府〔2017〕48 号），就统筹推进广东省县域内城乡义务教育一体化改革发展提出目标任务和主要措施。

4 月 24 日，省委组织部、省农业厅在广州市举办全省农村土地确权专题培训班，深入贯彻落实中央有关精神，进一步深化对土地确权登记颁证工作的思想认识，强化对有关重大政策和工作要求的理解把握，共同推动土地确权工作扎实开展，确保如期圆满完成工作任务。副省长邓海光在培训班上做动员讲话。各地级以上市分管农业工作负责人、农业局局长，各县（市、区）党委或政府主要领导、分管农业工作负责人，省确权登记颁证联席会议成员单位联络员共 200 多人参加培训。

4 月 28 日上午，省长马兴瑞主持召开省社会主义新农村建设和农村人居生态环境综合整治领导小组第一次会议，深入贯彻习近平总书记对广东工作的重要批示精神，落实省委书记胡春华关于 2 277 个省定贫困村建设社会主义新农村示范村的指示精神，研究部署全省农村人居生态环境综合整治以及新农村建设有关工作。省领导林少春、许瑞生、邓海光出席会议。

6 月 9—11 日，2017 湛江·东盟农博会于湛江市举行，展会以"品牌农业　绿色共享"为主题，主展馆设在湛江国际会展中心。31 个国家、全国 26 个省的产品参展，参展单位 963 家、国外参展企业 269 家、上市公司和国家级农业龙头企业 46 家，参展名特优新农产品 4 700 多个。展会 3 天共超过 20 万人次到场观展购物，专业观众 1.8 万人次，签订贸易合同金额 28.9 亿元，其中意向合同金额 18.7 亿元，现场销售 7 600 多万元，电商销售超过 4 200 万元，签订意向订单 1 500 万元；举办专业论坛 7 场，各项经贸活动 50 多场，各项指标均比上届湛江·东盟农博会大幅度增长。

6月11—12日，省长马兴瑞赴肇庆、江门市调研新农村建设工作，强调要落实好全省农村工作暨扶贫开发工作会议精神和省委书记胡春华的部署要求，迅速行动、不等不靠、尽快出效，推进农村人居生态环境综合整治及示范村建设。对省定2 277个贫困村的人居环境综合整治专项资金安排预拨启动资金。省委常委曾志权参加调研。

6月20—21日，省委组织部、省农业厅举办2017年全省第二期农村土地承包经营权确权登记颁证专题培训班，深入贯彻落实中央和省委有关决策部署，进一步强化各级党政领导干部对农村土地确权工作重要意义、重大政策的理解把握，层层压实责任，以责任落实推动工作落实，在保证质量的前提下加快进度，确保如期完成农村土地确权工作任务。各地级以上市分管农业工作负责人、农业局局长，各县（市、区）党委或政府主要领导、分管农业工作负责人共200多人参加此次培训。自此，2017年通过举办两期农村土地确权培训班，基本实现对全省新换届分管副市长、市农业局局长以及县（市、区）党政一把手和分管负责人全覆盖培训。

7月31日，省委书记、省委全面深化改革领导小组组长胡春华主持召开领导小组第27次会议，围绕广东省推进"农村综合改革"的主题，听取省有关部门、地方党委情况汇报，梳理目前推进农村综合改革工作中存在的问题，对下一步铺开农村综合改革、农业供给侧结构性改革进行工作部署。2011—2016年，广东省11个市、县（区）主动承担了中央4个部委办6类国家级农村改革试验试点任务，探索创造了30项改革创新经验。其中，佛山南海区集体资产股份确权到户、"政经分开"改革，清远市承包地先自愿互换并地再确权登记颁证，清远市党建和村民自治重心下移等4项改革成果被总结上升为中央政策文件内容。

8月2日，全省贫困村创建社会主义新农村示范村工作会议在广州召开，深入贯彻习近平总书记治国理政新理念新思想新战略和对广东工作重要批示精神，落实省第十二次党代会要求，动员部署2 277个省定贫困村创建社会主义新农村示范村工作，全面推进广东省新农村建设。省委书记胡春华出席会议并讲话，强调要把新农村建设摆上全省各级党委政府重要议事日程，坚定不移推进，努力在全面建成小康社会、加快建设社会主义现代化新征程上走在前列。省长马兴瑞主持会议，省政协主席王荣出席会议。

根据省扶贫大数据平台显示，截至12月底，全省2 277个贫困村（20户以上的自然村为18 990个）全部启动创建工作。已启动村庄整治规划编制工作的自然村达到 18 831 个，占自然村总数的 99.2%，其中完成规划编制的占 92%；已启动"三清理""三拆除""三整治"等村容村貌整治工作的自然村达到 18 206 个，占自然村总数 95.9%，其中完成村庄整治任务的占 69%。有些村在完成环境整治的基础上，陆续启动了村道硬化、集中供水、垃圾屋建设、雨污分流和污水处理等基础设施建设。

9 月 17—18 日，省长马兴瑞到肇庆、清远市调研社会主义新农村建设，强调要以十年磨一剑的决心和毅力，彻底改变全省农村面貌，当前要全力抓好 2 277 个省定贫困村建设社会主义新农村示范村工作，并以点带面、连片推进；粤北山区要守住绿水青山，因地制宜开展美丽乡村建设，充分发挥农村基层党组织作用，激发农民主体意识；要切实做好农村旧房拆除工作，推进旧村庄、空心村搬迁安置，置换出更多生态空间，保障绿色发展。

9 月 26 日，为切实推进广东省农村土地承包经营权确权登记颁证工作，省农业厅、省委宣传部、省委农办、省财政厅、省国土资源厅、省林业厅、省海洋渔业局、省法制办、省信访局、省档案局等单位制订的《广东省农村土地承包经营权确权登记颁证实施方案》，经省人民政府同意，印发实施。

10 月 25 日，广东省政府召开全省农村集体产权制度改革暨土地确权工作电视电话会议，认真学习领会、全面贯彻落实党的十九大和中央有关精神，动员部署农村集体产权制度改革工作，对土地确权登记颁证工作进行再部署。副省长邓海光出席会议并讲话。会议强调，各地、各有关部门要认真学习领会习近平新时代中国特色社会主义思想，全面贯彻落实党的十九大精神，按照中央和省委省政府关于推进农村集体产权制度改革的决策部署，加强统筹协调，稳妥有序推进农村集体产权制度改革各项工作。会议要求，要扎实推进农村土地确权登记颁证，把工作重点从"抓进度"转向"保质量"，巩固确权工作成果，切实提高确权工作质量。要严格执行各项程序，把好确权关。要统筹做好数据资料汇交和档案管理等工作，加快推进确权登记数据库建设，与同级不动产登记系统联网对接，实现全省确权大数据管理，确保确权档案的长期、有效利用。

10 月 27 日，省长马兴瑞签署第 244 号广东省人民政府令，公布已经于 2017 年 9 月 21 日广东省人民政府第十二届 114 次常务会议通过的《广东省林地林木流转办法》，自 2017 年 11 月 30 日起施行。

10 月 31 日，为贯彻落实《中共中央　国务院关于深入推进农业供给侧结构性改革加快培育农业农村发展新动能的若干意见》和《中共广东省委　广东省人民政府关于深入推进农业供给侧结构性改革加快培育农业农村发展新动能的实施意见》精神，扎实做好广东省农业供给侧结构性改革工作，提升农业供给体系质量效益和竞争力，加快农业现代化步伐，拓展农民增收致富新渠道，广东省人民政府印发了《广东省推进农业供给侧结构性改革实施方案》的通知，明确农业供给侧结构性改革总体要求，部署重点任务，落实保障措施。

11月8日，省住房和城乡建设厅公布了全省2017年农村危房改造实施方案，2017年全省农村危房改造任务为79 607户，其中已包含国家下达广东省2017年农村危房改造任务21 800户。省住建厅要求，各有关市要将省下达的2017年农村危房改造任务进行分解，逐级明确乡（镇、街）、村的改造户数，并落实到具体农户，同时要指导和督促各有关县（市、区）做好2017年农村危房改造对象公示工作。要结合本地实际，制订农村危房改造进度计划，明确保障计划实施的有效措施。此外，要优先实施2 277个省定贫困村危房改造，确保2018年底前全面完成省定贫困村危房改造任务，彻底解决"人居泥砖房"问题。

11月16日，由广东省农业厅主办，以"粤品牌 越健康"为主题的第八届广东现代农业博览会在广州广交会展馆拉开序幕。广东省副省长邓海光，全国政协委员、原农业部党组成员、中纪委派驻农业部纪检组组长、中国优质农产品开发服务协会会长朱保成，黑龙江省副省长吕维峰等出席开馆仪式并参观博览会。农博会现场表彰了2017年第二届广东名特优新农产品企业和广东百佳新型职业农民。本届农博会以"粤品牌 越健康"为主题，700多家农业企业携3 000多种优质品牌农产品集中展示展销，近4年来获得广东"十大名牌"系列农产品称号和名特优新农产品称号的产品集中亮相，致力于打造一场持续4天"吃得安心、买得放心"的"广东农业品牌嘉年华"。着重展示农业新品种、新技术、新成果、新模式、新业态，展示当前农业生产领域的最新科技成果，基于互联网平台的现代农业新产品、新模式与新业态。农博会还首次设立了黑龙江展区，集中推介黑龙江省优质农产品，深入推进广东省与黑龙江省的对口合作。

11月16日，广东召开全省农业龙头企业会员大会，认真学习宣传、整体贯彻落实党的十九大精神，谋划推动农业龙头企业取得更大发展，为广东省实施乡村振兴战略、推进农业供给侧结构性改革、促进农业农村现代化发挥更大作用。副省长邓海光出席会议并讲话。邓海光强调，党的十九大报告明确提出实施乡村振兴战略，坚持农业农村优先发展，按照产业兴旺、生态宜居、乡风文明、治理有效、生活富裕的总要求，加快推进农业农村现代化，为农业龙头企业发展带来难得的发展机遇。农业龙头企业要把自身发展与广东省实施乡村振兴战略紧密结合，发挥更大作用。

11 月 21 日，广东省农业供给侧结构性改革基金签约仪式在广州举行。省长马兴瑞见证签约并会见新希望集团有限公司等企业主要负责人。副省长邓海光参加有关活动。广东省农业供给侧结构性改革基金是由广东省农业厅牵头组建、广东恒健投资控股有限公司受托管理，是全国首支农业供给侧结构性改革基金。目前，基金管理公司筹建基本完成，确定了温氏股份、新希望集团等首批出资单位，投资项目基本入库，落实母基金总规模 440 亿元，超过 1∶3 的财政撬动比例。基金遵循"市场化、法治化、专业化"原则，通过新增财政支农资金，围绕广东省农业供给侧结构性改革目标任务，多层次多方位吸引社会资本和地方资金集中投入广东省农业供给侧结构性改革，加快推进广东省农业现代化进程。

12 月 5 日，广东省政府召开全省粮食生产功能区和重要农产品生产保护区划定工作电视电话会议，全面贯彻落实党的十九大精神和中央有关决策部署，动员部署广东省粮食生产功能区和重要农产品生产保护区划定工作。副省长邓海光出席会议强调，各地、各有关部门要认真学习宣传、全面贯彻落实党的十九大精神，准确把握核心要求，把建立"两区"和实施乡村振兴战略、推进农业供给侧结构性改革有机结合起来，高质量划定、高标准建设好"两区"。

12 月 12 日，由广东省农业厅主办的第十六届广东种业博览会在广州举行开幕活动，副省长邓海光、中国工程院院士吴清平出席活动并考察展示现场。本届种博会秉承"政府搭台、企业参与、科技支撑、服务农民"的办会原则，以"新品种、新技术、新模式、新装备，让农业插上科技的翅膀"为主题，以良种良法为核心，设置两地三会场（广东省农业技术推广总站主会场和广州种业小镇会场、珠海分会场）的联展新模式。主会场广东省农业技术推广总站展示基地设有"两馆、十展区"，50 万平方米展区面积，6 000 多个国内外优新品种和 30 多种农业主推技术，近 100 家国内外知名品牌种企，还有一批农业新品种、新技术、新模式、新业态集中亮相。其间还穿插举行种业论坛、农业机械展、全程机械化演示、鲜食品尝会、种企最美形象颁奖等活动，展会元素更加丰富，内涵不断提升。

农村土地确权登记颁证。为实现 2017 年底完成 80％以上的确权目标，广东开展了为期 4 个月的确权攻坚战。截至 2017 年 11 月底，已完成实测耕地面积 3 883 万亩、颁发证书 1 026 万本，实测率 106.36％、颁证率 93.95％。在推进确权登记颁证工作过程中，由省农业厅等单位制定了《广东省农村土地承包经营权确权登记颁证实施方案》，层层压实关键主体责任，建立常态化约谈督导机制，并以基层党建考核为抓手，构建齐抓共管大格局。实行时间倒排、任务倒逼、责任倒追，既盯人盯事又盯结果，细化落实到市县镇村，一竿子插到底，一张图抓落实。同时，加大宣传培训力度，基本实现对新换届市县镇村和农业系统领导干部培训全覆盖，并利用多种形式，广泛开展宣传。此外，广东以百分之百确权登记颁证为目标，围绕特定地区、特殊人群、特别地块如何确权，切实抓牢靶向精准施策。深入开展调查研究，建立确权问题库和经验推广库，制定破解之策，根据各地实际情况分类推进，探索出了"确权确股不确地"等有效模式，确保让农民参与，让农民满意。

第三次全国农业普查。为摸清"三农"基本国情，查清"三农"新发展新变化，国务院组织开展了第三次全国农业普查。这次普查的标准时点为 2016 年 12 月 31 日，时期资料为 2016 年度。普查对象包括农业经营户，居住在农村有确权（承包）土地或拥有农业生产资料的户，农业经营单位，村民委员会，乡镇人民政府。普查主要内容是农业生产能力及其产出、农村基础设施及其基本社会服务和农民生活条件等。农业普查采用全面调查的方法，由普查员对所有普查对象进行逐个查点和填报。广东省共组织动员了普查员、普查指导员和各级普查机构的工作人员约 17 万人，登记了 1 172.76 万农户、21 990 个村级单位、1 549 个乡镇级单位、80 809 个农业经营单位；组织 993 名工作人员对粮食、甘蔗等大宗农作物播种面积进行卫星遥感测量，完成了 5 316 景卫星遥感数据处理，实地调查 2 550 个样方和 510 个抽中普查区，实施了 716 架次整村无人机飞行测量，掌握了全省主要农作物种植空间分布，取得了全省及种植大县主要农作物种植面积数据。在国务院农普办组织开展数据质量抽查的基础上，省农普办组织了省级数据质量抽查，评估了普查数据质量。综合抽查结果显示，农业普查登记户的漏报率为 0.07％，普查指标数据差异率 0.38％。数据质量达到设计标准。根据《全国农业普查条例》的有关规定，省农普办和省统计局于 2018 年 1 月开始分期发布普查公报，向社会公布普查的主要结果。